住房和城乡建设领域“十四五”热点培训教材

建筑工程绿色施工技术及案例

吕达　徐晓明 等　编著

中国建筑工业出版社

图书在版编目（CIP）数据

建筑工程绿色施工技术及案例 / 吕达等编著 . — 北京：中国建筑工业出版社，2023.5（2024.9重印）
住房和城乡建设领域“十四五”热点培训教材
ISBN 978-7-112-28494-8

Ⅰ. ①建… Ⅱ. ①吕… Ⅲ. ①建筑施工 — 无污染技术 — 教材 Ⅳ. ① TU74

中国国家版本馆 CIP 数据核字（2023）第 046338 号

本书结合建筑工程绿色施工发展背景及现状，立足绿色施工管理，从绿色施工技术与措施、绿色施工示范技术等方面进行了详细的介绍，最后附有 3 个绿色施工案例。本书图文并茂，适用范围广，可操作性强，可供建设行业施工技术及管理人员学习参考，也可作为建筑院校相关专业的教材及行业人员培训教材。

责任编辑：周娟华
责任校对：张颖

住房和城乡建设领域“十四五”热点培训教材
建筑工程绿色施工技术及案例
吕达　徐晓明 等　编著
*
中国建筑工业出版社出版、发行（北京海淀三里河路 9 号）
各地新华书店、建筑书店经销
北京点击世代文化传媒有限公司制版
建工社（河北）印刷有限公司印刷
*
开本：787 毫米 × 1092 毫米　1/16　印张：16¾　字数：356 千字
2023 年 7 月第一版　2024 年 9 月第二次印刷
定价：**68.00** 元
ISBN 978-7-112-28494-8
（40944）

本书编委会

前言

近年来，我国建筑业规模和体量在不断的增长和扩大，建筑能耗问题也日益突出。目前我国高耗能建筑问题仍然突出，建筑能耗占全社会能耗的比例约为1/3，加上全过程的能耗，全社会约一半能耗花费在建筑上。无论从整个国际经济环境还是我国宏观经济大势来看，我国资源能源问题已日趋严峻，节约能耗势在必行，因此我国在面临巨大的资源约束瓶颈和环境恶化的压力下，走可持续发展道路，发展节能建筑刻不容缓。

党的十八大以来，我国先后提出了绿色发展理念和要求。随着我国城乡建设领域规模化发展，“双碳”目标对全行业提出的挑战非常严峻，迫切需要加快探索实施建筑业绿色低碳发展的新模式。只有牢牢抓住“高质量”这个关键，才能找好建筑行业在新时代的准确定位，在加快构建新发展格局、着力推动高质量发展中实现自身持续发展。

建筑业需逐步拓展绿色施工的内涵和外延，将传统单一的“四节一环保”向绿色建造转型升级，推动工程建设持续高质量发展。在“四节一环保”的基础上，融入人力资源节约、碳排放计量与核算等全新内容，强化以人为本，能耗与碳排放双控，大力推进新技术以及方案优化落地应用，聚焦固体废弃物资源化再利用，以科技创新助推绿色发展。同时建设高品质绿色建筑，实施建筑领域碳达峰综合行动，推进绿色建造与低碳建筑技术，是对建筑行业全面落实碳达峰、碳中和的必然要求，是建筑企业加快转型升级、实现可持续发展的历史性机遇，是需要政府、行业协会、行业专家和企业参与的发展大计。

本书以国内外绿色施工发展为研究对象，以国内现有规范为原则，以现在国内建筑工程的绿色施工技术为基础而编写。本书借鉴了国内大量的研究成果和施工技术，特别是这些研究成果和施工技术都在国内一定数量的工程中，得到了项目现场的充分应用。将理论内容与实际工程相结合，达到以理论为指导、以实践为目的的目标，从而对项目现场的绿色低碳起到引领作用，促进我国建筑行业的绿色整体化发展。

本书的编写组成员以上海建工五建集团有限公司工程研究院的人员为主，所有成员长期工作在教学科研或工程实践第一线，对本书编写做了大量的前期工作，收集、研读了国内外相关的书籍与文献，力图取其长、用其精。

本书根据“建筑工程绿色施工技术”的课题任务书编写而成，内容涵盖了绿色施工概述、绿色施工管理、绿色施工措施和技术、绿色施工示范技术和绿色施工案例等内容。本书旨在梳理绿色施工的整体脉络，明确绿色施工的基本内容，同时收集整理了一些建筑工程项目绿色施工主要技术和案例，供专业人员参考。

本书由吕达、徐晓明、潘峰、张淳劼、李金洋、陈晨等参与编写。赵春峰、江天、刘瑶、吴骞、范程龙提供了建设项目绿色施工的经典案例。在此对所有在本书编写过程中付出心血的各位同仁表示真挚的感谢。

由于编者水平所限，加之编写时间仓促，书中难免有不当之处，敬请读者批评指正。

目录

第1章 绿色施工概述

改革开放加速了我国经济建设的增长，推动了工程建设技术的快速发展。目前，我国工程建设规模已超过世界总量的30%。建筑业在有效改善城镇居民工作和居住条件的同时，也消耗了大量的资源，产生了大量的污染物，对环境产生了诸多负面影响，给社会造成了很大的资源环境压力。

党的十九大报告提出要坚持新发展理念。"发展是解决我国一切问题的基础和关键，发展必须是科学发展，必须坚定不移贯彻创新、协调、绿色、开放、共享的新发展理念"，坚持人与自然和谐共生。建设生态文明是中华民族永续发展的千年大计，必须树立和践行"绿水青山就是金山银山"的生态文明发展理念，坚持节约资源和保护环境的基本国策，像对待生命一样对待生态环境。住房和城乡建设部颁发的《绿色建筑行动方案》和《"十四五"建筑业发展规划》中提出，我国将大力推进绿色建筑建设。到2025年，城镇新建建筑全面建成绿色建筑；完成既有建筑节能改造面积3.5亿平方米以上，建设超低能耗、近零能耗建筑0.5亿平方米以上，装配式建筑占当年城镇新建建筑的比例达到30%，全国新增建筑太阳能光伏装机容量0.5亿千瓦以上，地热能建筑应用面积1亿平方米以上，城镇建筑可再生能源替代率达到8%，建筑能耗中电力消费比例超过55%。

1.1 绿色施工的概念

1.1.1 绿色施工的定义

"绿色"一词强调的是对原生态的保护，"绿色施工"其实质是为了实现对人类生存环境的有效保护和促进经济社会的可持续发展。对于建筑施工行业而言，在施工过程中要注重保护生态环境，关注节约与充分利用资源，贯彻以人为本的理念，行业的发展才具有可持续性。绿色施工强调对资源的节约利用和对环境的保护控制，是根据我国可持续发展战略对工程施工提出的重大举措，具有战略意义。

关于绿色施工，具有代表性的定义主要有：

住房和城乡建设部颁发的《绿色施工导则》认为，绿色施工是指"工程建设中，在保证质量、安全等基本要求的前提下，通过科学管理和技术进步，最大限度地节约资源与减少对环境负面影响的施工活动，实现四节一环保（节能、节地、节水、节材和环境保护）"。这是迄今为止，政府层面对绿色施工概念的最权威界定。

上海市住房和城乡建设管理委员会先后修订了《建设工程绿色施工管理规范》DG/TJ 08—2129—2013 和《建筑工程绿色施工评价标准》DG/TJ 08—2262—2018，明确了绿色施工是通过建立管理体系和制度，采取有效的技术措施，全面贯彻落实国家关于资源节约和环境保护的政策，最大限度地节约资源，减少能源消耗，降低施工活动对环境造成的不利影响，提高施工人员的职业健康安全水平，保护施工人员的安全与健康。

关于绿色施工的定义，尽管说法有所不同，文字表述有繁有简，但本质意义是完全相同的，基本内容具有相似性，其推进目的具有一致性，即都是为了节约资源和保护环境，实现国家、社会和行业的可持续发展，从不同层面丰富了绿色施工的内涵。另外对绿色施工定义表述的多样性也说明了绿色施工本身是一个复杂的系统工程，难以用一个定义全面展现其多维内容。

综上所述，绿色施工的本质含义包含如下方面：

（1）绿色施工以可持续发展为指导思想。绿色施工正是在人类日益重视可持续发展的基础上提出的，无论节约资源还是保护环境都是以实现可持续发展为根本目的，因此绿色施工的根本指导思想就是可持续发展。

（2）绿色施工的实现途径是绿色施工技术的应用和绿色施工管理的升华。绿色施工必须依托相应的技术和组织管理手段来实现。与传统施工技术相比，绿色施工技术有利于节约资源和改进环境保护的技术，是实现绿色施工的技术保障。而绿色施工的组织、策划、实施、评价及控制等管理活动，是绿色施工的管理保障。

（3）绿色施工是追求尽可能减少资源消耗和保护环境的工程建设生产活动，这是绿色施工区别于传统施工的根本特征。绿色施工倡导施工活动以节约资源和保护环境为前提，要求施工活动有利于经济社会可持续发展，体现了绿色施工的本质特征与核心内容。

（4）绿色施工强调的重点是使施工作业对现场周边环境的负面影响最小，污染物和废弃物排放（如扬尘、噪声等）最小，对有限资源的保护和利用最有效，它是实现工程施工行业升级和更新换代的更优方法与模式。

1.1.2 绿色施工的意义

（1）绿色施工在推动建筑企业可持续发展中的重要作用

绿色施工的实施主体是企业。绿色施工在规划管理阶段要编制绿色施工方案，方案包括环境保护、节能、节水、节材、节地的措施，这些措施都将直接为工程建设节约成本，转化为经济效益、社会效益。建筑企业在工程建设过程中注重环境保护，势必树立良好的社会形象，最终形成企业的综合效益。

（2）绿色施工有利于保证城市的硬环境

要想整体提升城市面貌与形象，除了提升必要的软环境，还必须通过有效措施提升城市的硬环境。工程建设过程中对城市硬环境的影响主要表现在施工扬尘、施工噪声、开挖路面，压占土地、植被和道路等施工期对施工段局部生态环境的影响。这就要求在施工过程有效落实绿色施工，保障好城市的硬环境秩序。

（3）绿色施工有利于保障带动城市良性发展

环境与经济发展是相互促进、相互反作用的。一方面，我们靠基本建设带动社会生产力，发展经济；另一方面，环境建设会对经济发展起到反作用，如果我们的环境建设保护工作未得到贯彻落实，那将会反促进经济发展，因此，建设工程施工是否有效落实绿色施工，对于经济发展与城市发展起到了不可忽视的作用。

1.1.3 国际背景

人类赖以生存的自然环境在20世纪70年代的两次世界能源危机后逐渐恶化，这引发人们的恐慌，对此，建筑界的建筑师掀起了节能设计运动。相继地，在20世纪80年代初，世界自然保护组织引出“可持续发展”这一理念，90年代，第十八次国际建筑师协会会议颁布了“芝加哥宣言”，呼吁全球的建筑师以“人与自然和谐共生”为职责，高举绿色建筑旗帜。绿色建筑的科学发展必须要有量化的评价体系作为引导准则。

工业革命使得英国经济高速发展，但也使英国最早感受到其所造成的环境污染、生态破坏。为了应对日益恶劣的环境状况，1990年，世界第一部由英国建筑研究所BRE研究的办公大楼建筑环境负荷评估BREEAM绿色建筑评价体系诞生。从21世纪开始，“可持续发展”作为全球发展的中心思想，各国对绿色建筑评估体系的研究进入顶峰阶段。

1993年，美国建筑业建立了一个供建筑师充分沟通和讨论的平台——绿色建筑协会，它集合整个行业的力量，为美国绿色建筑的发展起到了强有力的支持作用。绿色建筑协会意识到，对于可持续发展建筑，必须要有一个可量化的绿色建筑评价体系。通过不断的推进深化，从20世纪末发布的LEED1.0到目前最新版本LEEDV4.1的问世，美国的绿色建筑评价体系经过20多年的完善与修订，成为具有准确性、操作性、广泛性的评估体系，成为多个国家借鉴与参考的标准。

2006年，德国可持续建筑委员会和德国政府开始研究以美国、英国为代表的第一代评价体系，针对第一代评价体系的不足进行改进，提出了适应本国建筑行业发展的第二代绿色建筑评价体系——DGNB。DGNB引进先进的绿色生态理念及德国前沿的工业技术的系统，涵盖了经济质量、生态质量、功能和社会质量、技术质量、基地质量等建筑可持续性的主要方面。DGNB利用数据库及专业的计算机软件对建筑从材料的选择到最后的运营进行评价，为世界绿色建筑的发展提供了强大推力。

2001年，日本可持续建筑协会开始研究日本建筑物综合环境性能评价体系CASBEE。2002年推出最早的评价工具CASBEE（事务所版），相继又推出了新建建筑、既有建筑、改造建筑的评价标准。CASBEE的推出为改善日本环境问题提供了巨大的帮助，日本政府大力推广绿色建筑。随着 CASBEE 的不断革新，2009 年，CASBEE 经历了从“建筑物综合环境性能评价体系”到“建筑环境综合性能评价体系”的变化。

2001 年，韩国的核心部门 [包括国土、基础设施与交通部（MLIT）和环境部] 联合组织建立了首部绿色建筑评级体系。该体系随着建筑市场的变化逐步完善，2002 年，韩国的《住宅建筑的绿色评估准则》正式发布，2008 年又颁布了《绿色建筑评价标准》，该标准涵盖了比较全面的范围，包括住宅建筑、学校、公共建筑、住宅区、高层建筑等。2010 年，韩国建筑部和建设交通部共同颁布了《绿色环境评价标准》，该标准涵盖了所有建筑类型。以社会发展为导向，2011 年，韩国国土海洋部和韩国环境部重新修订标准，联合公布了最新的《绿色建筑评价标准》*Green Building Certification Criteriain Ko-rea2011*，即“GBCC2011”。

在新加坡绿色建筑的发展过程中，以节约自然资源和可持续发展作为重点。1980 年新加坡建设局发布《建筑节能标准》，以此促进国内建筑节能。2004 年，在国家环境保护局（EPA）的支持下，新加坡建设局制定了绿色建筑评价标准，绿色标志（Green Mark）旨在评估环境受到建筑和建筑性能的影响，从 2005 年 1 月起，大力推广绿色标识认证计划。新加坡 Green Mark 评估体系从众多国际认可的优秀设计和实践标准出发，不仅其操作性强而且其有效、合理的标准推动了绿色建筑的发展。在不断地修改完善中，Green Mark 评价标准体系在短时间内使得绿色建筑取得很好的进展，得到各界群体的广泛认可，并被借鉴和引用。

从 1969 年“生态建筑”概念的首次提出，到如今的绿色建筑的广泛推广，这其中绿色建筑评级体系也从萌芽阶段走向成熟阶段。目前，在国际上，绿色建筑评价体系的发展已经比较成熟，例如上述英国的 BREEAM、德国的 DGNB、日本的 CASBEE、韩国的 GBCC 2011、新加坡的 Green Mark 和美国的 LEED 评价体系。绿色建筑评价体系以为业主提供一个健康、舒适的生活环境，以及为社会节约能源和资源为主题，从土地、自然和生态环境、能源、环境质量等方面进行调控，制定准则。

1. 英国 BREEAM 体系

1990 年，英国建筑研究院在不断地思考与探索下，制定了世界上首个绿色建筑评估体系——建筑研究环境评级法（Building Research Establishment Environmental Assessment Method，BREEAM）。BREEAM 是全球首个绿色建筑综合评估系统，也是当今世界最先进、有效的绿色建筑评估系统之一。其最初目的是保证办公建筑的绿色环保，后因城市化、经济的逐渐进步等，慢慢扩展至商业的评估，且因传统能源逐渐被新能源（如太阳能、地热能等）替代，住宅建筑也在近几年被纳入绿色建筑体系评估系统的评估范围。

（1）主体内容

在内容上，BREEAM 被不断修订，以确保能符合社会的发展。BREEAM 中管理、室内环境质量评价的占比明显多于其他评价体系，而在土地使用与生态方面的评估内容也优于其他国家。最新版的BREEAM包括了九项指标和四大内容，九项指标分别为管理、能源、健康舒适、污染、交通、土地使用、地区生态、原材料和水资源；四大内容为全球性、地区性、室内环境和使用管理。在各项评定指标下，又分有小的项目，如二氧化碳排放量、路面绿色照明系统的应用、住宅便利程度等。其中节约能源的相关指标占了一大比例。可见英国绿色建筑评估系统对于能源问题十分重视，且具有前瞻性，因此也成为如今最先进的绿色建筑评估体系之一。

（2）评价对象

从建筑类型上来说，BREEAM的评价对象为非住宅建筑，包括办公、商业、工业、医疗、学校、法庭、监狱、数据中心等；从全生命周期所处阶段来说，其评价对象覆盖了设计、建造、翻新、运行等不同阶段的评价内容；从建筑规模来说，其评价对象可以是单体建筑、建筑群或者社区；从所在地域来说，BREEAM的评价对象除了可以是英国本土建筑，也可以是世界上大多数国家，例如挪威、德国、澳大利亚等。

（3）评价方式

BREEAM体系采用全生命周期评价方法，考察参评建筑物符合每项性能所代表的指标的程度，给予相应的分值，其中每项指标的满分数及所占总评分的权重不同，将所得分数与该指标的所占分数进行比对，所得比率乘以各指标对应的权重系数，最终将各指标所得数进行累加，根据得分确定其所评定的等级。BREEAM评分等级见表1-1。

BREEAM评分等级　　　　**表1-1**

BREEAM	分值（%）
杰出（Outstanding）	≥ 85
优秀（Excellent）	≥ 70
很好（Very good）	≥ 55
好（Good）	≥ 45
通过（Pass）	≥ 30
不合格（Unclassified）	<30

（4）优、劣势

BREEAM的优势：① BREEAM采用三方认证，重视证据。部分条款可以因地制宜、灵活变通，适应全球范围，可操作性强；②评价体系采用定性与定量相结合，主观与客观相结合，将专家的主观评估量化为具体的客观评价标准，并且定期进行更新，科学性强；③ BREEAM发展体系清晰，框架完整，覆盖建筑全生命周期；

④各类指标间相互协调互补，体现“建筑性能化评价”概念。

BREEAM 的劣势：① BREEAM 虽然可以应用于英国以外的国家或地区，但定制时间较长；②进行评估时必须有 BREEAM 认证的评估员全程跟进，评价过程烦琐，不便于实施。

2. 美国 LEED 体系

美国绿色建筑的兴起受到 1973 年能源危机的影响。20 世纪 80 年代初，建筑行业向建筑节能转型。20 世纪 90 年代，民间组织兴起，1995 年 USGBC（US Green Building Council）为满足美国建筑市场对绿色建筑评定的要求，提高建筑环境和经济特征，制定了一套评定标准。1994 年 USGBC 起草了 LEED（Leadershipin Energy and Environmental Design）。LEED1.0 于 1998 年 8 月首次在 USGBC 会员峰会上启动。到目前为止，LEED 是使用最广泛的已被认可的绿色建筑评估标准。LEED 体系自第一版之后，平均每三年更新一次。

（1）主体内容

1998 年美国绿色建筑协会首次颁布了 LEED 的第一版本。其各项指标均围绕着建筑物生命周期展开。目前最新版 LEED 已更新至 V4.1。如今的 LEED 应用于新建建筑及商业办公大楼，主要为建筑在环境保护、节约能源、公共健康等方面进行优化改善。LEED 与英国的 BREEAM 一样，有着自己的完整评估体系。LEED 主要包含六大指标，分别为可持续的建筑场地，能源和大气环境，节水，材料和资源，室内空气品质及创新，其中创新为美国所特有的一项评价指标。各项评价指标可应用于各种建筑，具有高度的统一性。

（2）评价对象

LEED 评价对象的划分主要有 4 个角度，分别为建筑类型、评价阶段、建筑规模和所处区域，这与英国 BREEAM 系统是相似的。从建筑类型来说，其评价对象包括办公、数据中心、学校、商业、医疗、零售、住宅等大部分的建筑类型；从生命周期阶段来说，其评价对象覆盖了设计、装修、运行的不同生命周期阶段；从建筑规模来说，其评价对象可以是单体建筑、建筑群或者社区；从所处地域来说，LEED 评价对象的所处区域可以是全球大多数国家。

（3）评价方式

LEED 体系在大类指标下设若干评价指标，主要分为两种：一种是先决条件，不给予赋分，但要求认证建筑必须满足；另一种是具体评分点，赋予不同的分值，某些评分点还额外设置了奖励得分值。对评分点得分求和，用总分确定相应等级。同时，不同等级每个核心评价大类要满足 LEED 规定的最低得分。

LEED 标准中综合各部分可能造成的环境影响，对各方面指标进行打分，满分为 110 分，根据最后得到的评价总分，给予相应的四个认证等级：认证级（40 ~ 49 分）、银级认证（50 ~ 59 分）、金级认证（60 ~ 79 分）、铂金认证（80 分以上）（表 1-2）。

LEED 评分等级　表 1-2

LEED 评分	最高 110 分
铂金认证（Platinum）	≥ 80
金级认证（Gold）	60 ~ 79
银级认证（Silver）	50 ~ 59
认证级（Certified）	40 ~ 49

（4）优、劣势

美国 LEED 的优势：① LEED 体系覆盖范围广，适应市场的需求，其版本突出了多个特定建筑类型，USGBC 为其所建立的市场推动机制使其拥有巨大的市场影响力；② LEED 结合商业运作与技术应用，重视与建筑行业相关人员的交流合作和产品推广活动，是绿色建筑评价体系市场运作最成功者；③ LEED 提供了多种技术路线可供选择。

美国 LEED 的劣势：① LEED 体系指标没有短板限制，盲目追求高舒适，只通过总分来判断，只要总分能达到标准线，就能获得绿色标识，而某部分得分未达到标准，甚至是零分，都不对结果造成影响，这种体系是存在漏洞的；② LEED 适用于兴建和扩建建筑，其应用到的建筑类型差距较大，关键性问题各不相同，在评判过程中容易产生误导；③ LEED 在考察建筑全生命周期内的建筑环境性能表现方面存在不足；Turner 等学者曾对某 LEED 认证建筑进行使用后调查，指出该 LEED 认证建筑对减少温室气体排放的贡献并不大。

3. 德国的 DGNB 体系

20 世纪 90 年代初，英国经过充分考虑和研究，制定了全世界首部绿色建筑评价标准——BREEAM，然后，美国推出了 LEED 绿色评价体系，这两个体系代表了第一代绿色建筑评价体系。第一代绿色建筑评价体系的广泛应用推动了绿色建筑的快速发展。德国作为第一个在欧洲发展生态节能和被动设计的国家，并没有紧随英国和美国推出绿色建筑评价体系。2006 年，德国政府组织专家研究制定适合本国发展策略的绿色建筑评价体系，在分析过程中，对第一代绿色建筑评价体系在保护环境、降低周期成本、保护健康、社会、文化等几个方面进行了完善，从而建立了第二代绿色建筑评价体系。经过大量的分析调查和研究工作，德国在 2008 年正式推出了第二代可持续建筑评估体系——DGNB（Deutsche Guetesiegel Nachhalteges Bauen）。

（1）主体内容

在建立评估 DGNB 系统时，围绕建筑全寿命过程，以经济质量、生态质量、技术质量、过程质量、网站质量、社会与功能要求六个方面为重点进行评估，为达到总体目标即建筑的可持续性，对建筑物进行评价，与第一代绿色建筑的区别是，它不对每个具体的实施细节都作出规定和要求。DGNB 评估核心要素彼此之间相互关联、相互影响，其相互之间应达到一个合理的平衡。DGNB 体系根据建筑物的不同类型和用途对评价标准的条目、内容，以及相对应的评分权重进行精确的调整，在核心质量目标得到保证的前提下，它可以灵活地根据不同国家和地区的气候、法律法规、文化及建设技术等实际情况进行适当的调整，这使得该系统可以在全世界范围使用，并且同时保证其高水准的认证质量。

（2）评价对象

DGNB 的适用评价对象较广，基本涵盖了所有的建筑类型，如办公建筑、商业建筑、工业建筑、居住建筑、教育建筑、酒店建筑等。

（3）评价方式

在建筑物或社区项目评价总分中，DGNB 提出可持续发展的 6 个核心要素，围绕生态、经济、技术、过程展开为生态质量、经济质量、社会文化与功能质量、技术质量、过程质量和基地质量。

其中生态质量、经济质量、社会文化与功能质量及技术质量在体系当中重要性相同，所以规定占总分数的权重均为 22.5%，其余部分也占有一定的比重，只不过相对前四项较少，其中过程质量占 10% 的比重，基地质量作为评价整体指标的组成部分，在不影响其他五项的评定基础上，对其进行测评。这六个系统共有 43 个标准（表 1-3），在认证评估中，利用综合评价模型，在科学计算机软件和庞大的数据库支持下，根据参评建筑所满足的各指标下的细节措施，对其获得分数进行计算。最终得分系数按照达标程度划分，80% 及其以上的为金认证，超过 65% 的为银认证，超过 50% 的为铜认证。

DGNB 各指标子项　　　　**表 1-3**

环境质量 ENV	
ENV1.1 生命周期评估 Life cycle impact assessment	建筑物在其生命周期的各个阶段都对环境产生影响，并由此引起各种环境问题。基于排放的全生命周期设计可针对节能和环保问题在不同的作用点和作用时间作出优化解决方案。节能减排，也是我国建筑行业在今后的重要任务
ENV1.2 对本地环境的危害 Local environmental impact	通过避免或减少危险或有害的建筑材料及建筑产品、制品的使用，从而减少对使用者和动植物及环境产生短期或中长期的伤害
ENV1.3 采购责任 Responsible procurement	通过鼓励使用经过环境认证和社会责任认证的建筑材料（木材、石材），以减少诸如滥伐森林和使用童工等环境和社会问题
ENV2.1 一次能源需求 Life cycle assessment primary energy	建筑物在其生命周期的各个阶段都要消耗大量能源，通过以生命周期评估为导向的建筑耗能设计应达到尽可能多地使用可再生能源，减少一次能源总消耗的目的
ENV2.2 用水需求和废水量 Drinking water demand and waste water volume	通过中水利用、雨水收集等措施可减少水资源的消耗，并降低用于净化饮用水和处理废水的耗费，从而在最大程度上避免对自然水循环的干扰
ENV2.3 土地利用 Land use	节省和谨慎地使用土地和土地的再利用不仅从环保的角度是必要的，在基础设施成本上升的背景下，其经济上的作用也越加明显。这点在地少人多的我国尤为突出

续表

经济质量 ECO	
ECO1.1 建筑物寿命周期成本 Life cycle cost	建筑物成本不仅发生在建筑物的建造阶段，也发生在建筑物的使用、修复直至拆除等整个生命周期中的各个阶段。建筑物生命周期成本评估的着眼点是建筑物的中长期成本，评估的目的是更有意识、更合理地利用经济资源
ECO2.1 灵活性与适应性 Flexibility and adaptability	良好的用途转换的可行性和使用灵活性可减少建筑物空置的风险，保证建筑物在中长期的价值稳定性。这里归纳了直接影响建筑的价值稳定性的空间利用率和用途可变性等特性
ECO2.2 市场可行性 Commercial viability	建筑物在中期和长期都应具有能被市场和用户所接受的潜力。中长期空置的建筑物代表着经济资源的不当配置，是与可持续性发展相悖的。在这里市场和区位质量起着主要作用
社会文化及功能质量 SOC	
SOC1.1 热舒适性 Thermal comfort	热舒适度对使用者的舒适性感觉起着基础性作用。此外，与热舒适度相关的消耗对建筑物的总能耗也产生着决定性的影响
SOC1.2 室内空气质量 Indoor air quality	本评分项目标是确保室内空气质量，使其不会对空间使用者的健康和舒适造成负面影响。由于直接关系着使用者的健康和安全，因此室内空气质量不合格的建筑物将无法获得认证
SOC1.3 声学舒适度 Acoustic comfort	目标是保证使用空间的声学质量，满足使用者对不同用途的房间的不同声学要求，提高使用者的舒适感
SOC1.4 视觉舒适度 Visual comfort	为室内空间创造充足、舒适的视觉和照明环境对使用者有着积极的生理和心理作用。此外，对自然光的有效利用也可降低人工照明的能耗
SOC1.5 使用舒适度 User control	目标是最大限度地实现使用者对通风、遮阳、遮光以及供暖、制冷与照明等设施依据自己的需求进行调节。这样不但可以提高建筑物的使用舒适度，也可达到节能的效果
SOC1.6 建筑物外部空间质量 Quality of outdoor spaces	向使用者提供尽可能多的高品质的外部设施和多样化的相互交流和环境转换机会，可提高使用者对建筑物的认可度，并改善建筑物周边环境的整体质量
SOC1.7 安全与保护 Safety and security	通过相应的建筑设计尽可能避免在建筑物及其周围环境中危险情况的发生，提高使用者的安全感
SOC2.1 无障碍设施 Design for All	无障碍设施为残疾人创造了原则上无须外部援助独立使用建筑物及其设施的机会。无障碍环境是有前瞻性的建筑可持续发展和人性化设计的重要组成部分。因此，达不到无障碍设施要求的建筑物将无法获得认证
SOC2.2 公共开放性 Public access	通过提高建筑物的公共开放性，能够促进建筑融入所在城区、城市，并使之易于被公众接受
SOC2.3 自行车出行便利性 Cyclist facilities	自行车出行是环保节能的出行方式。因此，为自行车出行者提供方便就是对环保和节能的鼓励
SOC3.1 设计与城市品质 Design and urban quality	通过建筑设计竞标选出建筑艺术和工程结构设计的最佳方案，可保证建筑的室内外质量，并促进其与城市及相关基础设施的融合
SOC3.2 建筑的艺术构思和布置 Integrated public art	建筑物的艺术性是建筑文化的构成元素，建立了公共环境、建筑物和使用环境之间的直接联系
SOC3.3 平面设计质量 Layout quality	平面设计质量决定着建筑的功能和使用灵活性，从而也影响着建筑的空间设计质量和价值稳定性

续表

技术质量 TEC	
TEC1.1 消防安全 Fire safety	火灾不仅会危及人的生命安全，而且会造成建筑设施损伤。为保证使用者的安全，不合乎防火要求的建筑物将无法获得认证
TEC1.2 建筑隔声 Sound insulation	良好的隔声可使使用者免受噪声的干扰，并更好地保护私密，可保证使用者的健康和舒适性
TEC1.3 建筑围护结构的质量 Building envelope quality	通过提高建筑物的保温和防潮质量，在确保建筑物室内温度舒适性的同时，可减少为调节室内温度而产生的能耗需求，并避免建筑物损伤
TEC1.4 楼宇技术设备更新改造的可能性 Adaptability of technical systems	通过合理的设计和建造，使楼宇技术设备能够以尽可能低的成本适应使用条件的变化或技术的革新
TEC1.5 建筑保洁与维护 Cleaning and maintenance	通过合理的结构设计和技术措施，降低建筑物的清洁和维护成本
TEC1.6 拆除和回收利用 Deconstruction and disassembly	避免垃圾的产生，降低拆除费用并推动材料的节约和循环利用
TEC1.7 噪声源控制 Sound emissions	目的是尽量减少由建筑运行所产生的噪声对建筑周边环境带来的噪声污染
建筑过程质量 PRO	
PRO1.1 项目统筹 Comprehensive project brief	明确的规划目标和透明的不断优化的规划过程对建筑物的最终质量有直接影响
PRO1.2 综合规划 Integrated design	综合规划是可持续性建筑规划和项目实施的基础。及时、有效地协调项目各参与方可显著提高规划质量和项目最终实施结果
PRO1.3 规划的成套设计和优化 Design concept	对项目的具体单项任务制定不止一套的跨专业的成套规划，从中选出最优方案，从而达到优化项目质量的目的
PRO1.4 招标和发标阶段的可持续性要求 Sustainability aspectsin tender phase	将可持续方面的内容和要求融入招标投标阶段，从而鼓励建筑企业对可持续性发展的重视和投入
PRO1.5 设施管理文件 Documentation for facility management	在设计和施工阶段就建立相关的维护、检查、操作和使用说明等完整的文档，可使使用者在未来运营中更高效地使用和管理建筑物
PRO2.1 施工对环境的影响 Environmental impact of construction	避免或减少建设过程中产生的噪声、灰尘、污物以及废弃物等对工程参与者和对当地环境的影响
PRO2.2 施工质量保证 Construction quality assurance	详细完整的施工阶段记录文件能明确地展示施工是否完全遵循了建筑设计。通过建立综合文档和质量控制可以最大可能地消除施工质量缺陷
PRO2.3 设备的系统化调试运行 Systematic commissioning	建筑物建成后对楼宇技术设备按规定程序和相关文件进行整体的运行调试，以保证楼宇技术设备建筑物使用过程中正确、经济及有效地运行
区位质量 SITE	
SITE1.1 微地区环境 Local environment	这里关注的是影响居民安全且会导致较高的经济损失的极端自然现象和微地区环境现象
SITE1.2 社会形象与状况 Public image and social conditions	项目所在地（社区）的社会形象和治安状况等软环境质量会对该社区以及该项目的可持续性发展前景造成直接影响
SITE1.3 交通便利性 Transport access	通过不同交通工具（特别是公共交通）实现的交通便利性是区位质量评价重要的标准
SITE1.4 配套设施 Access to amenities	对项目区位质量的评估不能脱离其周边环境。 周围是否有足够的配套设施决定着使用者的日常生活是否方便

（4）优、劣势

德国DGNB的优势：① DGNB不仅是绿色建筑标准，而且是涵盖了生态、经济、社会三大方面因素的第二代可持续建筑评估体系。② DGNB体系推出了建筑全寿命周期成本（LCC）的科学计算方法，包含建造成本、运营成本、回收成本的动态计算。DGNB的认证过程能在项目的初期阶段为业主提供准确可靠的建筑建造和运营成本分析，使绿色建筑真正能够达到既定的建筑性能优化和环保节能目标，展示如何通过提高可持续性获得更大经济回报。③ DGNB评价标准以确保达到业主及使用者最关心的建筑性能为核心，这种方式为业主和设计师达到目标提供了广泛途径。④评价环节如建筑节能、视觉舒适度、产品环保性能，皆以高水准严格的欧洲工业标准为基础，保证了可持续建筑认证的严谨科学性。⑤ DGNB是建筑整体综合评价体系，它可以展示不同技术体系应用相关利弊关系，这种科学体系有效地克服了第一代评估体系片面孤立评价技术的缺点。⑥ DGNB推出了建筑材料和设备生产排放量以及建筑使用过程中的排放量这一建筑全寿命周期环境评价（LCA）体系，致力于逐渐建立起一套以降低生命周期消耗为目标的材料、构件全生命检测与回收的制度，这样一套体系将大大提高建筑的可持续性标准。⑦ DGNB体系作为沟通开发商、业主和使用者的有效交流工具，使三方在建筑可持续性上达成共识；作为一项质量保证的标志，获得DGNB认证的建筑意味着更高的建筑环境性能和用户满意度，使得该建筑商品将具有更突出的商业吸引力，提高了商业竞争力。⑧ DGNB体系是建立在德国建筑工业体系之上的高水平质量标准体系，同时按照欧盟标准体系原则，可适用于不同地区的国家环境经济情况。德国在绿色建筑理论方面的多年探索和节能技术方面长期的市场运作经验，为该系统在欧洲甚至世界范围内的适用提供了可能性。

德国DGNB的劣势：①评估因素不完整，评价体系的重点都在自然生态方面，缺少对社会和人文方面的评估。②发达国家的评价体系，很难在发展中国家普及。

4. 日本CASBEE体系

2001年4月，在日本国体局和住房局的授权下，日本绿色建筑委员会和日本可持续建筑联合会JSBC（Japan Sustainable Building Consortium）共同开发了适合本国的绿色建筑评估体系CASBEE（Comprehensive Assessment System for Building Environmental Efficiency）。CASBEE在实践中不断完善，逐步发展成了涵盖全生命周期的多层次的体系。从2002年到2007年，从CASBEE—办公建筑到CASBEE—独栋建筑，这一过程中，评价体系涵盖了对新建建筑、既有建筑的评价（图1-1）。JSBC又在发展中不断完善CASBEE体系的构建，2009年，将“建筑物综合环境性能评价体系”更名为“建筑物可持续环境性能评价体系”。2010年，JSBC发布了CASBEE—城市版本。随着体系的不断完善，CASBEE已经发展成可以适应不同阶段、不同尺度、不同用途、不同地域建筑的评估需求的一个庞大的体系。

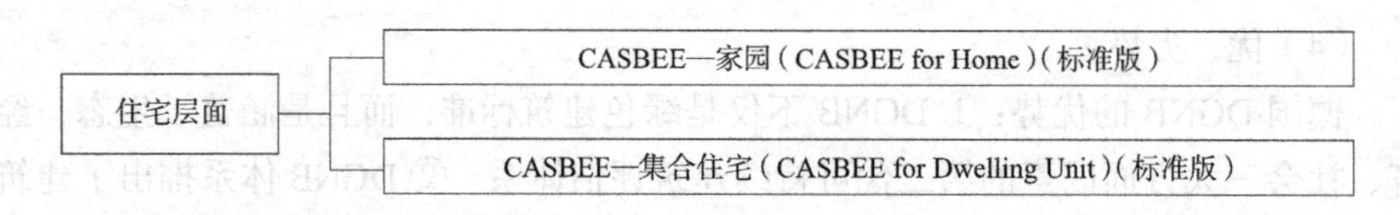

标准版适用于：新建建筑、既有建筑。

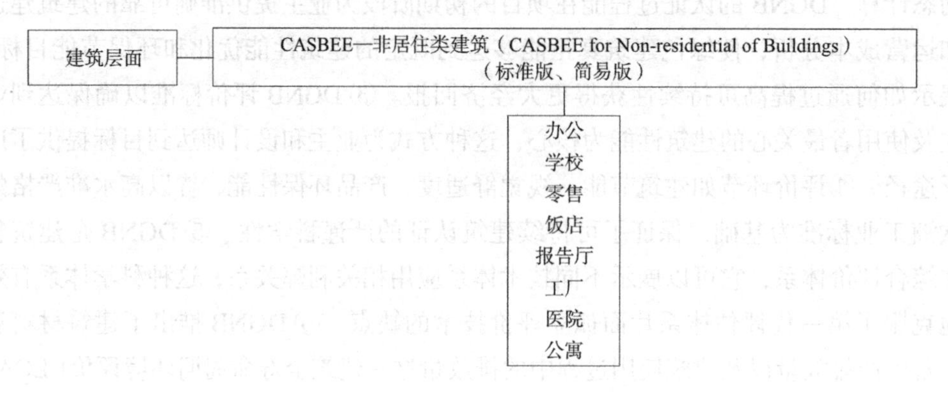

标准版适用于：新建建筑、既有建筑、改造建筑、临时建筑、热岛效应缓解。
简易版适用于：新建建筑、既有建筑、改造建筑。

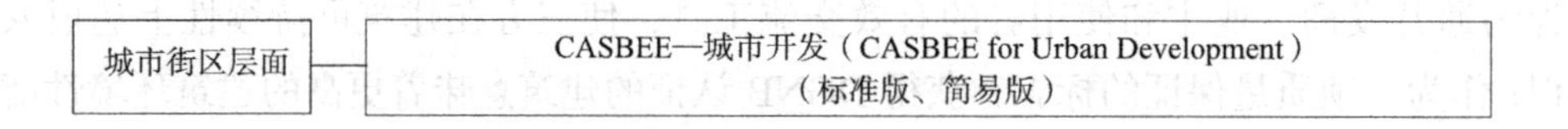

标准、简易版均适用于：城市开发、城市开发＋城市建筑。

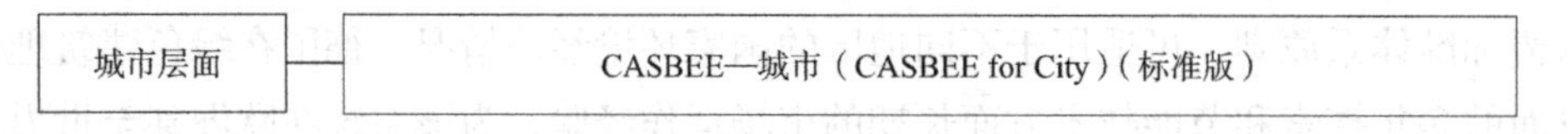

标准版适用于：城市。

图 1-1　CASBEE 评价体系图

（1）主体内容

CASBEE 评价体系围绕建筑物全生命周期理念，考虑建筑物所获得的舒适性能以及对环境产生的负荷影响，同时对于参评建筑提出新型概念——建筑物环境效益（Building Environmental Efficiency，*BEE*）。用 Q（Quality）代表建筑物的环境质量与性能，包括室内外环境及服务质量，L（Load）代表建筑物对能源、资源和材料、建设用地外环境所引起的环境负荷，这样 $BEE=Q/L$，利用这一方法来表达建筑环境评价的所有结果。因此，对参评建筑物从能源消耗、环境资源的再利用、当地的环境、室内环境四个方面进行评价，各指标下又包含 90 多个子项目。为了便于评估，这些子项目划分到 Q 和 L 两大类中。

（2）评价对象

根据日本的实际建筑环境，CASBEE 主要按照建筑类型、评价阶段划分评价对象，另外也会考虑评价对象的规模。

从建筑类型看，CASBEE的评价对象分为住宅建筑和非住宅建筑（表1-4）；从生命周期阶段来说，其评价对象包括所处的生命周期的阶段分为新建建筑、既有建筑及改造建筑；从建筑规模说，其评价对象分为单体建筑和群体建筑。

CASBEE评价对象功能分类　　表1-4

评价对象	分类
住宅建筑	办公建筑、学校、商店、餐饮、集会场所、工厂
非住宅建筑	医院、宾馆、公寓式住宅

（3）评价方式

日本CASBEE体系的评价指标按照建筑生命的周期，涵盖能量消耗、资源再利用、当地环境和室内环境四个领域。

在CASBEE评估体系中，设定一个以用地边界和建筑最高点为界所形成的假想三维封闭空间，也代表实际参评建筑物所处场地及范围，利用$BEE=Q/L$求值（Q代表参评建筑在封闭空间内，使用者生活舒适性的改善；L代表参评建筑在封闭空间外部区域受到的负面环境影响）。从公式$BEE=Q/L$中可以看出，BEE随着Q与L的变化而变化，当参评建筑的舒适性越高时，对周边环境的负面影响越小，参评建筑所满足绿色建筑指标的程度越高。参评时，以Q、L所展开的指标进行比对，确定各自占有的分数，使用BEE来展示所具有的绿色性能程度，最终确定评价等级。CASBEE的评分标准与美国LEED大不相同，它采用5分制，分1、2、3、4、5级进行评分，以3分为基准分，最低为1分，最优水平为5分。

（4）优、劣势

优势包括：①CASBEE是一种公开的个人软件，其实施的主体是日本建筑环境与节能协会（IBEC）以及IBEC认证的11个民间机构，因此评价的透明性和公正性就得到了保证，更被社会认可。②在评价工作上引入了“CASBEE建筑评价员”和“CASBEE独立住宅评价员”两种类型，参评的项目只需要提交申请表和申报材料，以及评价员认定的评审结果，通过实施主体的审核后，就可以获得认证证书，评价程序更简洁。③通过正面效益和负面效益的比值得分来衡量绿色建筑品质，这种评价方式更为全面和高效。

劣势包括：①CASBEE是基于各自的国情开发的，没有考虑地域特征给绿色建筑环境性能带来的影响。②注重建筑运行阶段对建筑环境的影响，没有对建筑全生命周期的管理工作给予重视。

5. 国际绿色建筑评价体系的相同点

（1）评价体系建立的原则和目标一致

这些绿色建筑评价体系都是在坚持可持续发展的大前提下，为绿色建筑提供了一个规范化的、适用的、标准的评价体系，引导了项目对技术措施的选择，提高了人们对环境保护的意识和兴趣，从而促进了绿色建筑项目的发展，使越来越多的绿色建筑为人们提供更高的经济效益，提高了绿色建筑的市场竞争力。

（2）专注共同的因素

这些绿色建筑评价体系都有自己的分类和组织结构，从定性和定量两个方面对建筑物进行评估。评估的内容大多都反映了技术措施的实践、生态环境的保护、人文文化的研究等。在细节的划分上，也都包括降低碳排放、能源资源的再生再利用、降低能耗、垃圾回收、污水处理、大气污染和室内环境等。

（3）易于理解、方便操作

这些评估体系在评估项目的设置上都比较简单，对指标和评分细则的规定也都很明确，更方便项目管理者对评估要求进行分析理解，针对相应的要求，在设计阶段开始考虑相应的技术措施以提高项目评估的绿色程度。虽然，多国评价体系内容和结构比较复杂，但它是应用于不同国家地区的一套统一的标准，综合评价不同地域建筑以及环境的综合性能，相对操作也是比较简单的。

（4）经济成本的重要性

各国的绿色建筑评价体系在实施的过程中，都把建造成本和运营成本作为重点考察对象，都将评估的过程分为设计阶段和运营阶段，避免建筑物投入使用后又采用额外的技术带来不必要的能耗。由于运用最先进的技术和材料，绿色建筑的成本都比普通建筑的成本高，现有的评价体系都更注重业主方的利益，能够保证开发商和业主双方都能得到真正的经济利益，使绿色建筑的市场竞争力大大提高，进入一个良性的循环。

（5）评价体制都规范、权威

为了保证评估过程的标准化、规范化，保障评估工作的权威性、规范性，评估工作的具体参与者必须由具备认证资格的专业人员进行。

（6）与时俱进，不断完善和改进

绿色建筑在不断地发展，绿色建筑评价体系也应该针对不同时期、不同地域、不同资源，以及人们主观的不同意识来进行完善和改进。各个绿色建筑评价体系都经历了版本的发展更新。这些表明了，绿色建筑评估体系是要随着经济和技术的发展而不断进步的，要在一次次的实践中弥补不足，这样就能够保证绿色建筑评估工作具有高时效性和严谨的科学性。

6. 国际绿色建筑评价体系的局限性

（1）评估因素的不完整

现有的绿色建筑评价体系关注的重点都是自然生态方面，缺少对社会和人文方面的评估。其实，为了发展绿色建筑，并不能仅仅依靠技术上的创新和改进，更要注重人们主观意识的觉醒，要让绿色建筑的意识深入人心。

（2）评价体系缺乏对建筑全过程的监管

绿色建筑评价体系针对的仅仅是建筑的设计阶段和投入使用时的评估，很少考虑到对建筑的实际运行效果进行评价。要保证建筑的绿色程度，就不能缺少对建筑全生命周期全过程的引导和管理，这样才能完善绿色建筑评价体系。

（3）评价体系难以共享

大多数的评价体系都是针对本国固有国情而建立的，没有大范围的实用性，没有一个相对稳定的标准，使得世界各地的绿色建筑之间也没有一个确定的标准进行比较，应用范围比较狭窄。现在，拥有绿色建筑评价体系的国家大多数都是发达国家，很难在发展中国家普及。

（4）主观意识影响评价过程和结果

绿色建筑评价体系的权重比大多是依靠经验来确定的，这就不可避免地带有人的主观意志，使评价结果受到这些非客观因素的影响。而生态足迹方法很好地弥补了这个缺陷，整体上来讲，生态足迹与生态承载力、特征有着直接的关系，对人类的活动进行合理的评价，与区域的自然承载力相融合来制定指标，而这些指标也可以来约束和评价人类的行为是否具有可持续性，所以在这些体系中适当地利用生态足迹分析方法来进行修正。

1.1.4　我国绿色施工背景与现状

我国对绿色施工的关注源于对绿色建筑的探索与推广。随着人们对绿色建筑和生态型住区的渴望和追求，我国在绿色建筑领域出台了相应的政策和标准。

2001 年建设部编制了《绿色生态住宅小区建设要点与技术导则》，提出以科技为先导，推进住宅生态环境建设及提高住宅产业化水平；以住宅小区为载体，全面提高住宅小区节能、节水、节地水平，控制总体治污，带动绿色产业发展，实现社会、经济、环境效益统一。

伴随着建筑节能和绿色建筑的推广，在施工行业推行绿色化也开始受到关注，基于这样的背景，绿色施工在我国被提出并持续推进。

2003 年我国申报举办奥运会成功时提出“绿色奥运、科技奥运、人文奥运”的理念，建筑领域的绿色概念开始逐渐形成。2003 年奥组委环境活动部负责起草了《奥运工程绿色施工指南》。在北京奥运会的筹办和举办过程中，我国在城市建设、施工管理、运行等各个环节都践行了绿色奥运理念，大力推行了建筑节能、环境与生态保护、资源可持续利用等。奥运会结束后，我国及时总结了奥运绿色建筑管理和技术经验，并已积累、开发和研究了相关管理和技术成果。

2005 年建设部和科技部颁布了《绿色建筑技术导则》，2006 年又发布了《绿色建筑评价标准》GB/T 50378—2006。2007 年发布了《绿色建筑评价技术细则（试行）》和《绿色建筑评价标识管理办法》，并在全国组织建设了一批建筑节能示范工程、康居工程、健康住宅等；同年发布了《绿色施工导则》，明确了绿色施工的原则，阐述了绿色施工的主要内容，制订了绿色施工总体框架、绿色施工的要点，提出了发展绿色施工的新技术、新设备、新材料、新工艺和开展绿色施工应用示范工程等；同年还发布了《建筑节能工程施工质量验收规范》GB 50411—2007，明确规定了保障建筑节能的施工质量标准。

2010年住房和城乡建设部发布国家标准《建筑工程绿色施工评价标准》GB/T 50640—2010，为绿色施工评价提供了依据。

1.2 绿色施工与相关概念的关系

1.2.1 绿色施工与绿色建筑

1. 绿色建筑的定义与内涵

众所周知，建筑物在其设计、建造、使用、拆除等整个生命周期内，需要消耗大量的资源和能源，同时还会造成严重的环境污染问题。据统计，建筑物在其建造、使用过程中消耗了全球能源的50%，产生的污染物约占全球污染物总量的34%。鉴于全球资源环境方面面临的种种严峻现实，社会、经济包括建筑业的可持续发展问题必然成为人们关注的焦点。绿色建筑（Green Building）正是遵循保护地球环境、节约资源、确保人居环境质量这样一些可持续发展的基本原则，由西方发达国家于20世纪70年代率先提出的一种建筑理念。从这个意义上说，绿色建筑也就是可持续建筑。

根据联合国21世纪议程，可持续发展应具有环境、社会和经济三方面内容。国际上对可持续建筑的概念，从最初的低能耗建筑（Lowenergy Building）、零能耗建筑（Zeroenergy Building），到后来的能效建筑（Energy Efficient Building）、环境友好建筑（Environmentally Friendly Building），再到近年来的绿色建筑（Green Building）和生态建筑（Ecological Building），有着各种各样的提法。不妨这样来归纳一下：低能耗建筑、零能耗建筑属于可持续建筑发展的第一阶段，能效建筑、环境友好建筑属于第二阶段，而绿色建筑、生态建筑可认为是可持续建筑发展的第三阶段。近年来，绿色建筑和生态建筑这两个词被广泛应用于建筑领域中，人们似乎认为这二者之间的差别甚小，其实不然，绿色建筑与居住者的健康和居住环境紧密相关，其主要考虑建筑所产生的环境因素；而生态建筑则侧重于生态平衡和生态系统的研究，其主要考虑建筑中的生态因素。还应注意，绿色建筑综合了能源问题和与健康舒适相关的一些生态问题，但并不是简单的一加一，绿色建筑需要采用一种整体的思维和集成的方法去解决问题。

究竟什么是绿色建筑呢？由于各国经济发展水平、地理位置和人均资源等条件的不同，国际上对绿色建筑的定义和内涵的理解不尽相同。英国建筑设备研究与信息协会（BSRIA）指出，一个有利于人们健康的绿色建筑，其建造和管理应基于高效的资源利用和生态效益原则。美国加利福尼亚环境保护协会（Cal/EPA）指出，绿色建筑也称为可持续建筑，是一种在设计、修建、装修或在生态和资源方面有回收利用价值的建筑形式。

关于绿色建筑，也可以理解为是一种以生态学的方式和资源有效利用的方式进行设计、建造、维修、操作或再使用的构筑物。绿色建筑的设计要满足某些特定的目标，如关于绿色建筑，也可以理解为是一种以生态学的方式和资源有效利用的方式保护居住者的健康，提高员工的生产力，更有效地使用能源、水及其他资源以及减少对环境的综合影响等。绿色建筑涵盖了建筑规划、设计、建造及改造、材料生产、运输、拆除及回收再利用等所有和建筑活动相关的环节，涉及建设单位、规划设计单位、施工与监理单位、建筑产品研发企业和有关政府管理部门等。绿色建筑的概念有狭义和广义之分。狭义来说，绿色建筑是在其设计、建造以及使用过程中节能、节水、节地、节材的环保建筑。广义而言，绿色建筑是人类与自然环境协同发展、和谐共进，并能使人类可持续发展的文化；它既包括持续农业、生态工程和绿色企业，也包括了有绿色象征意义的生态意识、生态哲学、环境美学、生态艺术、生态旅游，以及生态伦理学、生态教育等诸多方面。除了绿色建筑以外，生态节能建筑、可持续发展建筑、生态建筑也可看成是和绿色建筑相同的概念，而智能建筑、节能建筑则可视为应用绿色建筑理念的一项综合工程。

当然，还有很多关于绿色建筑的观点，但归纳起来，绿色建筑就是让人们应用环境回馈和资源效率的集成思维去设计和建造建筑。绿色建筑有利于资源节约（包括提高能源效率、利用可再生能源、水资源保护）；它充分考虑其对环境的影响和废弃物最低化；它致力于创建一个健康、舒适的人居环境，致力于降低建筑使用和维护费用；它从建筑及其构件的生命周期出发，考虑其性能和对经济、环境的影响。

2. 绿色建筑的特点

绿色建筑包括以下三方面：一是节约资源，包括节约能源、水资源、土地、材料等；二是保护环境，强调减少有害气体排放，减少对环境的破坏，保持生态的稳定性；三是提升生活的舒适度。中国建筑科学研究院上海分院孙大明等人，按照时间维度将绿色建筑分为“浅绿阶段”“深绿阶段”和“泛绿阶段”。2004～2008年，国内建筑建设尝试使用绿色技术和产品，这一阶段的绿色理念仅体现在产品和技术的应用上，称为“浅绿”阶段，主要以试点建筑为主，如上海建筑科学研究院办公楼；2008年开始，随着绿色建筑评价相关的标准和导则等一系列法规导则的颁布，一些建筑从策划、设计、建设、运行、产品等各个环节展现绿色，体现因地制宜思想的建筑明显增多，称为“深绿”阶段，到目前为止我国的绿色建筑仍然处于“深绿”阶段；“泛绿”阶段是指绿色理念获得了广泛发展，普通人群也普遍接受绿色理念，绿色建筑成为普通建筑。

3. 绿色施工与绿色建筑的关系

在我国，绿色施工是在绿色建筑之后提出的，因此，首先要分析这两者的区别。《绿色建筑评价标准》GB/T 50378—2019中将绿色建筑定义为：“在全寿命期内，节约资源、保护环境、减少污染，为人们提供健康、适用、高效的使用空间，最大限度地实现人与自然和谐共生的建筑”。

根据这一定义，绿色建筑的内涵主要包括以下三个方面：

（1）绿色建筑的目标是建筑、自然以及使用建筑的人三方的和谐。绿色建筑与人、自然的和谐体现在其功能是提供健康、适用和高效的使用空间，并与自然和谐共生。“健康”代表以人为本，满足人们使用需求；“适用”代表在满足功能的前提下尽可能节约资源，不奢侈浪费，不过于追求豪华；“高效”代表资源、能源的合理利用，同时减少温室气体排放和环境污染。绿色建筑以人、建筑和自然环境的协调发展为目标，在利用天然条件和人工手段创造良好、健康的居住环境的同时，尽可能地控制和减少对自然环境的使用和破坏，充分体现向大自然索取和回报之间的平衡。

（2）绿色建筑注重节约资源和保护环境。绿色建筑强调在全生命周期特别是运行阶段减少能源和资源消耗（主要是指对水的消耗），并保护环境、减少温室气体排放和环境污染。

（3）绿色建筑涉及建筑全生命周期，实现绿色建筑的关键环节是绿色建筑的设计和运营维护阶段。

经过对绿色建筑内涵的分析，不难看出绿色建筑与绿色施工的区别与联系。从两者的联系来看，主要表现在：一方面，两者在基本目标上是一致的，两者都追求了“绿色”，都致力于减少资源消耗和保护环境；另一方面，施工是建筑产品的生成阶段，属于建筑全生命周期中的一个重要环节，在施工阶段推进绿色施工必然有利于建筑全生命周期的绿色化，因此，绿色施工的深入推进，对于绿色建筑的生成具有积极促进作用。

同时，两者又有很大的区别。第一，两者的时间跨度不同。绿色建筑涵盖建筑全生命周期，重点在运行阶段；而绿色施工主要针对建筑生成阶段。第二，两者的实现途径不同。绿色建筑的实现主要依靠绿色建筑设计和提高建筑运行维护的绿色化水平；而绿色施工主要针对施工过程，通过对施工过程的绿色施工策划，并加以严格实施实现。第三，两者的对象不同。绿色建筑强调的是对建筑产品的绿色要求，而绿色施工强调的是施工过程的绿色特征。所有的建筑产品中，符合绿色建筑标准的产品都可以称为绿色建筑；所有的施工活动中，达到绿色施工评价标准的施工活动都可以称为绿色施工。就特定的绿色建筑而言，其生成阶段不一定符合绿色施工标准；就特定的施工过程而言，绿色施工最终建造的产品也不一定达到绿色建筑的要求。因此这两者强调的对象有着本质的区别，绿色建筑主要针对建筑产品，绿色施工主要针对建筑生产过程，这是两者最本质的区别。

绿色建筑和绿色施工是绿色理念在建筑全生命周期内不同阶段的体现，但其根本目标是一致的，它们都把追求建筑全生命周期内最大限度实现环境友好作为最高追求。

1.2.2　绿色施工与绿色建造的关系

目前,最容易与绿色施工混淆的概念是绿色建造。英语单词中“施工”和“建造”均为“Construction”,但我国的“施工”却与国外的“Construction”存在较大区别。绿色建造是指在施工图设计和施工全过程中，立足于工程建设总体，在保证安全和质量的同时，通过科学管理和技术进步，提高资源利用效率，减少污染，保护环境，实现可持续发展的工程建设生产活动。

绿色建造的内涵，主要包含以下五个方面:

（1）绿色建造的指导思想是可持续发展。绿色建造正是在人类日益重视可持续发展的基础上提出的，绿色建造的根本目的是实现建筑业的可持续发展。

（2）绿色建造的本质是工程建设生产活动，但这种活动是以保护环境和节约资源为前提的。绿色建造中的厉行节约是强调在环境保护前提下的节约，与传统施工中的节约成本、单纯追求施工企业的经济效益最大化有本质区别。

（3）绿色建造的基本理念是“环境友好、节约资源、过程安全、品质保证”。绿色建造在关注工程建设过程安全和质量保证的同时,更注重环境保护和资源节约,实现工程建设过程的“四节一环保”。

（4）绿色建造的实现途径是施工图绿色设计、绿色施工技术进步和系统化的科学管理。绿色建造包括施工图绿色设计和绿色施工两个环节，施工图绿色设计是实现绿色建造的基础，科学管理和技术进步是实现绿色建造的重要保障。

（5）绿色建造的实施主体是施工单位，并需由相关方共同推进。政府应是绿色建造的主导方，建设单位应是绿色建造的发起方，施工单位是绿色建造实施的责任主体。

绿色建造是在倡导“可持续发展”“循环经济”和“低碳经济”等大背景下借鉴国外工程建设模式所引入的一种工程建设理念，要求所有建造参与者积极承担社会责任，在施工图设计和施工的过程中，综合考虑环境影响和资源利用效率，追求各项活动的资源投入减量化、资源利用高效化、废弃物排放最小化，最终达到“资源节约、环境友好、过程安全、品质保证”的建造目标。

因此，绿色施工和绿色建造的最大区别在于绿色建造包括施工图设计阶段。绿色建造是在绿色施工的基础上，向前延伸至施工图设计的一种施工组织模式（图1-2），绿色建造包括施工图的绿色设计和工程项目的绿色施工两个阶段。倡导绿色建造绝不是施工图设计与施工两个过程的简单叠加，而是促使施工图设计与施工过程实现良好衔接，使施工单位基于工程项目的角度进行系统策划，实现真正意义上的工程总承包，提升工程项目的绿色实施水平。

绿色建造与绿色施工的这种区别，将导致工程实施效果的较大不同。相比绿色施工，绿色建造对绿色建筑的建成具有举足轻重的作用。绿色建造有利于施工单位站在项目总体的角度统筹资源，实现资源和能源的高效利用。传统的工程承包模式中，施工图是设计单位的最终技术产品，与施工单位主导的施工过程是分离的。绿色建造可以将施工图设计和施工过程进行有机结合，它能够促使施工单位立足于工程总体角度，从施工图设计、材料选择、楼宇设备选型、施工方法、工程造价等方面进行全面统筹，有利于工程项目综合效益的提高。同时，绿色建造要求施工单位通过科学管理和技术进步，制订资源节约措施，采用高效节能的机械设备和绿色性能好的建筑材料，改进施工工艺，最大限度地利用场地资源，增加对可再生能源的利用程度，加强建筑废弃物的回收利用，从而提高工程建造过程的资源利用效率，减少资源消耗，实现“四节一环保”。因此，绿色建造对于减少建筑的资源消耗和保护环境，将其最终打造成绿色建筑，具有举足轻重的影响。绿色建造代表了未来我国建筑业生产模式的发展方向，也代表了绿色施工的演变方向。我国建筑业设计、施工分离的状态仍将在较长时期内持续，因此在现阶段推进绿色施工仍然具有积极的现实意义。

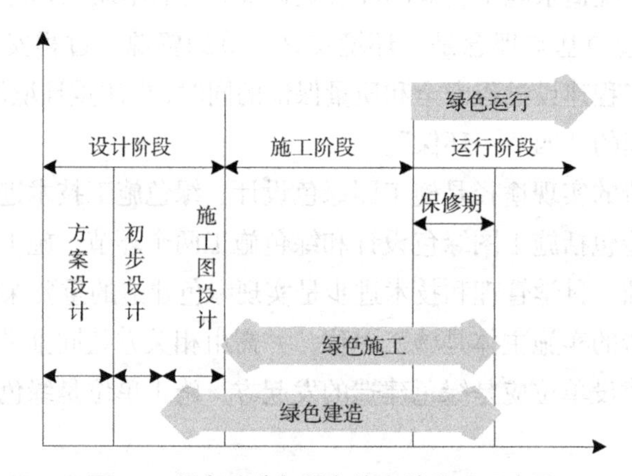

图 1-2　绿色建造与绿色施工的关系示意图

1.2.3　绿色施工与低碳施工的关系

低碳施工是伴随着低碳建筑概念而提出的。低碳建筑是指在建筑材料与设备制造、施工建造和建筑物使用的全生命周期内，减少化石能源的使用，提高能效，降低二氧化碳排放量。低碳施工是指在工程建设过程中，严格遵循工程规划和设计要求，在保证工程质量、安全等基本要求的前提下，采取有效的管理和技术措施，实现建筑物施工过程的低化石能源消耗和低碳排放。

低碳施工是绿色施工的主要内容之一，绿色施工包含低碳施工。目前，我国的能源构成以化石能源为主，绿色施工中要求的能源节约实质上主要是化石能源的节约。化石能源使用量的降低和利用效率的提高也有助于碳排放量的减少，从而有利于环境保护。当然，绿色施工不仅仅要求降低化石能源的使用和提高利用效率以及减少碳排放量，还包括水资源节约与高效利用，材料资源节约与高效利用，土地资源节约与保护，控制扬尘、噪声、光污染及废物排放等，其内涵和外延比低碳施工要大得多。现在，也有专家、学者扩大了低碳施工的外延，将降低环境污染等因素纳入低碳施工，但仍与绿色施工有一定区别。

1.2.4　绿色施工与装配式建筑的关系

在新型工业化、信息化、城镇化、农业现代化和绿色化发展要求的大背景下，传统建筑生产方式暴露出的劳动生产率低、污染严重等问题表明：推行新型建筑产业化是必然趋势。

装配式建筑是指预先将构件在工厂中生产加工好，运送至施工现场，然后通过可靠的连接方式将构件拼装而成的一种建筑方式。装配式建筑作为建筑产业化的重大创新，具有以下几方面优势：一是通过标准化设计、工厂化生产、装配化施工缩短了工期，提高了建造效率；二是通过构件生产工厂化，使材料和资源均处于可控状态，从而降低资源和能源消耗；三是可以改善施工现场环境，降低噪声、垃圾、扬尘等污染；四是促进建筑业与信息化、工业化深度融合，培育新产业、新动能，推动化解过剩产能。

绿色施工作为当前我国建筑业发展的新方向，其主张在保证质量、安全等基本要求的前提下，通过科学管理和技术进步，最大限度地节约资源和降低建筑业对环境的影响，最终实现“四节一环保”。绿色施工本质上不是某种技术，而是总体上对建筑业提出了更高要求。

装配式建筑是符合我国经济发展内在需求的建筑方式。就建筑业而言，装配式建筑先天的优势契合了我国的绿色施工理念，符合环境发展要求，有着广阔的前景。

绿色施工是在工程施工过程中体现可持续发展理念，通过科学管理和技术进步，最大限度地节约资源和保护环境，实现工程施工的要求，生产绿色产品的工程活动。装配式施工恰好符合绿色施工的各项要求，并大幅提高了绿色施工水平，必定成为今后发展的主要方向。

（1）绿色建造包含工程的绿色策划、绿色设计和绿色施工三个阶段，与装配式建筑所需的工程立项策划、工程设计和施工三个阶段紧密配合，使策划、设计和施工默契协调，实现绿色施工水平的提高。

（2）装配式建筑主要进行预制构件的拼装，与传统浇筑模式相比，把大量的施工现场高强度作业转向“工作环境可控制的厂房内”进行产业化生产，减少了作业人员和成本，缩短了工期；打破了传统建造方式受作业面和气候的影响，可全天候地进行重复制造；改善了施工环境，减轻了劳动强度；现场作业减少，扬尘、噪声和废弃物排放也随之变少；可大大提高绿色施工水平。

（3）项目采用预制构件进行施工，部分采用铝合金模板，内隔墙也由传统的砌体改为拼装隔墙，使楼层内的每一处尺寸一次性达到设计要求，无须修补，展现了建造品质。预制墙体及铝合金模板、预制隔墙的使用能够使建筑表面成形质量好，减少抹灰等费用。

综上所述，装配式建筑是可培育的新产业，带动相关产业发展，提升建筑绿色施工水平，是建筑业寻求突破、谋求发展的必然选择。

1.2.5 绿色施工与 BIM 的关系

经济的迅速发展给各行各业带来了更多的机遇和挑战，任何行业要想从激烈的市场竞争中夺得一席之位，都必须将创新技术作为发展的前提条件。我国大力引进了 BIM 技术，以期能够提高建筑工程绿色施工效率，利用该技术可以对施工现场的工作环境进行模拟和演示，便于确定最终方案。另外，通过已给出的方案进行模拟，能够看到施工过程中可能会出现的问题，便于修改方案。利用 BIM 技术能够减少对原材料的浪费，进而实现绿色施工。

BIM 技术在建筑工程绿色施工方面应用的优点如下：

（1）节约材料

受自身特点的影响，建筑工程在建设中会涉及复杂的管网线和空间分布，如果只是按照图纸施工就会存在很多问题。针对以上问题，利用 BIM 技术建立一个数据模型，模型是三位一体的，那些交错着的管网线就可以通过模型清楚地看到，这样不仅方便施工，而且还能降低后期返工的可能性，可以减少材料和能源的浪费；同时，还能避免对管线进行碰撞，防止安全事故的发生，最终实现绿色施工。

（2）节约土地

在实际施工过程中，工程会用到大量的施工材料、施工设备及施工人员等，因此也就会用到大量的土地来堆放这些原材料，以供施工人员休息。在这种情况下，为了不破坏生态环境并对附近居民造成影响，一定要对土地进行合理布局。而利用 BIM 技术就能实现对现场环境的合理布局，将施工所用土地控制在一个范围内，并在四周搭建围网，尽量对现场附近的生态环境进行维护，以实现发展与治理的同步进行。

（3）节约能源

建设一项工程消耗的能源和资源是巨大的，其中包括施工人员日常生活所需及生产设备的大量应用，利用 BIM 技术可以有效地控制对能源的消耗，以实现节能减排。该技术能够进一步优化施工方案，通过分析施工图纸和施工现场的真实情况，建立一个完整的数据模型，通过此模型，施工方和开发商就可以实现对施工现场的模拟和演示，进而发现施工过程中可能出现的能源消耗问题，然后针对这些问题来优化施工方案，尽可能利用风能和太阳能等清洁能源，以减少施工对不可再生资源的消耗，最终达到节能减排的目的。

（4）节约水资源

建筑施工不可避免地会对附近的水资源造成破坏，而利用 BIM 技术能够尽可能地降低对水资源的破坏程度。在正式开始施工之前，要先对现场附近的水文条件做细致调查，并建立一个完善的信息数据库，将所收集到的信息上传到数据库中，以便于为后期的施工提供保障，然后再通过 BIM 技术建立完善的数据模型，查看不同施工方案对水文环境造成的影响，以此来确定方案。这样不仅为建筑工程提供了充足的水资源，同时还能保护水资源不被破坏，进而实现绿色施工。

（5）保护环境

环境保护不光表现在日常生活中，在建筑工程中同样也有体现。改造环境，以期满足人们生活发展需要其实就是建筑工程的最主要目的，但建筑施工必然会对环境造成一定程度的破坏，而利用 BIM 技术能尽可能地降低这种破坏。例如，以往在建设钢结构的建筑时，常常会涉及高空作业，这样不仅不利于环境保护，还会增加安全事故发生的可能性，而利用 BIM 技术可以先建立安全模型，然后进行地面演示，确认无误后再正式施工；同时，还能把施工中产生的废弃物集中起来，后期进行统一处理。

第 2 章　绿色施工管理

绿色施工管理是一个体系，包括宏观的公共管理及微观的企业管理和项目管理。就项目层次而言，绿色施工需要在工程项目中明确绿色施工的任务；在施工组织设计、施工专项方案编制过程中，做好绿色施工策划；在项目运行中有效实施并全过程监控绿色施工；在绿色施工评价中，严格按照 PDCA 循环持续改进，保证绿色施工取得实效。

2.1　绿色施工的任务

施工企业的最高管理层应制订本企业的绿色施工管理方针，在工程项目建设中实施绿色施工，将绿色施工的理念、思想和方法贯穿于工程施工的全过程，确保施工过程能更好地提高资源利用效率和保护环境。

绿色施工的主要任务，即由施工管理、环境保护、节材与材料资源利用、节水与水资源利用、节能与能源利用、节地与施工用地保护、人力资源和劳动力保护七个方面组成（图 2-1）。

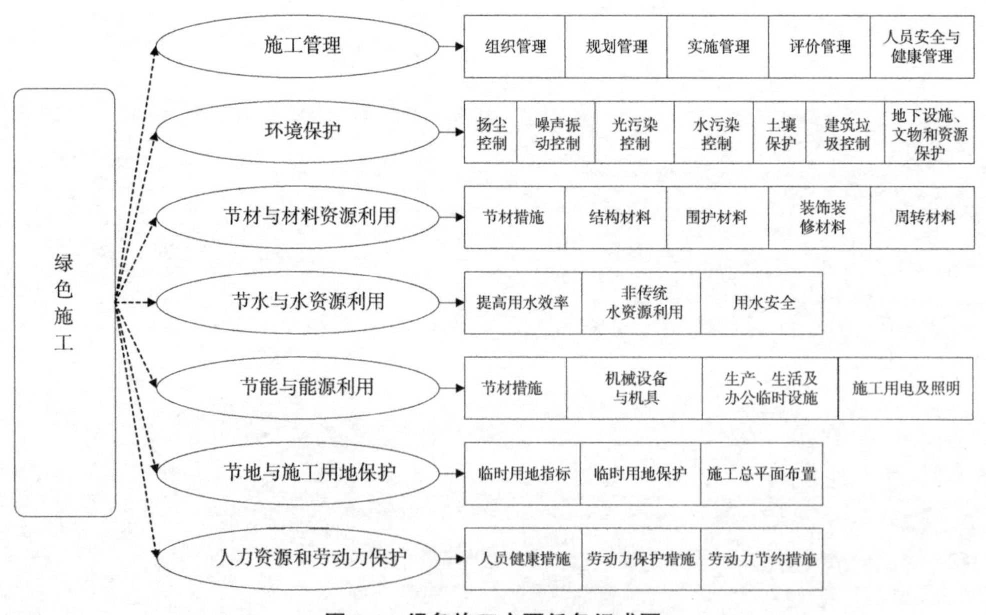

图 2-1　绿色施工主要任务组成图

这七个方面涵盖了绿色施工的基本内容，同时包含了施工策划、材料采购、现场施工、工程验收等各阶段指标的子集。绿色施工管理运行体系包括绿色施工策划、绿色施工实施、绿色施工评价等环节，其内容涵盖绿色施工的组织管理、规划管理、实施管理、评价管理和人员安全与健康管理等多个方面。

2.2　绿色施工的策划

工程项目策划在发达国家已成为工程项目建设管理程序的重要一环；在英国使用“Brief”和“Briefing”来表示“策划”和“策划过程”，而在美国则使用“Program”和“Programming”。第二次世界大战后，城市基础设施和房屋遭到严重破坏，亟待修复，社会经济秩序正在恢复，建设资金匮乏，为了保证建设项目投入资金的高回报，保证建筑功能和空间发挥最大的效益，将浪费降到最低点，各国政府、城市建设管理部门、开发商和规划师、建筑师开始注重工程建设的先导理论，如信息论、系统方法论、多元分析论及可行性研究等，这为后来的建筑策划理论框架的形成做了物质准备。近年来，强调“以人为本”，注重改善居住环境，让公众参与到社区建设中来，使绿色策划的意识大大加强。一些国家以法律的形式规定了何种等级以上的建筑必须要进行工程项目绿色策划。

1949 年中华人民共和国成立以后，我国以国家为投资主体进行了大规模的基本建设，成绩辉煌、举世瞩目，但教训也不少，特别是改革开放初期，基本建设程序不完善、不科学，急于求成，仓促启动，“三边工程”随处可见，造成浪费严重，建设效益不佳，主要原因就是对建设前期工作重视不足，重大决策缺乏充分的科学论证。工程项目策划的概念是在“改革开放、引进外资”的过程中逐步认识到的。目前，我国的工程项目策划实际上是由三方面主体完成的：“市场”策划机构完成市场调研和项目可行性研究；建筑师完成产品技术策划和概念设计方案；建设单位确认策划，完成土地征地、项目立项等行政手续。近年来，我国的工业化、城镇化、新农村建设得到快速发展，每年的工程建设量巨大，同时，能源、土地、水资源及环境等问题日益严峻，绿色建筑、可持续发展已成为国家的基本国策，工程项目的绿色策划也显得日益重要，但主要集中于狭义上的绿色策划。

2.2.1　企业规划

施工企业的最高管理层应根据国家、行业和地方政府对节能减排、环境保护的规划要求，对企业绿色施工的目标指标、实施计划、实施措施、绿色施工项目等内容制订本企业的绿色施工管理方针，并通过编制年度计划贯彻实施，实行绿色施工目标管理。

企业绿色施工规划的规划期一般为五年，与国民经济发展规划期一致。

2.2.2 企业年度计划

企业年度计划是依据企业规划要求，把目标指标逐年分解下达项目去实施。计划内容与规划内容基本相同，侧重点在目标指标的分解和工作实施计划与措施，针对不同的项目提出具体要求，把当年目标指标下达每个项目。

2.2.3 项目策划

绿色施工项目策划是工程项目推进绿色施工的关键环节，工程施工项目部应全力认真做好绿色施工策划。工程项目策划应通过工程项目策划书体现，是指导工程项目施工的纲领性文件之一。

项目根据公司的规划和年度下达的计划要求，对项目绿色施工提前进行策划。工程项目绿色策划应通过《工程项目施工组织设计》《工程项目绿色施工方案》或者《工程项目绿色施工专项方案》代替。在内容上应包括绿色施工的管理目标、责任分工体系、绿色施工实施方案和绿色施工措施等基本内容。

在编写项目施工组织设计时，应按现行工程项目施工组织设计编写要求，将绿色施工的相关要求融入相关章节，形成工程项目绿色施工的系统性文件，并按公司规定的审批程序进行报批。

在编写绿色施工专项方案时，应在施工组织设计中独立成章，并按有关规定进行审批。绿色施工专项方案应包括但不限于以下内容：①工程项目绿色施工概况；②工程项目绿色施工目标；③工程项目绿色施工组织体系和岗位责任分工；④工程项目绿色施工要素分析及绿色施工评价方案；⑤各分部分项工程绿色施工要点；⑥工程机械设备及建材绿色性能评价及选用方案；⑦绿色施工保证措施；⑧绿色施工相关配置平面布置图等。

2.3 绿色施工的实施

绿色施工的实施是在施工过程中，依据绿色施工策划的要求，组织实施绿色施工的相应工作内容。绿色施工的实施要关注以下四个方面。

2.3.1 建立系统的管理体系及教育培训

工程项目绿色施工管理体系主要由组织管理体系和监督控制体系构成。

在组织管理体系中，要确定绿色施工的相关组织机构和责任分工，明确项目经理为第一责任人，使绿色施工的各项工作任务由明确的部门和岗位来承担。如某工程项目为了更好地推进绿色施工，建立了一套完备的组织管理体系，成立由项目经理、项目副经理、项目总工为正副组长及各部门负责人构成的绿色施工领导小组。明确由组长（项目经理）作为第一责任人，全面统筹绿色施工的策划、实施、评价等工作；

由副组长（项目副经理）“挂帅”进行绿色施工的推进，批次、阶段和单位工程评价组织等工作；另一副组长（项目总工）负责绿色施工组织设计、绿色施工方案或绿色施工专项方案的编制，指导绿色施工在工程中的实施；同时明确由质量与安全部负责项目部绿色施工日常监督工作，根据绿色施工涉及的技术、材料、能源、机械、行政、后勤、安全、环保以及劳务等各个职能系统的特点，把绿色施工的相关责任落实到工程项目的每个部门和岗位，做到全体成员分工负责、齐抓共管。把绿色施工与全体成员的具体工作联系起来，系统考核，综合激励，取得了良好效果。

在管理流程上，绿色施工必须经历策划、实施、检查与评价等环节。绿色施工要通过监控，测量实施效果，并提出改进意见。绿色施工是过程，过程实施完成后，绿色施工的实施效果就难以准确测量。因此，工程项目绿色施工需要强化过程监督与控制，建立监督控制体系。体系的构建应由建设、监理和施工等单位构成，共同参与绿色施工的批次、阶段和单位工程评价及施工过程的见证。在工程项目施工中，施工方、监理方要重视日常检查和监督，依据实际状况与评价指标的要求严格控制，通过 PDCA 循环，促进持续改进，提升绿色施工实施水平。监督控制体系要充分发挥其旁站监控职能，使绿色施工扎实进行，保障相应目标的实现。

在项目层面也通过多种形式对有关管理人员和劳务队伍进行培训、教育。目前国内劳务企业规模小、流动性强，社会层面组织的教育、培训难度较大，在这种情况下，大型总承包企业通过现场教育、培训的组织，对于提高劳务队伍绿色施工的意识、技能，进而保证绿色施工的全面实施发挥了重要的作用。

2.3.2　总承包式绿色施工模式

现有工程施工与设计、采购分裂的承发包模式不利于绿色施工的实施，需要推进建筑工程绿色建造总承包式绿色施工模式。在工程项目中推进 EPC、DB 等工程总承包的绿色建造模式，促进工程项目立项、设计与施工一体化，将使工程立项策划、设计和施工等关键环节得到一体化安排和筹划，有助于主体责任方从设计、施工整体角度出发，确保工程质量安全和造价的全面受控，有利于生态环境的保护和资源的高效利用，是一种国际通行的工程项目总承包的先进建设模式。目前，可首先探索推动施工图设计移位，将施工图设计从设计方移位到施工方，便于工程总承包单位基于绿色建造实现设计与施工管理和技术的协同，加快建设体制改革和设计施工一体化的发展，提高施工图质量，促进施工图设计与施工现场的有机融合。

推进工程总承包主导的绿色建造模式，须强化绿色建造管理体系建设。在绿色建造管理体系构建上，可以从宏观、中观、微观三个层面推进。在宏观层面上，要构建政府、行业协会、建筑企业、建设单位和咨询业协同推进绿色建造的管理体系，鼓励绿色建造相关咨询服务业发展；在中观层面上，要构建政府职能部门内部、行业协会内部、建筑企业内部的绿色建造管理体系；在微观层面上，要将绿色建造管理纳入建设项目管理体系，促进绿色设计与绿色施工的一体化发展。通过构建全方位的绿色建造管理体系，为推进绿色建造提供组织管理保障。我国新的资质标准已对大型施工企业的设计能力提出了明确要求，加速了我国施工企业具备设计能力的进程。制订切实的强制措施，促使施工企业尽快形成满足绿色建造需要的设计能力，进而形成一支设计理念超前、技术能力较强、具有设计施工一体化的和拥有绿色建造视野的专业技术队伍，对于提升工程项目绿色建造的总体实施效果具有重要意义。因此鼓励大型施工企业不断增强其工程设计和基于工程项目的总承包能力，实现建造过程和建筑产品的全面绿色化。

2.3.3 绿色施工的动态管理

施工过程动态管理的对象主要包括地基与基础工程、主体结构工程、建筑装饰装修工程、建筑保温及防水工程和机电安装工程等方面。绿色施工的动态管理要求强化施工准备、过程控制、资源采购和评价管理，需要注意以下几点：

1. 检查与监测

绿色施工的检查与监测包括日常、定期检查与监测，其目的是检查绿色施工的总体实施情况，测量绿色施工目标的完成情况和效果，为后续施工提供改进和提升的依据和方向。检查与监测的手段可以是定性的，也可以是定量的。近年来依靠科技进步，工程项目的监测技术装备不断改进。工程项目按照绿色施工方案进行月度检查、日常检查或节点检查，并应按照“四节一环保”考核的相关要求进行分类统计，定期与设定的预期目标进行分析、纠偏、改正、再提升。

2. 技术创新

根据工程特点、重点、难点确定技术创新课题，通过产学研科技创新及群众性的“五小”活动，采用一批实用的绿色施工技术措施，提升绿色施工水平。调查表明，一些企业近年来推行设计方案和施工方案“双优化”工作，其中绿色施工技术占 35% 左右，相应的专利、工法等科技成果中绿色施工技术约占 20%。

3. 沟通协调

建立以项目经理为核心的沟通协调机制。结合工程项目的特点，重视与工程项目建设相关方的沟通，营造绿色施工的氛围。工程项目绿色施工过程中加强业主、设计、施工、监理各相关方的交流，充分利用文件、网站、宣传栏等载体强化绿色施工沟通。通过启动会、工程例会、定期报表、报告、评审会议适时向业主、监理反馈绿色施工进展状况，依照监理、设计的指令及时对绿色施工的实施进行调控，依照施工经验针对设计变更、材料代用提出合理化建议。

2.3.4 持续改进

绿色施工贯穿整个工程施工的全过程，在各施工阶段中严格落实工程项目绿色施工策划文件的要求，在施工过程的各主要环节中进行动态管理和控制，充分利用绿色施工评价手段，建立持续改进机制，通过绿色施工评价形成整改意见及下批次防止再发生的改进意见，促进绿色施工各阶段、各批次、各要素检查质量的提高，指导工程项目绿色施工的持续改进。国内有关研究结合绿色施工示范工程的实施将绿色施工持续改进（PDCA 循环）细分分为八个步骤：①明确“四节一环保”的主题要求；②设定绿色施工应达到的目标；③策划绿色施工有关的各种方案并确定最佳方案；④制定对策，细化分解策划方案；⑤绿色施工实施过程的测量与监督；⑥绿色施工的效果检查；⑦绿色施工做法标准化；⑧总结提升。

2.4 绿色施工评价

绿色施工评价是绿色施工的一个重要环节。通过评价可以衡量工程项目达成绿色施工目标的程度，为绿色施工持续改进提供依据。

我国从逐步重视绿色施工到推出《建筑工程绿色施工评价标准》GB/T 50640—2010、《建设工程绿色施工管理规范》DG/TJ 08—2129—2013 经历了一个较长过程。2016 年上海市住房和城乡建设委员会立项《建筑工程绿色施工评价标准》DG/TJ 08—2262—2018，由上海建工集团股份有限公司、上海建工五建集团有限公司为主编单位，于 2018 年 3 月 22 日发布，2018 年 9 月 1 日正式实施。

根据《建筑工程绿色施工评价标准》DG/TJ 08—2262—2018 确立了绿色施工评价的基本规定，要求绿色施工评价以建筑工程施工过程为对象，明确绿色施工项目在体系建设、策划、“四新”技术创新与应用、培训、持续改进、文件记录等方面的规定；同时，也规定了工程项目施工过程如果发生六类事故之一，则为施工不合格项目。

2.4.1 基本要求

（1）实施绿色施工，开工前应进行绿色施工总体策划，制订绿色施工实施方案和“四节一环保”指标，实施目标管理。

（2）实施绿色施工，应对施工策划、材料采购、现场施工、工程验收等各阶段进行控制，加强对整个施工过程的管理和监督。

（3）实施绿色施工，应采用符合绿色施工要求的新材料、新工艺、新技术、新设备进行施工。

（4）采集和保存过程管理资料和自检评价记录等绿色施工资料。

（5）发生下列事故或事件之一，不得评为绿色施工工程：

①发生安全生产死亡责任事故。

②发生重大质量事故，并造成严重影响。

③发生群体传染病、食物中毒等责任事故。

④施工中因“四节一环保”问题被政府管理部门处罚或同一问题重复发生。

⑤违反国家有关环保的法律法规，造成严重社会影响。

⑥施工扰民造成严重社会影响。

2.4.2 绿色施工评价与等级划分

绿色施工评价体系应由评价主体、评价阶段、评价要素、评价指标和评价结论构成。评价阶段按照地基与基础工程、结构工程、装饰装修与机电安装工程三个阶段进行。同时规定了绿色施工管理、环境保护、节水与水资源利用、节能与能源利用、节地与土地资源保护、节材与材料资源利用和加分项七个要素进行评价。加分项评价要素应由管理创新、技术创新及工程社会、经济效益三类指标构成。评价应由建设单位、总承包单位、监理单位共同参与，也可通过第三方进行评价。评价的等级划分为不达标、达标、银级和金级四个等级（图 2-2）。

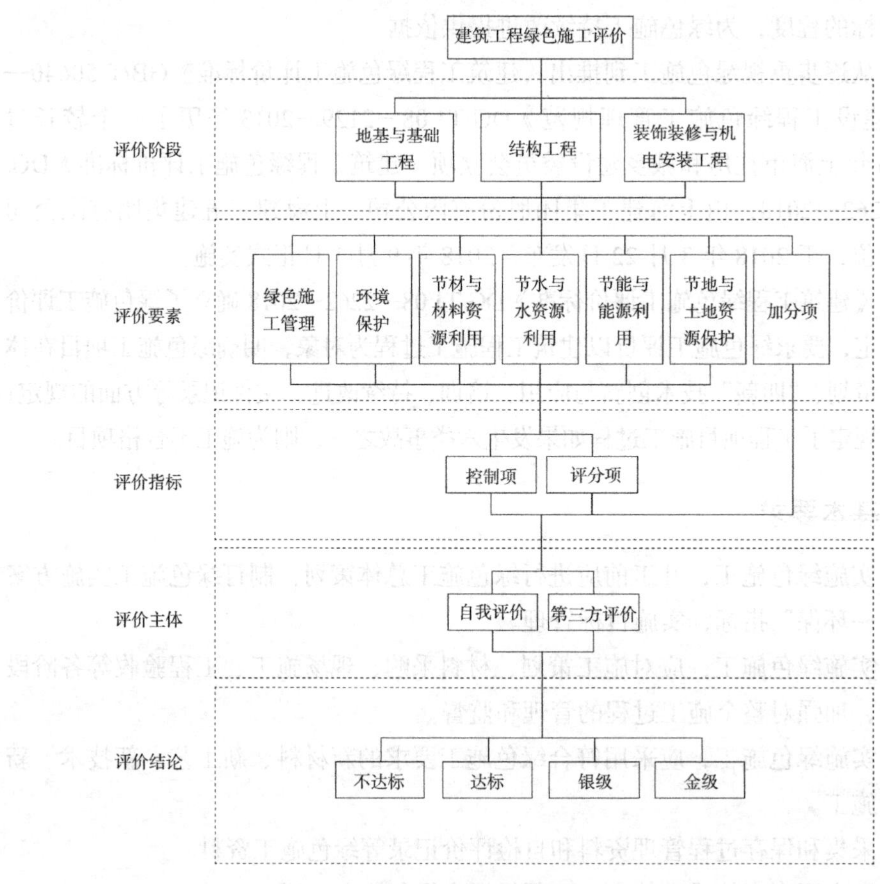

图 2-2 绿色施工评价体系

2.4.3 评价指标

绿色施工评价应制订评价指标，明确工作目标，建立健全管理体系，分类制订有针对性的技术措施，做好前期策划、过程监控和效果总结。

对环境保护、节水与水资源利用、节能与能源利用、节地与土地资源保护、节材与材料资源利用、人力资源节约与职业健康安全制订针对指标和量化指标。

（1）环境保护指标（表 2-1）

环境保护指标　　表 2-1

类别	项目	要求目标值
环境保护	扬尘控制	1. 土方作业：目测扬尘高度小于 1.5m； 2. 结构施工：目测扬尘高度小于 0.5m； 3. 安装装饰：目测扬尘高度小于 0.5m。 4. $PM_{2.5}$ 和 PM_{10} 不超过当地气象部门公布数据值
	有害气体排放控制	1. 进出场车辆及机械设备有害气体排放应符合国家年检要求； 2. 集中焊接应有焊烟净化装置； 3. 现场厨房烟气应净化后排放
	建筑废弃物控制	1. 建筑垃圾产生量不大于 300t/ 万 m^2，预制装配式建筑垃圾产生量不大于 200t/ 万 m^2； 2. 建筑废弃物再利用率和回收率达到 30%； 3. 有毒、有害废弃物分类率达 100%
	水污染控制	1. 现场道路和材料堆放场地周边应设排水沟并通畅，现场做到雨污分流； 2. 在施工现场应针对不同的污水设置相应的处理设施，如沉淀池等；施工现场与生活区要设置隔油池、化粪池等； 3. pH 在 6 ~ 9 之间
	光污染控制	1. 避免或减少施工过程中的光污染，夜间室外照明灯加设灯罩，透光方向集中在施工范围； 2. 电焊作业采取遮挡措施，避免电焊弧光外泄
	噪声与震动控制	1. 各施工阶段昼间噪声：≤ 70dB； 2. 各施工阶段夜间噪声：≤ 55dB； 3. 施工噪声较大的机械设备应设有吸声降噪屏或其他降噪措施； 4. 应采用低噪声、低振动的机具进行施工；机械设备应定期保养维护

（2）节水与水资源利用和节能与能源利用指标

①居住建筑工程项目。施工能耗指标为 0.0188 吨标煤 / 万元，其中，用电指标为 53kWh/ 万元（折合标煤为 0.0159 吨标煤 / 万元）；用油（含其他能源）指标为 2.3L/ 万元（折合标煤为 0.0029 吨标煤 / 万元）。

施工用水指标为 3.8m^3/ 万元，非市政水利用率≥ 10%。

②公共建筑工程项目。施工能耗指标为 0.0212 吨标煤 / 万元，其中，用电指标为 58kWh/ 万元（折合标煤为 0.0174 吨标煤 / 万元）；用油（含其他能源）指标为 3L/ 万元（折合标煤为 0.0038 吨标煤 / 万元）。

施工用水指标为 4m^3/ 万元，非市政水利用率≥ 10%。

③工业建筑工程。施工能耗指标为 0.0174 吨标煤 / 万元，其中，用电指标为 50kWh/ 万元（折合标煤为 0.0150 吨标煤 / 万元）；用油（含其他能源）指标为 1.9L/ 万元（折合标煤为 0.0024 吨标煤 / 万元）。

施工用水指标为 3.8m^3/ 万元，非市政水利用率≥ 10%。

深大基坑工程施工油耗指标上浮，因深大基坑工程施工油耗较大，基坑开挖深度大于 10m（含 10m），或者基坑工程出土量超过 20 万 m^3（含 20 万 m^3）的项目，用油（含其他能源）指标值可上浮 20%。

④市政工程。按工程项目实际情况自行确定能源、水资源指标。

（3）节地与土地资源保护指标

①施工总平面布置紧凑，并随施工阶段调整优化，尽量减少占地；

②施工临时建筑物设施占地面积有效利用率大于 90%；

③施工项目永临结合，道路环通；

④不使用黏土砖（设计要求除外）。

（4）节材与材料资源利用指标

钢材、水泥、木材、商品混凝土在保证建筑质量的前提下要节约；装饰、安装材料等比施工预算降低定额损耗率 30% 以上；周转材料重复利用率大于 70%。

（5）人力资源节约与职业健康安全指标

①危险作业环境个人防护器具配备率 100%；

②对身体有毒有害的材料及工艺使用前应进行检测和监测，并采取有效的控制措施；

③对身体有毒有害的粉尘作业要采取有效控制措施；

④总用工量节约率不低于定额用工量的 3%。

2.5 上海建工五建集团有限公司绿色施工

上海建工五建集团有限公司（以下简称五建集团）秉持“建筑与绿色共生，发展和生态协调”的环境管理方针，以工程项目绿色施工为载体，以绿色施工课题研发为先导，以绿色施工示范工程为引领，依靠科技进步和管理创新，全面推进绿色施工，促进了施工过程资源节约、排放减少，推动了科技进步与工程质量的提升，增加了企业的经济效益，不断探索、实践绿色施工。

2.5.1 体系建设

（1）管理体系——打造核心竞争力。在五建集团总部、各工程公司、各项目部设有绿色施工领导小组，履行管理绿色施工、节能减排工作。绿色施工领导小组组长为集团总工程师，领导小组下设的工作小组由工程研究院（绿色新技术所）、总裁事务部（管理科）、材料管理中心等相关职能部门和工程（区域）公司主管条线组成。根据业务分工，依照目标管理的要求将绿色施工职责分解，制订发展规划和年度计划，定期考核，确保绿色施工落到实处。

（2）研究体系——绿色建造研发的平台。五建集团形成以工程研究院为核心、各公司技术中心为支撑的绿色施工研究体系，采取专、兼职相结合的方式，集团总部、工程公司、项目部三级机构技术、管理骨干参与绿色建造课题研究。集团工程研究院在原有技术中心基础上于 2014 年 10 月成立，绿色施工与新技术应用研究和装配式建筑建造技术研究所等 8 个研究所和 1 个管理部，聚集一批绿色建造专业人才。其中，绿色施工与新技术应用研究所针对绿色建筑全生命周期不同阶段的重大问题开展绿色建造课题的研究，其他研究所也结合本专业特色配合绿色建造的研究，逐步形成全生命周期、全方位绿色建造研发的平台。

五建集团在“四节一环保”的基础上增加了人力资源节约与职业健康安全的内容。

2.5.2　标准编制

五建集团于 2016 年获得上海市标准《建筑工程绿色施工评价标准》DG/TJ 08—2262—2018 的主编工作，于 2018 年会同有关单位编制申报成为上海市工程建设规范，并于 2018 年 9 月 1 日正式实施。

五建集团于 2018 年获得国家标准《建筑与市政工程绿色施工评价标准》DB37/T 5087—2021 的参编工作，主要负责节水与水资源利用评价指标章节的编写。

2.5.3　五建集团绿色施工效果

（1）企业层面：促进企业在全国范围内积极开展绿色施工技术研究与应用；

（2）项目层面：每个项目施工前期，项目经理主持编写绿色施工组织设计并监督；

（3）过程管控：施工全过程中结合项目实际应用绿色施工技术并进行二次开发。

五建集团从 2007 年组织开展绿色施工工作。“新建海航总部办公楼”项目荣获首批“全国绿色施工科技示范工程”。“南桥中企联合大厦”作为绿色施工推进会暨现场观摩主现场，吸引了上海市各有关部门及施工单位的千名参观者。

第 3 章　绿色施工措施和技术

绿色施工的实施是一个复杂的系统工程，需要在管理层面充分发挥计划、组织、领导和控制职能，建立系统的管理体系，明确第一责任人，持续改进，合理协调，强化检查与监督等。

3.1　建立系统的管理体系

面对不同的施工对象，绿色施工管理体系可能会有所不同，但其实现绿色施工过程受控的主要目的是一致的，覆盖施工企业和工程项目绿色施工管理体系的两个层面要求是不变的。因此工程项目绿色施工管理体系应成为企业和项目管理体系有机整体的重要组成部分，它包括制定、实施、评审和保障实现绿色施工目标所需的组织机构及职责分工、规划活动、相关制度、流程和资源分组等，主要由组织管理体系和监督控制体系构成。

绿色施工需要强化计划与监督控制，有力的监控体系是实现绿色施工的重要保障。

施工中存在的环保意识不强、绿色施工投入不足、绿色施工管理制度不健全、绿色施工措施落实不到位等问题，是制约绿色施工有效实施的关键问题。应明确工程项目经理为绿色施工的第一责任人，由项目经理全面负责绿色施工，承担工程项目绿色施工推进责任。这样工程项目绿色施工才能落到实处，才能调动和整合项目内外资源，在工程项目部形成全项目、全员推进绿色施工的良好氛围。同时，根据绿色施工涉及的技术、材料、能源、机械、行政、后勤、安全、环保以及劳务和分包单位等各个职能系统的特点，把绿色施工的相关责任落实到工程项目的每个部门和岗位，做到全体成员分工负责，齐抓共管。把绿色施工与全体成员的具体工作联系起来（图 3-1）。

3.2　建立绿色施工管理责任制

3.2.1　项目经理责任制

（1）了解工程合同的有关技术、质量、工期等条款和各种相关节能要求和措施。

（2）全面负责项目施工全程的绿色施工管理工作。

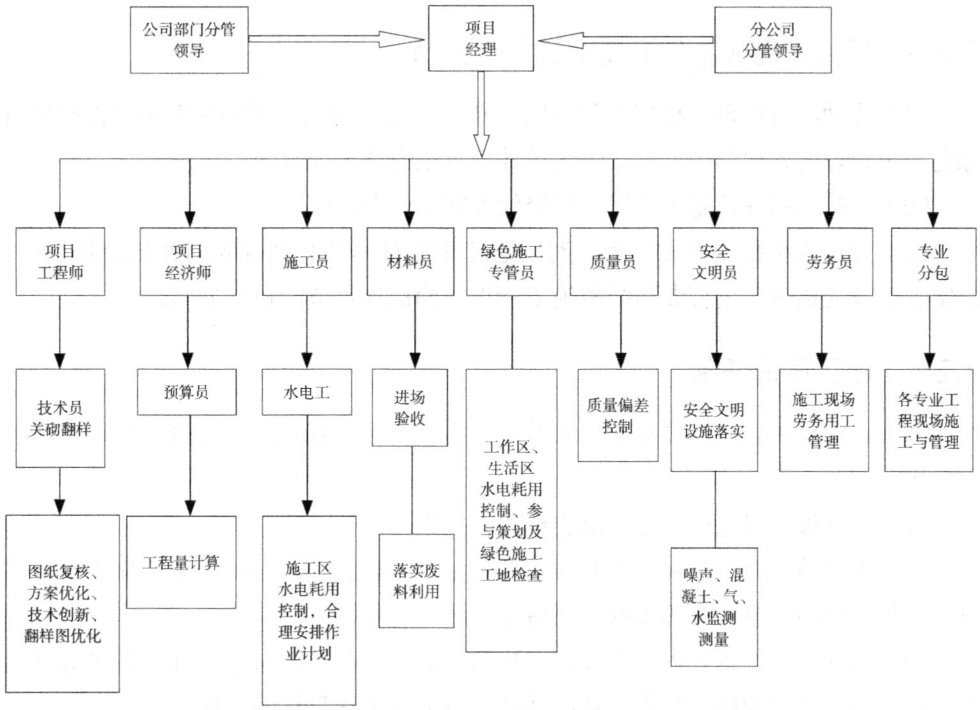

公司部门分管领导
项目经理
分公司分管领导
项目工程师
技术员关砌翻样
图纸复核、方案优化、技术创新、翻样图优化
项目经济师
预算员
工程量计算
施工员
水电工
施工区水电耗用控制，合理安排作业计划
材料员
进场验收
落实废料利用
绿色施工专管员
工作区、生活区水电耗用控制、参与策划及绿色施工工地检查
质量员
质量偏差控制
安全文明员
安全文明设施落实
噪声、混凝土、气、水监测测量
劳务员
施工现场劳务用工管理
专业分包
各专业工程现场施工与管理

图 3-1　绿色施工管理网络图

（3）组建项目节能管理班子，明确岗位职责并进行考核。

（4）组织施工过程节能的策划，落实编制并执行绿色节能施工方案和措施。

（5）组建项目节能管理班子，明确岗位职责并进行考核。

（6）对施工现场的人员、设备、材料、资金进行合理安排，加强对各方的控制，定期召开平衡协调会，保证施工过程节能工作的有序进行。

（7）组织学习各种节能技术措施和管理规定，带领项目职工努力实现项目部的各项节能目标和指标。

（8）审核、批准本项目部的有关申请、计划和文件。

（9）协调班子成员间的各项工作，管理好项目班子成员。

3.2.2　项目副经理责任制

（1）协助项目经理建立健全项目绿色施工管理的各项制度和措施，确保项目绿色施工管理工作的全面落实。

（2）协调绿色施工管理各个环节的工作。

（3）严格执行项目绿色施工管理责任制，确保各类节能指标的实现。

（4）协同项目经理开展各项节能管理工作，管理好项目班子成员。

3.2.3 项目工程师（包括技术员）责任制

（1）协助项目经理，根据工程合同、技术规范和施工图纸要求编制完善的项目绿色施工管理的各项制度、施工组织设计、各项专项节能方案。

（2）主持编制绿色施工方案，并督促方案实施和落实。

（3）充分发挥技术开发优势，对动态施工中技术执行情况及时作出评估反映，确定技术节能措施，全程参与绿色施工管理，确保项目节能目标的实现。

3.2.4 施工员责任制

（1）熟悉设计施工图纸和施工工艺流程，参与项目绿色施工方案、技术交底等相关工作。

（2）严格按照绿色施工方案落实现场施工工作。

（3）组织施工时，在保证工程质量的前提下，以控制项目的节能工作为管理的重要目标，严格控制各个环节的节能措施。

（4）协同项目经理、项目副经理、项目工程师开展各项节能工作，管理好项目组成员，做好工程的施工工作，从而做好项目节能工作目标的实现。

（5）参与项目绿色施工方案、技术交底等相关工作。

3.2.5 质量员责任制

（1）督促、实施质量技术措施和绿色施工方案，做好检查和评定工作。

（2）深入现场，严格把控施工过程的施工工艺和质量标准，及时向施工员、工人反馈施工质量，并做好质量检查记录。

（3）依据项目节能方案、技术措施的要求，加强施工全过程的动态监控。

3.2.6 木工 / 钢筋翻样责任制

（1）对施工图进行翻样，正确翻出施工大样图及模板排列图，算好尺寸，防止材料浪费。

（2）正确编制构配件、预埋铁件等半成品加工项目计划表，做好节能管理工作。

（3）负责结构件、半成品加工件和模具的入库台账及发放管理，并负有专职对口管理的责任。

（4）严格做到进场、耗用发放与库存实物相符。

（5）实施对现场支模等木工作业点的全过程施工质量管理监控和节能方案措施的控制。

（6）参与原料钢筋进场的验收工作，做好相关材料的验收、验证、入库工作，确保材料质量和数量。

（7）负责加工完毕的半成品钢筋的验收并签发加工验收单，登记结构件实物台账，做好加工完毕的半成品钢筋发放工作。过程中控制材料发放，落实节能工作。

（8）做好钢筋领用和实物报耗管理工作。

3.2.7　贯彻责任制

（1）认真阅读绿色施工方案、技术措施，做好过程中对节能的监控和检查。

（2）协助其他节能管理班子成员开展相关的节能管理工作的检查和落实。

3.2.8　材料员责任制

（1）统筹项目材料系统人员工作，负责工程材料的购、收、存、发等过程的综合管理和节能管理的控制，并做好相关记录与台账。

（2）根据工程施工进度及施工预算，正确、及时编制材料需求计划。

（3）做好材料的存放、标识、追溯、搬运等现场管理工作，对特殊材料的技术要求实行专项管理，同时做好节能管理工作。

（4）做好周转设备料租借台账。

（5）按施工预算实物量，对材料消耗进行严格控制。

（6）参与对不合格物料的调查和评审。

（7）对甲供资料做好验证和相关控制工作。

3.2.9　安全保卫员责任制

（1）协助班子成员做好绿色施工管理工作，检查节能执行情况。

（2）负责施工现场的安全用电检查，同时监督合理用电、节约用电的执行情况。

（3）负责生活区日常检查，同时督促工人节约用水、节约能源。

3.2.10　绿色施工专管员责任制

（1）参与绿色施工方案的策划，对措施实施情况评估。

（2）确保绿色文明施工，落实施工现场的光源、扬尘、污水、建筑垃圾等指标的测试及控制。

（3）建立相关台账进行测试、记录。

3.2.11　生产工人责任制

（1）节约用水：做到随手关水龙头，节约水资源。

（2）节约用电：每个工人宿舍按照用电配额用电，节约和超额按照奖惩措施处理。

（3）施工过程中，按照翻样图纸和方案要求使用材料和周转设备，不得浪费材料。

（4）领会和掌握项目部的节能指标和目标，共同做好本工程的节能工作。

3.2.12 预算员责任制

（1）参与项目部组织的内部节能方案的讨论会。

（2）根据施工图，编制设计预算和施工预算。施工预算编制要求全面、及时、适用。

（3）发生技术变更、实物量增减，经核定手续齐备后及时做好施工预算变更调整工作。

（4）按施工作业任务书用工量、合同价、实际完成实物量，每月认真填写劳务各种报表，并建立降本节能台账。

3.3 环境保护技术及其应用

可持续发展是21世纪世界各国正确处理和协调经济、社会、人口、资源、环境相互关系的共同发展战略，是人类寻求持久生存与发展的唯一途径。环境保护作为可持续发展战略的一个重要组成部分，是衡量发展质量、水平和程度的客观标准之一。

环境通常指影响人类生存和发展的各种天然的和经过人工改造的自然因素的总和，包括大气、水、海洋、土地、矿产、森林、草原、野生生物、自然遗迹、人文遗迹、自然保护区、风景名胜区、城市和乡村等。环境保护是指人类为解决现实的或潜在的环境问题，协调人类与环境的关系，保障经济社会的持续发展而采取的各种行动的总称。其方法和手段有工程技术的、行政管理的，也有法律的、经济的、宣传教育的等。环境保护旨在保护和改善生态环境和生活环境，合理利用自然资源，防治污染和其他公害，使之适合人类的生存与发展。由于各个地区所面临的问题不同，所以环境保护具有明显的地区性。

改革开放以来，随着我国经济持续、快速的发展以及基本建设的大规模开展，环境保护的任务也越来越重。特别是基本建设直接、间接造成了环境保护形势越来越严峻。一方面，工业污染物排放总量大；另一方面，城市生活污染和农村面临的污染问题也十分突出；而且，生态环境恶化的趋势愈演愈烈。

作为发展中国家，消除贫困、提高人民生活水平是我国现阶段的根本任务。但经济发展不能以牺牲环境为代价，不能走先污染后治理的路子。世界上很多发达国家在这方面均有极为深刻的教训。因此，正确处理好经济发展同环境保护的关系，走可持续发展之路，保持经济、社会和环境协调发展，是我国实现现代化建设的战略方针。我国政府已把环境保护作为一项基本国策和努力实施可持续发展战略的关键，并制定了一系列的环境保护法规和标准。

建筑业作为我国经济支柱产业之一，与环境保护息息相关。这就要求施工企业在工程建设过程中，注重绿色施工，势必树立良好的社会形象，进而形成潜在效益。为此，传统的建筑施工必须进行变革，使其更绿色环保。在环境保护方面，保证扬尘、噪声、振动、光污染、水污染、土壤保护、建筑垃圾、地下设施、文物和资源保护等控制措施到位，既有效改善了建筑施工脏、乱、差、闹的社会形象，又改善了企业自身形象。所以说，企业在绿色施工过程中不但具有经济效益，也会带来社会效益。

3.3.1　扬尘控制技术

扬尘是空气中主要的污染物之一。在建筑施工中出现的扬尘主要来源于：渣土的挖掘与清运、回填土、裸露的堆料、拆迁施工中由上而下抛撒垃圾、堆存的建筑垃圾、现场搅拌混凝土以及堆放的原材料（如水泥、石灰）等。

控制扬尘的主要设备、设施有：喷淋（雾）设施（图 3-2）、自动循环洗轮机（图 3-3）、风送式喷雾机（图 3-4）、道路清扫车（图 3-5）、道路洒水手推车（图 3-6）、自动洒水车（图 3-7）、车辆冲洗设备（图 3-8）、除尘器（图 3-9）等。

图 3-2　喷淋（雾）设施

图 3-3　自动循环洗轮机

图 3-4　风送式喷雾机

图 3-5　道路清扫车

图 3-6　道路洒水手推车

图 3-7　自动洒水车

图 3-8　车辆冲洗设备

图 3-9　除尘器

1. 控制扬尘的管理措施

（1）现场建立洒水清扫制度，配备洒水设备（图 3-10），并有专人负责。施工现场产生扬尘的因素很多，包括表面积尘负荷、风速、积尘含水率等。道路洒水清扫可以增加积尘含水率，降低积尘负荷，达到降低道路扬尘的目的。洒水清扫的间隔是控制道路扬尘效果的关键，应根据场地作业、道路运输等情况，设置每周或每天进行洒水清扫，并配备适宜的洒水清扫工具，控制道路扬尘。

（2）对裸露地面、集中堆放的土方采取抑尘措施。施工现场裸露土采取种植绿化或防尘网覆盖等措施（图 3-11）。施工现场裸露地面是指场地范围内既没有硬化处理也没有绿化覆盖的土地，集中堆放的土方是指场地内划分出来作为临时堆土场上堆放的土方。裸露地面和集中堆放的土方均属于场地内容易产生扬尘的部位。

图 3-10　现场洒水

图 3-11　裸土覆盖

（3）现场进出口设车胎冲洗设施和吸湿垫，保持进出现场车辆清洁。施工现场地面特别是土方施工期间的地面会有大量的积尘，车辆通行时容易随车胎带出现场，给运输沿路造成扬尘污染。在现场所有车辆进出口设车胎冲洗设施（图 3-12），必要时设置吸湿垫，其目的是保持进出车辆车胎清洁，不会带泥上路。目前，车胎冲洗设施有洗车槽、手动冲洗枪、自动洗车台等。

图 3-12　冲洗车辆

（4）易飞扬和细颗粒建筑材料封闭存放，余料回收。施工现场易飞扬和细颗粒建筑材料主要有水泥、干混砂浆、保温材料等，这类材料极容易在风力作用下形成扬尘，因此要求封闭存放，如采用水泥罐罐装（图 3-13）或封闭仓库存放等；同时，对于每次使用后的余料应制定相关制度确保及时回收，避免形成新的扬尘源。

（5）拆除、爆破、开挖、回填及易产生扬尘的施工作业有抑尘措施。拆除、爆破、土方开挖和回填、现场砌块、石材和瓷砖切割等均属于易产生扬尘的施工作业，施工前应对工程各施工阶段易产生扬尘的作业进行识别，分别制定扬尘控制措施，如拆除采用混凝土静力切割技术（图 3-14），土方开挖、回填采用喷雾炮集中降尘，易产生扬尘的施工作业采用封闭施工。

图 3-13 砂浆（颗粒物）封闭储存

图 3-14 混凝土静力切割技术

（6）遇有六级及以上大风天气时，停止土方开挖、回填、转运及其他可能产生扬尘污染的施工活动（图 3-15）。

（7）现场运送土石方、弃渣及易引起扬尘的材料时，车辆采取封闭或遮盖措施（图 3-16），如无法满足封闭要求，至少应采取遮盖措施，防止运输过程中对沿途造成扬尘污染。

图 3-15 禁止挖掘标志

图 3-16 车辆封闭运输

（8）弃土场封闭，并进行临时性绿化（图3-17）。通常情况下，要求对弃土场进行封闭并在土方转运完成后及时采取绿化措施进行水土保护。对弃土场如不是极短时间内立刻需要再堆土或开挖转运，不建议使用临时覆盖措施进行抑尘。

（9）现场搅拌设有密闭和防尘措施。虽然目前国家在大力推广使用预拌混凝土和预拌砂浆（图3-18），但在现场进行混凝土及砂浆的搅拌仍不可完全避免。当在现场进行搅拌时（包括泡沫混凝土和干混砂浆等的现场搅拌）应采取相关的防尘措施，包括搭设防尘棚、进料口设防尘罩及喷雾降尘等。

图3-17　临时性绿化

图3-18　预拌混凝土

2. 控制扬尘的技术措施

（1）高空垃圾清运采用封闭式管道或垂直运输机械（图3-19）。楼面垃圾清运下楼为极易产生扬尘污染的作业之一，绿色施工要求严禁随意抛撒，应采用封闭式垂直管道或利用垂直运输机械转运下楼，而且必须提醒注意的是：利用垂直运输机械转运建筑垃圾应封闭转运，装袋或对转运斗车加以覆盖等。

（2）现场采用清洁燃料（图3-20）。清洁燃料是指燃烧时不产生对人体和环境有害的物质，或有害物质十分微量，如天然气、液化石油气、清洁煤气、醇醚燃料（甲醇、乙醇、二甲醚等）、生物燃料、氢燃料等。

图3-19　建筑垃圾垂直运输通道

图3-20　清洁燃料

（3）现场采用自动喷雾（淋）降尘系统。自动喷雾（淋）降尘系统（图 3-21）应具有自动和喷雾（淋）降尘两方面的特点：自动要求与现场相关扬尘监控系统联动，当现场扬尘超过某一限值时自动启动该降尘系统实施降尘；喷雾（淋）系统表示利用外架、围挡等设置喷雾（淋）系统，通过喷洒水雾颗粒实现降尘。

图 3-21　自动喷雾（淋）降尘系统

（4）场界设置扬尘自动监测仪（图 3-22），动态连续定量监测扬尘（$PM_{2.5}$、PM_{10}、TSP）。扬尘自动监测仪利用了无线传感器技术和激光粉尘测试设备，实现扬尘在线监控，可以监测 $PM_{2.5}$、PM_{10}、TSP 等各项指数，各测试点的测试数据通过无线通信直接上传到监测后台，方便项目实时监测数据。

（5）施工现场采用水封爆破、静态爆破（图 3-23）等高效降尘的先进工艺。水封爆破是指以水炮泥填塞炮眼用以降低粉尘的爆破方法，具体是用盛满水的专用塑料袋代替或部分代替用黏土做成的炮泥，即水泡泥封堵爆破眼口，爆破时水泡泥中的水分被雾化，可使尘粒湿润、结团而减少扬尘产生量。使用水泡泥降尘效果十分明显，除尘率是黏土做成炮泥的 63% ~ 80%。

（6）土方施工采用水浸法湿润土壤等降尘方法。水浸法是通过管道将有一定压力的水浸入需开挖的土壤中，使土壤含水率达到一定的值，从而降低开挖时土的起尘率，从源头上控制扬尘产生的一种降尘方法。

（7）新型环保水泥搅拌器技术（图 3-24）。通过对水泥砂浆制备过程的观察、分析，造成粉尘污染的主要原因如下：当袋内水泥倾倒进罐体内，先倒入的水泥粉尘接触到预留水面后，漂浮在水面上，形成漂浮层。后续不断倒入的水泥冲击到漂浮层上反弹扬起，并向周边扩散，造成大范围的粉尘污染。新型环保水泥搅浆器是指在罐体内安装喷淋装置，对罐内扬起的水泥粉尘进行水幕喷淋压制，从而降低粉尘污染程度。

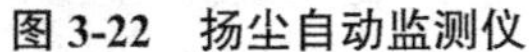
图 3-22　扬尘自动监测仪

图 3-23　静态爆破

图 3-24　新型环保水泥搅拌器

3.3.2　水污染控制技术

水污染是指因某种物质的介入，导致水体化学、物理、生物或者放射性等方面特性的改变，造成水质恶化，影响水的有效利用，危害人体健康或者破坏生态环境。施工现场产生的污水主要包括雨水、污水（分为生活和施工污水）两类。在施工过程中会产生大量污水，如果没有经过适当处理就排放，会严重污染河流、湖泊、地下水等水体，直接、间接地危害这些水体生物，最终危害人类环境及健康。

污水排放控制设备、设施包括：三级沉淀池（图 3-25）、隔油池（图 3-26）、化粪池（图 3-27）、移动式环保卫生间（图 3-28）、泥浆净化器（图 3-29）。

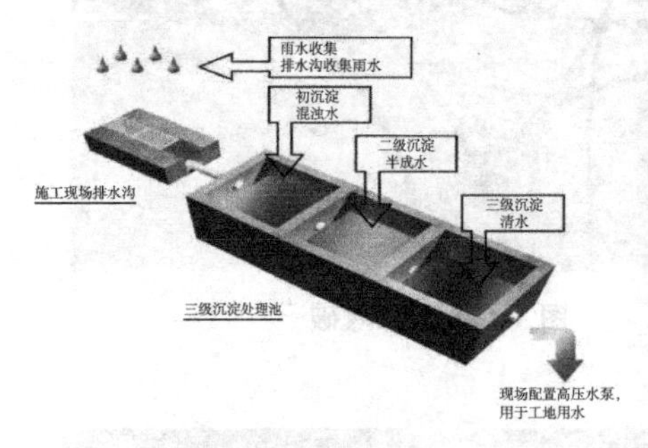

图 3-25　三级沉淀池

图 3-26　隔油池

图 3-27　化粪池

图 3-28　移动式环保卫生间

图 3-29　泥浆净化器

1. 污水排放控制的管理措施

（1）现场道路和材料堆放场地周边设置排水沟（图 3-30）。生产或生活污水直接泼于土壤面，会给土壤和地下水造成污染。绿色施工要求现场所有硬化路面及材料堆放场地周边设置排水沟，将污水集中收集并经沉淀处理后再进行利用或排放，做到污水 100% 有组织排放。

（2）工程污水和试验室养护用水处理合格后，排入市政污水管道，检测频率不少于 1 次 / 月。工程污水和实验室养护用水含有大量固体颗粒，其 pH 也会有所提升，根据污水的性质、成分、污染程度等制定不同的处理措施，并在施工中予以落实。工程污水采取去泥沙、除油污、分解有机物、沉淀过滤、酸碱中和等针对性处理方式，实现达标排放。施工中应对每一个排入市政污水管道的排水口设立污水检测取水点，每月不少于 1 次进行取样送检（图 3-31），送检结果应满足现行行业标准的有关要求。

图 3-30　现场设置排水沟进行组织排水

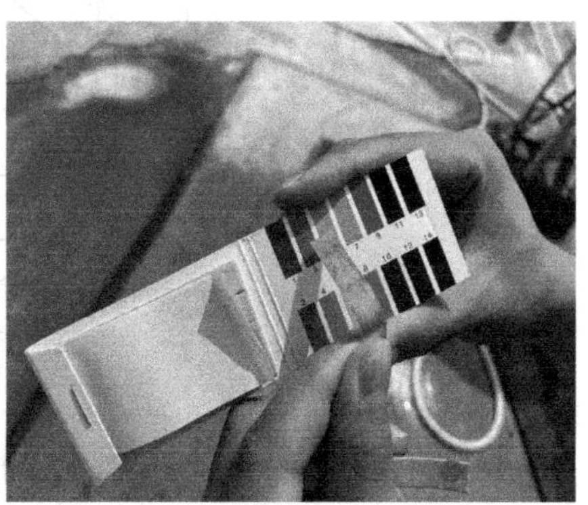

图 3-31　pH 试纸检测

（3）现场厕所设置化粪池（图 3-32），化粪池定期清理。化粪池是一种利用沉淀和厌氧发酵的原理，去除生活污水中悬浮性有机物的处理设施，属于初级的过渡性生活处理构筑物。现场所有厕所均需设置化粪池，化粪池的容积应根据工程高峰时期厕所使用人数、设计的清掏周期，以及工程现场实际情况综合确定。

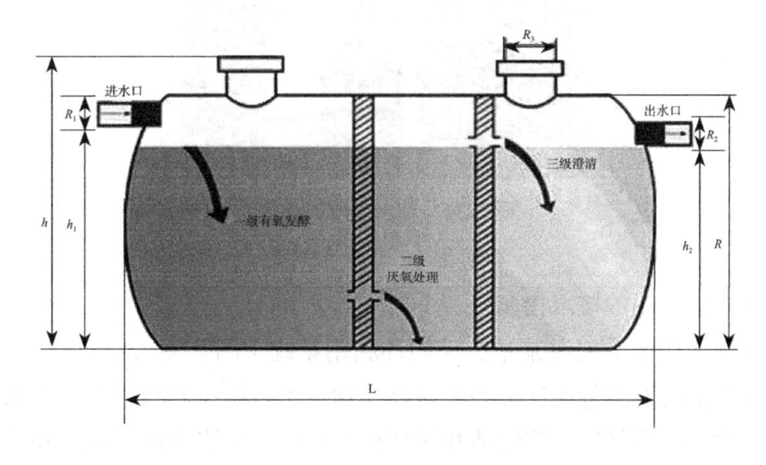

图 3-32　化粪池结构图

（4）工地厨房设置隔油池（图 3-33），定期清理。隔油池是利用油与水的比重差异，分离去除污水中颗粒较大的悬浮油的一种处理构筑物。能在净化水质和去油除臭的同时将油脂分解成水、酒石酸等亲水性分子，它们将起到净化水质的作用。同时，也将起到防止管道堵塞、减少疏通调换等成本的作用。现场所有食堂均需设置隔油池，隔油池的容积应根据工程高峰时期食堂使用人数、设计的清掏周期及工程现场实际情况综合确定。

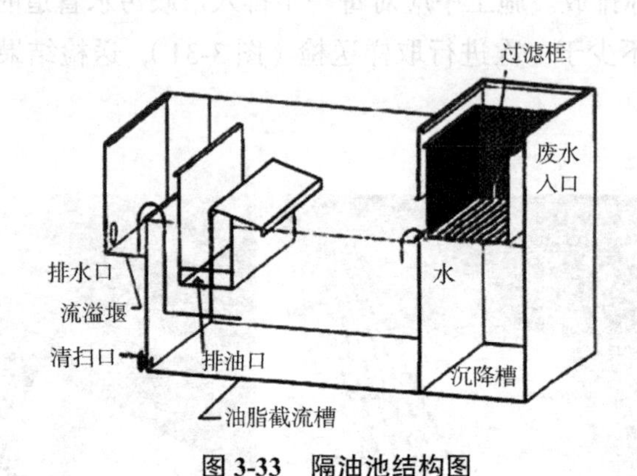

图 3-33　隔油池结构图

（5）工地生活污水、预制场和搅拌站等施工污水达标排放和利用（图 3-34）。应将施工生活区生活污水、预制场和搅拌站等施工污水也纳入污水管理范畴，同样实现 100% 有组织排放。生活污水、预制场和搅拌站等施工污水可以经净化处理后实现达标排放，相关检测和排放应满足相关要求；也可以收集处理确保相关水质满足使用要求后实现再利用，达到减少污水排放和节约水资源的目的。

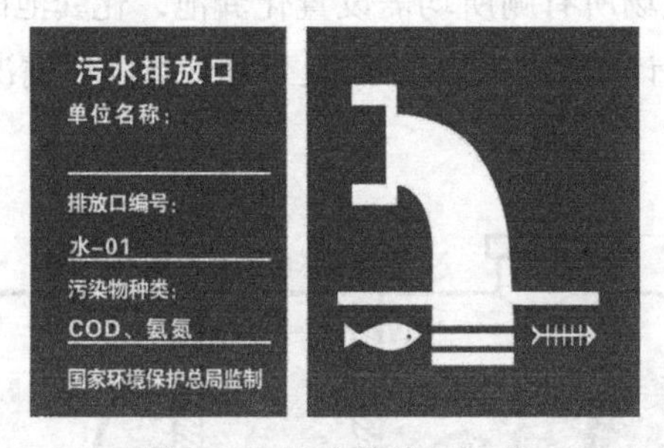

图 3-34　污水排放口标志

2. 污水排放控制的技术措施

（1）灌注桩作业采用泥浆正、反循环利用系统（图 3-35），不得外溢漫流。灌注桩作业时产生的泥浆包含油类和大量悬浮物，无组织排放将对周边生态环境造成严重污染，建立由泥浆池、沉淀池和循环槽等组成的泥浆循环系统，并采用优质管材，减少阀门和接口的数量，禁止发生外溢漫流的情况。

图 3-35　灌注桩施工示意图

（2）桩基施工泥浆排放减量化技术。目前，大直径泥浆护壁钻孔灌注桩在大量应用的同时，其用水量大、泥浆排放多，不利于节约水资源且污染环境的弊端也日益凸显，统计资料显示，排放的泥浆中，钻孔量：用水量 =1：3（体积比）。另外，由于土地资源紧张，泥浆排放地远离城市，可用来排浆的场地越来越少，泥浆排放后，泥浆自身固结周期长（根据厚度一般为几年至几十年）。泥浆排放地受污染后开发再利用，通常需采取降水、真空预压、置换、强夯等一系列处理措施，周期长、价格昂贵。该技术主要依托“旋挖钻机 + 磨盘钻机 + 除砂器”的设备组合实现。基本工作原理为：工程钻机钻孔回流泥浆→进入沉淀池→沉淀池内通入高压气管翻搅泥浆→翻搅后泥浆输入除砂器过滤→除砂后泥浆进入循环池（砂土清理存放）→检验并调配泥浆→用作旋挖钻机钻孔稳定液（图 3-36）。

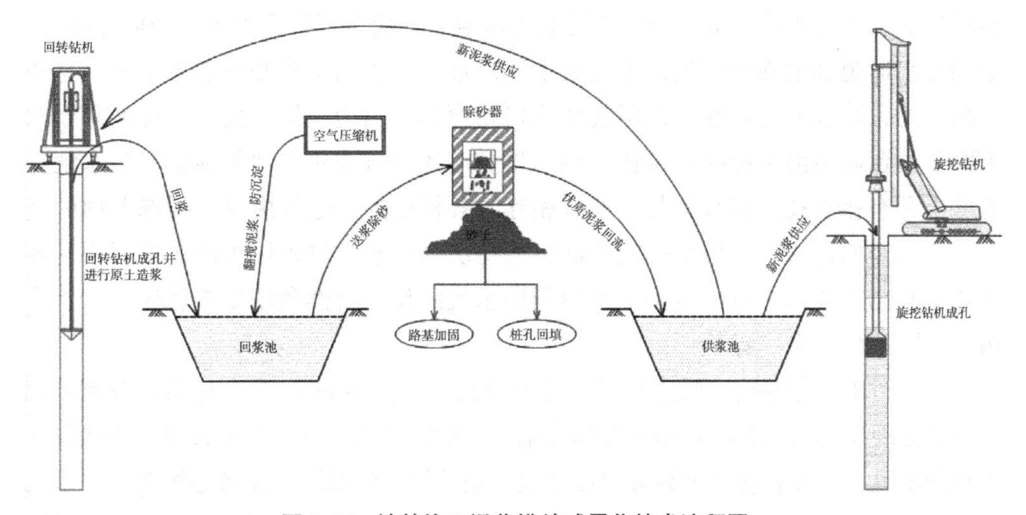

图 3-36　桩基施工泥浆排放减量化技术流程图

（3）采用生态环保泥浆、泥浆净化器、反循环快速清孔等环境保护技术。生态环保泥浆是一种高分子聚合物材料组成的具有高度浓缩性的乳液稳定液，此类泥浆中不含或只含极少量有害物质，不会对土壤及地下水造成危害，从源头解决泥浆环保问题。泥浆净化器（图 3-37）、反循环快速清孔是利用相关设备，将施工产生的泥浆进行净化处理。

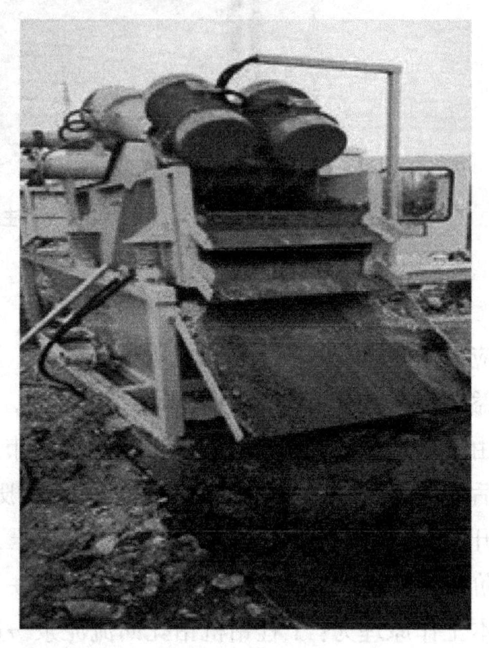

图 3-37　泥浆净化器

（4）水磨石磨浆环保排放装置技术（图 3-38）。水磨石磨浆环保排放装置包括临时砌筑于高层建筑各楼层楼梯口处的集水池、连接上下各集水池的竖向连接管、地面导水通道和地面沉淀池，上述集水池以楼梯口楼面平台和低于该平台一至两个踏步的台阶表面为池底，以围绕楼梯口拐弯部位内边、低于楼梯口楼面平台两个踏步的台阶边沿上的临时砌体和相邻楼道墙体围合成集水池的池壁，集水池在池壁上开有排水孔，排水孔与三通管相连，各楼层的三通管由设于楼梯井内的竖向连接管竖向连通。利用楼梯间的部位将每层的污水通过楼层里砌筑的污水沟导入楼梯间砌筑的污水收集池中，然后利用水流的作用自然利用排放管道、软管将污水逐层进行排放。

（5）污水处理系统。膜生物反应器处理污水（图 3-39），是一种由膜分离单元与生物处理单元相结合的新型水处理技术。按照膜的结构可分为平板膜、管状膜和中空纤维膜等，按膜孔径可划分为微滤膜、超滤膜、纳滤膜、反渗透膜等。按组成部分分为调节池、缺氧池、膜生物反应池、污泥池、中水清水池、出水口。通过膜生物技术处理的污水可以达到污水排放要求，保护周边环境。

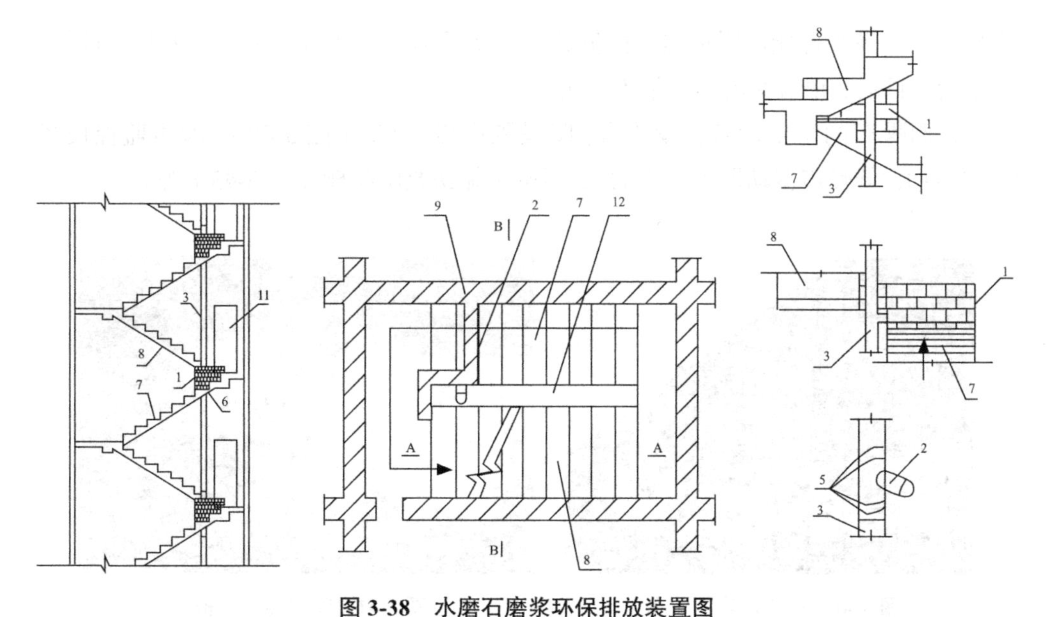

图 3-38 水磨石磨浆环保排放装置图

1—集水池；2—三通管；3—竖向连接管；4—楼梯井；5—铁丝；6—排水孔；7—楼梯；8—楼道墙体；9—楼梯门；10—地面导水通道；11—地面沉淀池；12—溢水孔

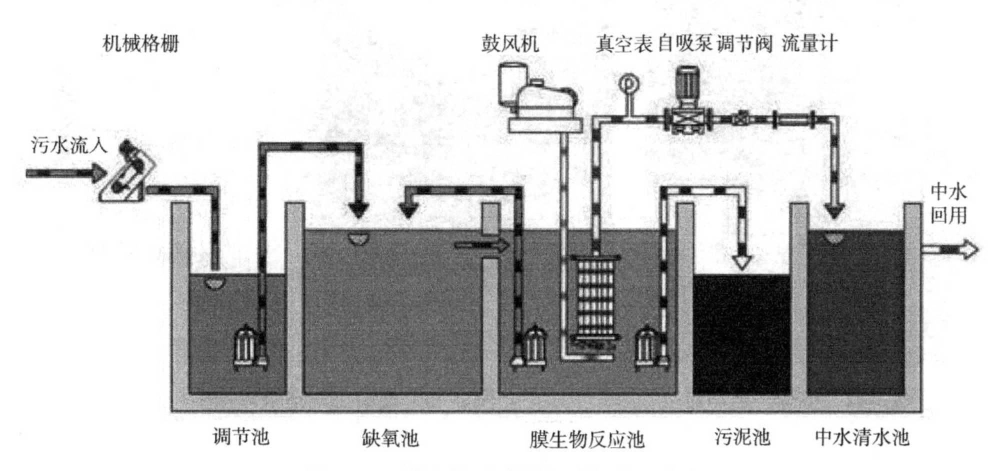

图 3-39 膜生物反应器处理污水示意图

3.3.3 噪声、振动控制技术

噪声是指发声体做无规则振动时发出的音高和音强变化混乱、听起来不谐和的声音。声音由物体的振动产生，以波的形式在一定的介质（如固体、液体、气体）中传播。从生理学观点来看，凡是干扰人们休息、学习和工作以及对人们所要听的声音产生干扰的声音，即不需要的声音，统称为噪声。产业革命以来，各种机械设备的创造和使用给人类社会带来了繁荣和进步，但同时也产生了越来越多而且越来越强的噪声。

施工现场的噪声污染主要来源于交通运输、车辆鸣笛、机械和人工作业以及人为噪声等，噪声可能对附近居民的健康（包括听力、心血管、生殖能力和心理等）和生活（睡眠、语言交流等）带来影响。

控制噪声的主要设备、设施有：降噪隔声板（布）（图 3-40）、噪声监控设备（图 3-41）、低噪声振动器（图 3-42）、混凝土输送泵降噪棚（图 3-43）等。

图 3-40　降噪隔声板（布）

图 3-41　噪声监控设备

图 3-42　低噪声振动器

图 3-43　混凝土输送泵降噪棚

1. 噪声、振动控制的管理措施

（1）针对现场噪声源，采取隔声、吸声、消声等降噪措施。在绿色施工组织设计、绿色施工方案（图 3-44）和技术交底等策划文件中对施工现场的噪声源进行识别，并针对其制订隔声、吸声、消声等降噪措施，施工中予以落实。

（2）采用低噪声施工设备。施工机械在运转时，物体间的撞击、摩擦、交变机械力作用下的金属板、旋转机件的动力不平衡，及运转的机械零件轴承、齿轮等都会产生机械噪声，如混凝土输送泵、塔式起重机、施工电梯等产生的噪声。在施工中选用低噪声环保型设备，是治理噪声源的主要措施之一。在进行设备选型时应有意识地选择低噪声的施工设备，如图 3-45 所示。

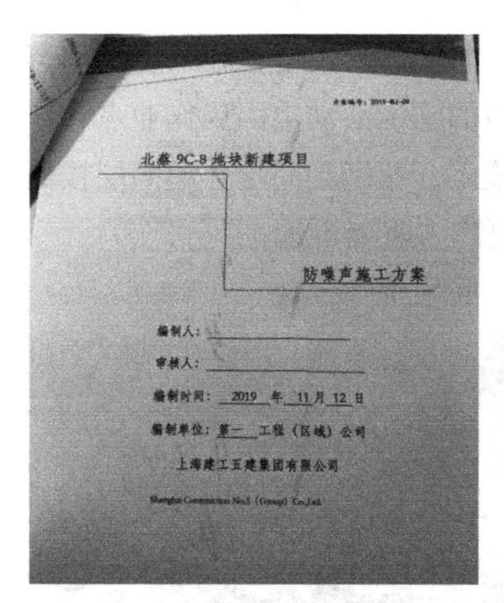

北蔡 9C-8 地块新建项目

防噪声施工方案

编制人：

审核人：

编制时间：2019 年 11 月 12 日

编制单位：第一 工程（区域）公司

上海建工五建集团有限公司

Shanghai Construction No.5 (Group) Co.,Ltd.

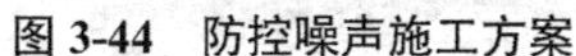

图 3-44　防控噪声施工方案

图 3-45　低噪声施工塔式起重机

（3）噪声较大的机械设备远离现场办公区、生活区和周边敏感区。声波在介质中传播时，因波束发散、吸收、反射、散射等原因，声能在传播中会逐渐减少。因此，将产生噪声较大的机械设备，如搅拌机、输送泵、钢筋加工机械、木工加工机械等，尽可能远离噪声敏感区布置，将有效降低施工噪声对人们生产生活的影响。应对现场及周边的噪声敏感区进行识别，如现场办公区、生活区，周边居民区、学校、医院、办公楼等，在进行施工平面布置时，将噪声较大的机械设备远离这些噪声敏感区进行布置。

（4）混凝土输送泵、电锯等机械设备设置吸声降噪屏或其他降噪措施。吸声是指采取有吸声功能的材料，对室内噪声较大且有人在内作业的区域进行吸声处理，降低室内混响声。在建筑施工中，吸声降噪屏（图 3-46）主要用于在木工加工棚、现场钢筋或钢结构加工间等有噪声影响的室内，对其顶棚、墙面作吸声处理，降低室内噪声，保护室内作业人员健康。实际施工中应根据施工现场所处环境对产生噪声较大混凝土输送泵、电锯等机械设备设置降噪措施。

图 3-46　施工周界吸声降噪屏

（5）施工作业面设置降噪设施（图3-47）。施工作业面往往随着施工进度动态变化，在作业面上进行敲击、凿搓、振捣等产生噪声的施工活动也因为作业点和作业时间的不固定而难以控制。但实际上，在作业面施工，特别是高层、超高层楼面施工产生的噪声，因为缺少隔声构件，影响的范围更广、距离更远。

图3-47 楼面顶层降噪设施

（6）施工场界声强限值昼间不大于70dB（A），夜间不大于55dB（A）。根据国家标准《建筑施工场界环境噪声排放标准》GB 12523—2011规定（图3-48），建筑施工噪声是指"建筑施工过程中产生的干扰周围生活环境的声音"。该标准同时规定：建筑施工过程中场界环境噪声白天不得超过70dB（A），夜间不得超过55dB（A）。据调查，一旦夜间施工，噪声声强值就很难满足不超过55dB（A）的限值，因此，本条要求尽可能避免夜间施工，不得已需要夜间施工时，须办理相关手续或采取相关措施降低噪声危害。

施工阶段	主要噪声源	噪声限值 [dB（A）]	
		昼	夜
土石方	推土机、挖掘机、装载机	70	50
结构	混凝土泵车、振捣棒、电锯	70	55
装修	电锤、电锯、电刨、升降机	65	55

注：昼间为6:00～22:00，夜间为22:00～6:00。

图3-48 噪声监测限制范围

（7）场界设置动态连续噪声监测设施（图3-49），保存昼夜噪声曲线。在施工现场设置噪声自动监测设施，24h不间断对场界噪声进行监测，并自动绘制噪声曲线图，对1d内超过噪声污染限值的时点或时段可以一目了然，便于项目部有针对性地采取噪声控制措施，达到降低噪声污染的目的。

2. 噪声、振动控制的技术措施

（1）材料装卸设置降噪垫层（图 3-50），轻拿轻放，控制材料撞击噪声。在绿色施工相关策划文件和管理措施中规定了材料的装卸要求，对钢管、金属构件等装卸时容易因撞击产生噪声的材料，在装卸时应禁止直接倾倒。

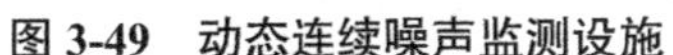

图 3-49　动态连续噪声监测设施　　**图 3-50　现场材料装卸设置降噪垫层**

（2）钢筋混凝土支撑无声爆破拆除技术（图 3-51）。先在钢筋混凝土支撑上钻孔，然后填装 SCA 浆体，浆体经过 10 ~ 24h 后的反应，生成膨胀性结晶体，体积增大到原来的 2 ~ 3 倍，在炮孔中产生 30 ~ 50MPa 的膨胀力，将混凝土破碎，然后利用机械结合人工将混凝土破碎成较小碎块，分离钢筋后清理碎块。

图 3-51　钢筋混凝土支撑无声爆破拆除技术

（3）新型高频、变频振捣棒。高频振捣棒也称高频振动棒，在插入式振动器内直接内置微型马达拖动偏心块，产生振动频率高达 12000 次 /min，极易和混凝土构件产生共振，使构件中气泡迅速排出，使水泥、砂石和钢筋框架紧密地结合成一体，提高混凝土密实性，表面光洁度高。其噪声低，工作时，噪声不大于 70dB，比普通软轴式振动器低 30% 左右，适合在人口密集及城市中心地带施工中使用，噪声污染小。

3.3.4 废气控制技术

废气是指在一般或一定条件下有损人体健康，或危害作业安全的气体，包括有毒气体、可燃性气体和窒息性气体。废气会对人或动物的健康产生不利影响，或者对人或动物的健康虽无影响，但使人或动物感到不舒服，影响人或动物的舒适度。

施工废气产生的主要原因有：一是建筑施工中各种施工机械以及运输车辆所产生的尾气；二是由于钢筋、钢结构焊接所产生的有毒有害烟气；三是在使用建筑用有机溶剂如隔离剂时所产生的有毒有害气体；四是装饰装修阶段大量建筑装修材料所释放的有毒有害气体；五是在打磨建筑材料如混凝土块、拆除旧建筑所产生的废气烟尘；六是生活区域食堂作业时产生的有害废气；七是生活区卫生间区域所产生的恶臭型气体。

废气排放的主要设备、设施有：现场厨房烟气净化设备（图 3-52）、气体保护焊（图 3-53）、焊接烟气收集（图 3-54）。

1. 施工废气控制的管理措施

（1）施工车辆及机械设备废气排放符合国家年检要求（图 3-55）。现场机械设备包括挖土机、装载机、翻斗车、汽车泵、商品混凝土运输车等；进出场车辆包括项目部管理人员车辆、材料设备运输车辆、生活物资运输车辆、垃圾外运车辆等。要求建立进出场车辆及机械设备管理台账，与现场门卫车辆、设备进出场登记表对应，确保所有车辆及机械设备年检有效且废气排放符合要求。

图 3-52　现场厨房烟气净化设备

图 3-53　气体保护焊

图 3-54　焊接烟气收集

图 3-55　进出车辆年检标志

（2）在敏感区域内的施工现场进行喷漆作业时，设有防挥发物扩散措施。喷漆工艺通常是采用压缩空气将油漆从喷枪中雾化喷出，均匀涂布工件表面。由于压缩空气的作用，在喷漆过程中会产生大量漆雾，飞溅漂浮在周边空气环境当中，沉降后形成“漆渣”。漆渣及喷涂过程中产生的有机挥发物是危险固废物和大气污染物。在敏感建筑物集中区域，如医疗、文教、科研、机关、住宅包括地下密闭空间、室内装饰装修与管道封闭作业等特定环境情况进行喷漆作业时，应设置防挥发物扩散措施。

（3）电焊烟气的排放应符合现行国家标准。电焊是指利用电能，通过加热或加压，或两者并用，并且用或不用填充材料，使焊件达到原子结合的焊接方法。用于电焊的加工设备叫电焊机。在电焊过程中会排放大量的烟气，为了使排放的烟气符合国家标准，应当使用环保型焊条（图 3-56）和监测数据符合国家规范的电焊设备，并且在焊接前进行技术交底，明确废气排放标准和要求。

图 3-56　环保型焊条

2. 废气控制的技术措施

现场厨房烟气净化后排放。厨房油烟的主要成分是醛、酮、烃、脂肪酸、醇、芳香族化合物、内酯、杂环化合物等。油烟含有大约 300 种有害物质、DNP 等，其中含有肺部致癌物二硝基苯酚、苯并芘，长时间吸入油烟会使人体组织发生病变。现场厨房应加设油烟净化处理装置（图 3-57），严禁将厨房油烟无处理直接排放。

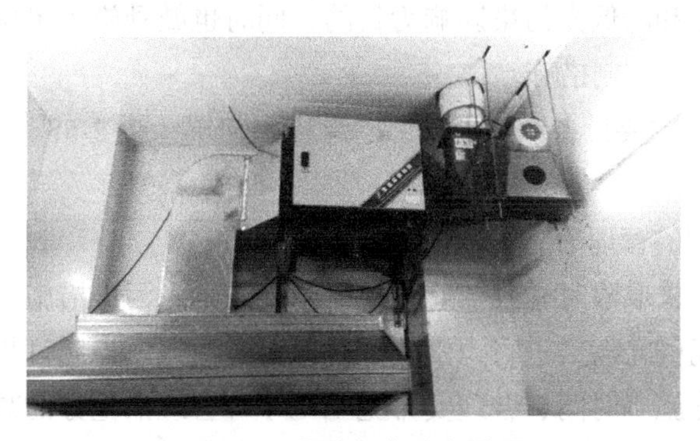

图 3-57　厨房烟气净化装置

3.3.5 光污染控制技术

光污染是过量的光辐射，包括可见光、紫外与红外辐射对人体健康和人类生存环境造成的负面影响的总称。施工现场的光污染主要来源于大型灯具的夜间照明、焊接作业等。

1. 施工光污染的主要危害

（1）对附近居民的影响

当施工场地内照明设备的出射光线直接侵入附近居民的窗户时，就很可能对居民的正常生活产生负面的影响。这些影响包括：①照明设备产生的入射光线使居民的睡眠受到影响；②工地现场照明可能存在的频闪灯光使房屋内的居民感到烦躁，难以进行正常的活动。

（2）对附近行人的影响

当施工照明设备安装不合理时，会对附近的行人产生眩光，导致降低或完全丧失正常的视觉功能。这一方面影响到行人对周围环境的认知，同时增加了发生犯罪或交通事故的危险性。具体的危害表现在：①安装不合理的施工照明灯具，其本身产生的眩光使行人感到不舒适，甚至降低视觉功能；②当灯具本身的亮度或灯具照射路面等处产生的高亮度反射面出现在行人的视野范围内时，因为出现很大的亮度对比，行人将无法看清周围较暗的地方，使之成为犯罪分子的藏身之处，不利于行人及时发现并制止犯罪。

（3）对交通系统的影响

各种交通线路上的照明设备或附近的辅助照明设备发出的光线都会对车辆的驾驶者产生影响，降低交通的安全性。主要表现在：①灯具或亮度对比很大的表面产生眩光，影响到驾驶者的视觉功能，使驾驶者应对突发事件的反应时间增加，从而更容易发生交通事故；②出现在驾驶者视野内的亮度很高的表面使各种交通信号的可见度降低，增加了交通事故发生的可能性。

从以上可见，施工中的光污染应采取措施加以控制，主要从组织策划、管理以及施工现场产生光污染的两类主要来源等方面提出要求，施工中应结合实际情况，以减少光污染产生和降低光污染影响为目的，同时也鼓励施工单位根据工程具体情况，积极采用光污染控制措施。

光污染控制的主要设备、设施有：电焊机遮光屏（图 3-58）、照明光源加装聚光罩（图 3-59）。

2. 光污染控制的管理措施

（1）施工现场采取限时施工、遮光或封闭等防治光污染措施。在绿色施工策划文件中对施工现场的光污染进行识别，并针对每一类光污染制订相应的防治光污染措施，同时从优化施工时间、合理安排施工工序等管理措施方面减少夜间施工，从而降低光污染发生概率。

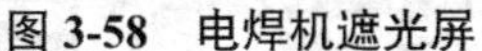

图 3-58　电焊机遮光屏

图 3-59　照明光源加装聚光罩

（2）焊接作业时，采取挡光措施。从事焊接作业的人员应佩戴相应的防护设施（图 3-60）；焊接作业应采取挡光措施。

3. 光污染控制的技术措施

施工场区照明采取防止光线外泄技术。施工场区内的大型照明灯具应采用遮光罩等措施，使光线集中在施工区域内，不扩散到周围光污染敏感区（图 3-61）。

图 3-60　焊接作业人员佩戴防护面具

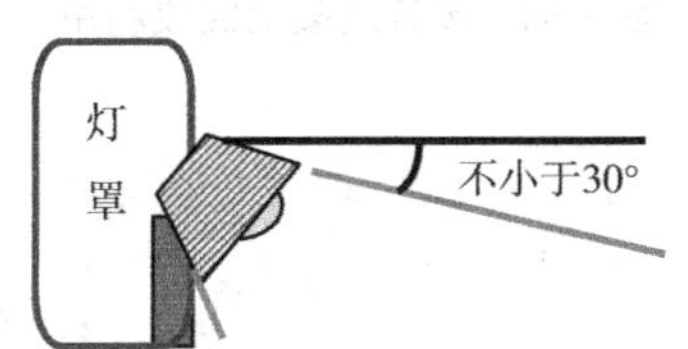

图 3-61　照明灯具照射角度

3.3.6　建筑垃圾控制技术

建筑垃圾是指新建、扩建、改造及拆除等建筑工程与道路、桥梁和隧道等市政工程施工过程中产生的废物料。施工现场的建筑垃圾由建筑废弃物（建筑垃圾分类后，丧失施工现场回收和利用价值的部分）、施工现场回收和利用的建筑垃圾、运出施工现场交由第三方回收的建筑垃圾三部分组成。

建筑垃圾产生原因分为主观和客观原因两种，客观原因如建筑材料包装物，现场非整砌块或面砖造成的切割废料等，一般不可避免；主观原因主要是施工管理和工艺上造成的疏忽，如质量返工、材料进料及仓储不合理等，一般可通过提升管理和技术进步减量或消除。

建筑垃圾的管理是涉及节约材料、减少排放和保护环境的综合性绿色施工措施，因此也是绿色施工的重中之重，在施工中应当特别重视。

建筑垃圾控制的主要设备、设施有：建筑垃圾分类处理（图 3-62），生活、办公垃圾分类回收（图 3-63），废弃混凝土回收利用（图 3-64），接木机（图 3-65），固废破碎设备（图 3-66），制砖机（图 3-67）等。

图 3-62　建筑垃圾分类处理

图 3-63　生活、办公垃圾分类回收

图 3-64　废弃混凝土回收利用

图 3-65　接木机

图 3-66　固废破碎设备

图 3-67　制砖机

1. 建筑垃圾控制的管理措施

（1）制订建筑垃圾消纳计划（图 3-68）。应结合工程实际情况对施工中可能产生的建筑垃圾种类进行识别，根据识别结果制订建筑垃圾减量、分类回收、现场再利用及运出施工现场交由第三方回收等措施。其中减量措施应包含管理措施和技术措施两部分；分类回收应结合再利用措施制订，如按金属类、木质类、混凝土类、石材、面砖类等；现场再利用应结合工程和施工现场实际情况制订相应措施，如利用混凝土余料浇筑混凝土零星构件、短钢筋焊接临时设施排水沟盖板等；交由第三方回收再利用应由有相关资质的第三方回收并签署相关回收合同。

建筑垃圾种类	产生原因及部位	预计产生数量	消纳方案	预计消纳数量
混凝土碎料	混凝土浇筑、凿桩、爆模、混凝土支撑拆除等	207.8t（83.1m³）	小部分混凝土作为后续底板整层和临时施工道路的路基； 一部分混凝土碎料外运其他工地再利用； 一部分混凝土碎料由环保单位清运	15t（6m³） 150t（60m³） 1500t（600m³）
墙体砌块	墙体施工砌筑废旧砂加气、混凝土砌块	60t	外运处理	10t
废旧木 / 模板	翘曲、变形、开裂、受潮	52.5t（8.14m³）	短木接长处理	2.4t（6m³）
废旧钢筋	施工过程中产生的钢筋断头和废旧钢筋等	断头钢筋：168.8t	废旧钢筋用作钢筋马凳支架的制作、钢筋 S 形拉钩、作为构造过梁构造柱或焊制临时排水沟盖板等的钢筋使用	168.8t
包装袋、纸盒	施工材料包装	225t	外运处理	50t
临时设施拆除	混凝土块、废旧钢材等	1500t	外运其他工地再利用、回收	900t
合计		4064.88t		2952.8t

建筑垃圾利用率：2952.8 ÷ 4064.88 × 100%=72.64%

图 3-68　建筑垃圾消纳计划

（2）对现场产生的建筑垃圾进行统计，保留相关统计记录，控制全过程施工现场建筑垃圾的总量不超过 300t/ 万 m²（现浇混凝土结构）或 200t/ 万 m²（预制装配式建筑）。在实际实施过程中，宜按施工阶段将上述目标进行分解，便于操作（表 3-1）。

× × × 项目现场建筑垃圾统计表　　表 3-1

施工阶段	日期	类别	明细	单次吨数（t）	累计吨数（t）	目标值（t）	记录人
地基与基础							
主体结构							
装饰装修与机电安装							

（3）建筑垃圾回收利用率达到50%。施工中产生的建筑垃圾应采取措施尽可能再利用，再利用分现场再利用和运出现场交由第三方再利用两种（图3-69）。其中现场再利用建筑垃圾根据是直接利用还是加工后利用可分为直接再利用和加工后再利用两种，直接再利用如短钢筋用来焊接地沟盖板等，加工后再利用如混凝土类建筑垃圾粉碎后用去制砖等。根据用途可分为用于建筑本体的永久再利用和用于临时设施的临时再利用，用于建筑本体的永久再利用如利用混凝土类建筑垃圾制成成品砌体，用于地下室隔墙砌筑等；用于临时设施的临时再利用如利用短钢筋头和零星混凝土浇筑装配式混凝土临时路面等，用于临时设施的临时再利用宜采取措施增加相关设施的可周转性，在多个工地周转使用。

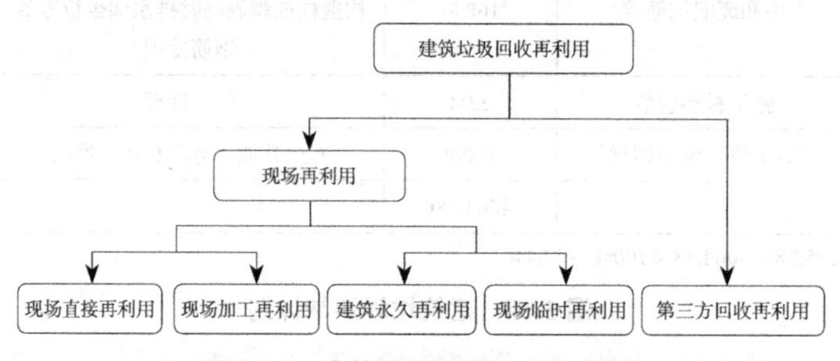

图3-69　建筑垃圾回收利用示意图

（4）现场垃圾分类、封闭、集中堆放。现场垃圾包括生活垃圾、办公垃圾和建筑垃圾。

生活垃圾和办公垃圾应根据项目当地相关政策进行分类收集，一般包括干垃圾、湿垃圾、可回收垃圾和有毒有害垃圾几类，并根据分类设置相应的回收设施，对湿垃圾和有毒有害垃圾应封闭回收。

建筑垃圾应结合工程实际情况和拟定的现场再利用措施进行分类，现场修建分类收集池，对易飞扬的建筑垃圾应封闭收集，对现场再利用的建筑垃圾应及时利用，不能利用的垃圾及时清运出现场并保留相关统计数据。

（5）办理施工渣土、建筑废弃物等排放手续，按指定地点排放。开工前应办理合规的施工渣土、建筑废弃物等的排放手续，施工中渣土和建筑废弃物严格按规定的地点排放。与有资质的建筑垃圾代理运输公司签订合同。

（6）土方回填不得采用有毒有害废弃物。建筑垃圾原则上不允许直接用于土方回填，除非对其粒径、有机物质含量和含水率做过专门处理且满足行业标准《建筑垃圾处理技术标准》CJJ/T 134—2019及设计的相关要求。但是有毒有害废弃物必须严格控制，不能掺入回填土中。

（7）废电池、废硒鼓、废墨盒、剩油漆、剩涂料等有毒有害的废弃物封闭分类存放，设置醒目标识，并由符合要求的专业机构消纳处置。绿色施工要求对有毒有害废弃物进行100%分类收集，100%送专业回收单位处理。实施过程中，宜将有毒有害废弃物按其计量单位分为两类：一类有毒有害废弃物包括电池、墨盒、硒鼓、废旧灯管等按件数计算的废弃物；二类有毒有害废弃物包括废机油柴油、油漆涂料、挥发性化学品等按量计算的废弃物。表 3-2 和表 3-3 所列分别为这两类废弃物控制及处理台账。

×××项目一类有毒有害废弃物控制及处理台账　　表 3-2

名称	购买日期	购买数量	领用日期	领用数量	领用人	回收日期	回收数量	回收人	累计回收	处理日期	处理方式	处理数量	处理人

×××项目二类有毒有害废弃物控制及处理台账　　表 3-3

名称	日期	进货量	领用量	领用人	库存量	使用量	退回量	退回人	废弃量	累计废弃	处理日期	处理方式	处理数量	累计处理	处理人
机油															
柴油															
……															

2. 建筑垃圾控制的技术措施

（1）碎石和土石方类等用作地基和路基回填材料。碎石和土石方类建筑垃圾是很好的地基和路基回填材料，直接在施工现场或邻近区域用于回填，将节约资源，减少堆放土地占用，同时降低外运能耗和污染。对现场产生的碎石和土石方类建筑垃圾单独分类进行回收，并在本工程或邻近工程作为临时设施的地基和路基回填材料（表 3-4）。

×××项目碎石和土石方类建筑垃圾现场再利用统计表　　表 3-4

用途	本次用量（t）	累计用量（t）	记录人（签名）
施工临时道路 A1—A2 段路基			
施工临时道路 A2—A3 段路基			
……			

（2）现场淤泥质渣土经脱水后外运或就地利用。淤泥质渣土由于其含水率高、孔隙比大，因此体积大，如直接外运将造成运输能耗过大和沿途环境污染。因此在现场引入淤泥脱水机等设备将淤泥质渣土脱水固化后再外运，将缩小外运淤泥体积 2/3 以上，大大降低了运输能耗和淤泥后期处理强度。常见的脱水的方法主要有自

然干化法、机械脱水法和造粒法。自然干化法和机械脱水法适用于污水污泥，造粒法适用于混凝沉淀的污泥。自然干化法由于占地面积大，所需时间长，且对场地环境影响大，一般不推荐使用，目前施工现场比较常见的是机械脱水法，图 3-70 所示为泥水分离设备工作原理。

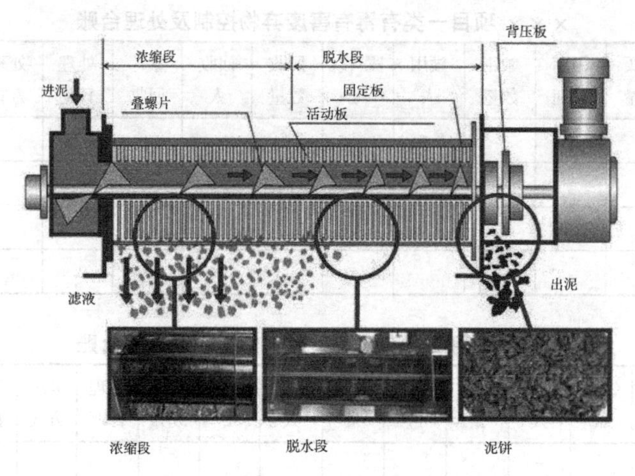

图 3-70 泥水分离设备工作原理

（3）短木方对接拼长技术。短木方对接技术共分为三大部分组成，分别为对接前的准备阶段、对接阶段、检查养护阶段。短木方工艺原理即是利用胶的粘结力将废弃的木方经过器具加工成锯齿交错，并利用专业工具挤压定型，通过养护达到成品方木应具有的抗弯、抗剪等性能，变废为宝，重复利用，节约能源，提高经济效益的要求（图 3-71）。

（4）废弃混凝土现场再生利用技术。将废弃混凝土破碎后作为建筑物基础垫层或道路基层；将废弃混凝土破碎后生产混凝土砌块砖、铺道砖等制品；将废弃混凝土破碎、筛分、分选、洁净后作为再生骨料（图 3-72），代替部分天然砂石骨料制作再生骨料混凝土。

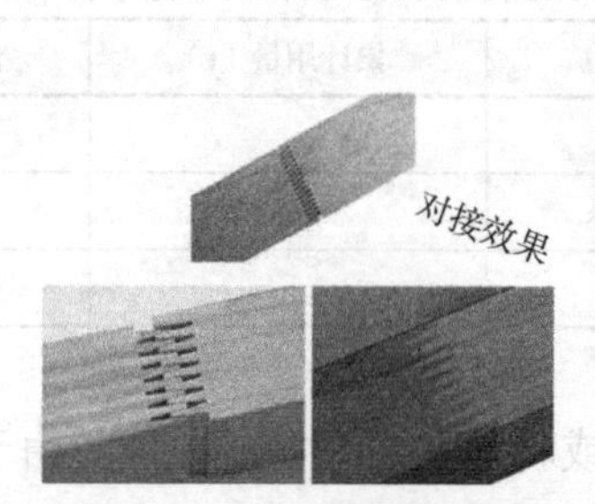

图 3-71 短木方接长对接效果

图 3-72 再生骨料

（5）钢筋余料回收利用技术。施工现场钢材加工产生的短小钢筋可根据施工需要制作成马凳（图 3-73）、梯子筋、排水沟盖板等，减少固体废弃物产生，提高利用率。

（6）模块化可周转集成临建技术。如塔式起重机基础多为现浇，塔式起重机拆除后需要将塔式起重机基础破碎，产生大量的混凝土碎块、废弃钢筋，既浪费了人力，又消耗了物力。可通过装配式钢结构塔基代替现浇混凝土基础。临时设施可以用集装箱式代替彩钢板式等技术（图 3-74），形成模块化可周转临时设施。

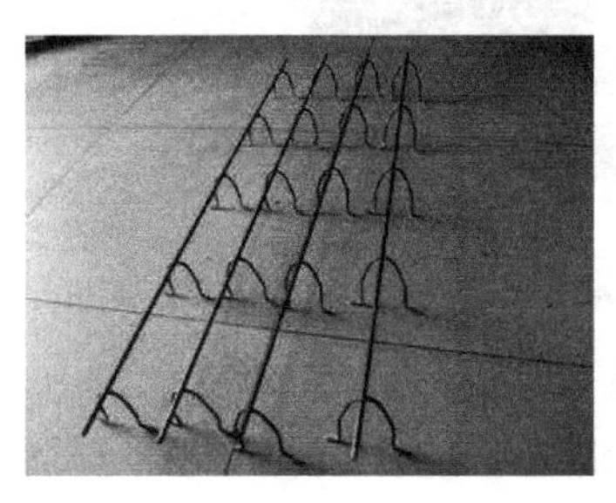

图 3-73　余料制作的钢筋马凳

图 3-74　模块化可周转临时设施

3.3.7　其他环境保护控制技术

由于施工现场的特殊性，在施工过程中会遇到一些特殊的环境保护要求，需制订适用于本工程的环境保护措施。

（1）透水料的应用。透水料是指由透水材料制成或者具有透水功能的、用于修建道路或者铺设地面的材料。常见的透水料有透水混凝土、透水砖（图 3-75）等。随着海绵城市概念的发展，透水料也得到了十分广泛的应用。

（2）垂直绿化技术。垂直绿化可充分利用围挡、垂壁等场地条件，增加施工现场绿化量（图 3-76）。垂直绿化可以降低墙面对噪声的反射，并在一定程度上吸附烟尘，美化环境。

图 3-75　透水砖

图 3-76　围墙垂直种植绿化

（3）公园式工地。将室外总体提前施工，达到花园工地效果，不仅可以减少土面洒水和覆盖的投入，而且可以替代绿化有效地降低扬尘，提高施工人员居住舒适度和生活质量，提高工作效率。通过草坪的种植、花坛树木的栽培等，有效地降低了工程噪声、减少了扬尘，达到了硬化、绿化、美化和谐统一的观感效果，为绿色施工打下了坚实的基础（图 3-77）。

图 3-77　公园式工地

3.4　节材与材料资源利用

3.4.1　建筑材料的发展现状

建筑材料的使用造成了能源的消耗及环境污染，由于建筑业的快速发展，建筑领域所使用的资源以及能源越来越多，在消耗大量能源的同时也造成了环境污染问题，经济的发展促进了城市化的进程，同时也促进了国内基础设施的建设，使得建筑领域所消耗的建筑材料的数量非常可观，与此同时，也加大了原材料的消耗量，例如沙、石、铁矿石及黏土类原材料等，这些原材料的使用对环境造成了严重的影响，木材的大量使用也加剧了土地的沙漠化，在材料的加工过程中产生的废水、废气、废渣也同时造成了环境的污染，另外在施工过程中产生的噪声、粉尘等都是污染源。所以减少建筑材料的使用和多运用绿色建材是必然趋势。

3.4.2　绿色建材的使用

国内外许多研究发现，建筑材料物化阶段在建筑工程全生命周期环境影响中占据很大比例，选用对环境影响小的建筑材料是绿色施工的重要内容。

绿色建材是指采用清洁生产技术、少用天然资源和能源、大量使用工业或城市固态废物生产的无毒害、无污染、无放射性、有利于环境保护和人体健康的建筑材料。它不仅具有消磁、消声、调光、调温、隔热、防火、抗静电的性能，还具有调节人体机能的性能。在国外，绿色建材早已在建筑、装饰施工中广泛应用，在国内它只作为一个概念刚开始为大众所认识。

绿色建材的基本特征包括：①其生产所用原料尽可能少用天然资源，大量使用尾渣、垃圾、废液等废弃物；②采用低能耗制造工艺和无污染环境的生产技术；

③在产品配制或生产过程中不得使用甲醛、卤化物溶剂或芳香族碳氢化合物，产品中不得含有汞及其化合物的颜料和添加剂；④产品的设计是以改善生产环境、提高生活质量为宗旨，即产品不仅不损害人体健康，而应有益于人体健康，产品具有多功能化，如抗菌、灭菌、防霉、除臭、隔热、阻燃、调温、调湿、消磁、防射线、抗静电等；⑤产品可循环或回收利用，无污染环境的废弃物。总之，绿色建材是一种无污染、不会对人体造成伤害的建筑材料。

施工单位要按照国家、行业或地方对绿色建材的法律、法规和评价方法来选择建筑材料，以确保建筑材料的质量。即选用物化能耗低、高性能、高耐久性的建筑材料，选用可降解、对环境污染小的建材，选用可循环利用、可回收利用和可再生的建材，选择利用废弃物生产的建材，尽量选择运输距离小的建材，降低运输能耗。

3.4.3　节材措施

节材措施主要是根据循环经济和精益施工思想来组织施工活动，也就是按照减少资源浪费的思想，坚持资源减量化、无害化，再循环再利用的原则精心组织施工。在施工中，应根据地质、气候、居民生活习惯等提出各种优化方案，在保证建筑物各部分使用功能的情况下，尽量采用工程量较小、速度快、对原地表地貌破坏较小、施工简易的施工方案，尽量选用能够就地取材、环保低廉、寿命较长的材料。

施工中，要准确提供出用材计划，并根据施工进度确定进场时间按计划分批进场材料，现场所进的各种材料总量如无特殊情况不能超过材料计划量；加强施工现场的管理，杜绝施工过程中的浪费，降低材料损耗率；还要控制好主要耗材施工阶段的材料消耗，控制好周转性材料的使用和处理。

绿色施工策划中制订节材措施，要以突出主要材料的节约和有效利用为原则。此处，仅以某工程主体结构施工中对钢筋消耗量的控制措施为例，说明如何制订节材措施。在该工程主体结构施工中，钢能消耗量的控制措施主要有：①钢筋下料前，绘制详细的下料清单，清单内除标明钢筋长度、支数等外，还需要将同直径钢筋的下料长度在不同构件中比较，在保证质量、满足规范及图集要求的前提下，将某种构件钢筋下料后的边角料用到其他构件中，避免过多废料出现；②根据钢筋计算下料的长度情况，合理选用 12m 钢筋，减小钢筋配料的损耗；钢筋直径大于 16mm 的应采用机械连接，避免钢筋绑扎搭接而额外多用材料；③将 ϕ6、ϕ8、ϕ10、ϕ12 钢筋边角料中长度大于 850mm 的筛选出来，单独存放，用于填充墙拉结筋、构造柱纵筋及箍筋、梁钢筋等，变废为宝，以减少损耗；④加强质量控制，所有料单业务经审核后方能使用，避免错误下料；现场绑扎时严格按照设计要求加强过程巡查，发现有误立即整改，避免返工费料。

材料节约控制设备、设施有：地磅或自动监测平台（图 3-78）、材料加工棚（图 3-79）、材料堆场（图 3-80）、钢筋加工机械（图 3-81）、木材加工机械（图 3-82）、销键型脚手架（图 3-83）等。

图 3-78　地磅或自动监测平台

图 3-79　材料加工棚

图 3-80　材料堆场

图 3-81　钢筋加工机械

图 3-82　木材加工机械

图 3-83　销键型脚手架

3.4.4　钢材节约

2019 年我国钢材消耗量约为 8.86 亿吨，同比增长 7.3%；2020 年我国钢材需求量约为 8.81 亿吨，同比下降 0.6%。目前我国钢材消耗量遥居世界首位，比美国和日本钢材消耗量总和还要多。

1. 钢材节约的管理措施

（1）计算机软件的应用

利用 BIM 等各类工程软件进行深化设计、优化方案、统计核算等方法减少用材，降低损耗（图 3-84）。

图 3-84　利用 BIM 的节点优化图

（2）高强钢筋的应用

高强钢筋是指抗拉屈服强度达到 400MPa 及以上的钢筋，具有强度高、综合性能优的特点。采用高强钢筋替代目前大量使用的 335MPa 级钢筋，平均可节约钢材用量 12% 以上。

（3）定尺钢筋的应用

项目可根据工程实际需要委托钢材生产厂家定尺生产非标准规格的钢材，进行工厂化加工、集中配送、直接应用，避免现场二次加工，有效减少钢材的损耗。

（4）钢材材料存放措施

钢筋、机电安装管材、钢化设施料堆放区地面硬化，按规格、批次分区分类架空堆放并标识，明确物资名称、规格型号、数量及检验状态等信息（图 3-85）。

2. 钢材节约的技术措施

（1）智能化钢筋加工设备

采用智能化钢筋加工设备（图 3-86），如全自动数控调直切断机、全自动数控调直弯箍机、自动化钢筋笼滚焊机、螺旋箍筋加工机等，无需操作人员长期监控，解放劳动力，提高工作效率，减少加工误差，降低材料损耗率。

图 3-85　现场钢材存放

图 3-86　智能化钢筋加工设备

（2）直螺纹连接技术

钢筋直螺纹连接技术是指在热轧带肋钢筋的端部制作出直螺纹，利用带内螺纹的连接套筒对接钢筋（图 3-87）。该技术操作简便，可全天候施工，加工效率高，广泛应用于直接 16mm 及以上的 HRB335、HRB400 和 HRB500 级钢筋连接。

（3）闪光对焊封闭箍筋技术

闪光对焊封闭箍筋技术（图 3-88）利用对焊机使两端金属接触，通过低电压的强电流，待金属被加热到一定温度变软后，进行轴向加压顶锻，形成对焊接头，工艺简单，节省钢材效果显著，经济、高效。

（4）钢筋机械锚固

钢筋机械锚固是将螺母与垫板合二为一的锚固板，通过直螺纹连接方式，与钢筋端部相连形成钢筋机械锚固装置（图 3-89）。它具有锚固刚度大、锚固性能好、方便施工等优点，有利于商品化供应，适用于热轧带肋钢筋。

（5）钢筋焊接网

钢筋焊接网是一种在工厂用专门的焊网机焊接成型的网状钢筋制品。主要采用 CRB550 级冷轧带肋钢筋和 HRB400 级热轧带肋钢筋制作焊接网（图 3-90）。采用焊接网可显著提高钢筋工程质量，大量降低现场钢筋安装工时，缩短工期，节约钢材，具有较好的综合经济效益。钢筋焊接网广泛适用于现浇钢筋混凝土结构和预制构件的配筋，特别适用于房屋的楼板、屋面板、地坪、墙体、梁柱箍筋以及桥面铺装和桥墩防裂网。

图 3-87　钢筋直螺纹连接

图 3-88　闪光对焊封闭箍筋连接

图 3-89　钢筋机械锚固连接

图 3-90　钢筋焊接网

（6）施工现场钢筋集中加工

施工现场钢筋集中加工（图 3-91），可配置大型起重设备，避免材料在场内多次倒运，降低劳动强度，提高加工效率，减少钢筋损耗。

（7）成型钢筋制品加工与配送

在固定的加工厂，盘条或直条钢筋经过一定的加工工艺程序，由专业的机械设备制成钢筋制品供应给项目工程。推广使用成型钢筋制品（图 3-92）加工与配送，可以提高工作效率，提高钢筋加工制品质量，减少材料损耗，降低能耗和排放。

（8）新型定型钢筋马凳

新型定型钢筋马凳由工厂定型加工，底部撑角有两道防锈工艺，符合各种工况和楼板厚度，可以精确控制楼板厚度和钢筋保护层厚度。

图 3-91　钢筋集中加工

图 3-92　成型钢筋制品

3.4.5　混凝土节约措施

混凝土作为主要的建筑材料之一，其性能也随着社会生产力和经济的发展而发展。混凝土工程节材技术主要包括：应用高强、高性能混凝土与轻骨料混凝土，应用混凝土高效外加剂与掺合料，混凝土预制构配件技术，预制混凝土及预拌砂浆应用技术，清水饰面混凝土技术。

1. 混凝土节约的管理措施

（1）预拌混凝土的应用

预拌混凝土可在专业厂家集中加工，材料利用更充分，生产过程更可靠，厂家可根据工程需要拌制各种具有特殊性能的混凝土。图 3-93 所示为配送预拌混凝土车辆。

图 3-93　配送预拌混凝土车辆

（2）预制构配件的使用

提高新型预制混凝土构配件的比重，加快工业化建造进程。新型预制混凝土构配件主要包括新型装配式楼板、叠合楼板、预制混凝土内外墙板和复合外墙板等（图3-94）。

图3-94 预制构配件

（3）高强度混凝土的应用

施工过程中，注重高强度混凝土（图3-95）的推广与应用。高强度混凝土不仅可以提高构件承载力，还可以减少混凝土构件的截面尺寸，减轻构件自重，延长其使用寿命并减少装修，获得较大的经济效益。另外，高强度混凝土材料密实、坚硬，其耐久性、抗渗性、抗冻性均较好，且使用高效减水剂等配制的高度混凝土还具有坍落度大和早强的性能，施工中可早期拆模，加速模板周转，缩短工期，提高施工速度。

2. 混凝土节约的技术措施

（1）清水混凝土技术的利用

采用清水混凝土技术（图3-96），不做修饰体现质朴简约的特性，可减少抹灰工序，减少材料的投入。由于清水混凝土缺乏拆除模板后的装修工程，因此在配模、混凝土原材选择、混凝土施工等阶段都应有严格的质量控制才能实现其清水效果。

图3-95 高强度混凝土

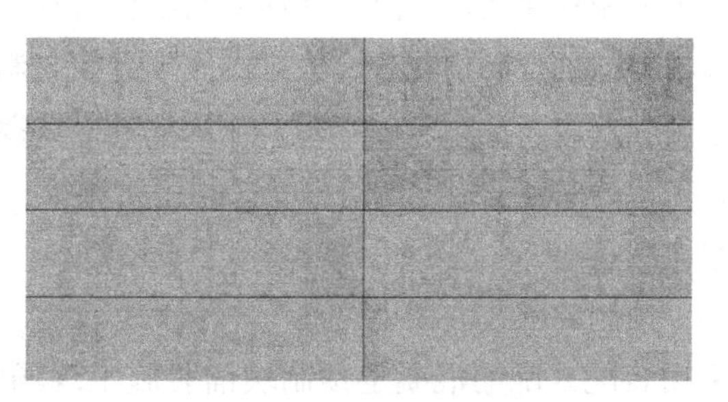

图3-96 清水混凝土

（2）采用免抹灰技术

免抹灰技术就是指使形成的墙面没有经过任何的装饰，色泽均匀，平整光滑，而气泡、蜂窝以及麻面的情况是不存在的技术（图 3-97）。免抹灰施工技术的方式，极大程度地提高了工程质量，缩短了工程建设周期，同时也有效地避免了土建施工中出现墙面开裂、粉刷层脱落的问题，有着良好的综合优势。免抹灰通过采用新型模板体系、新型墙体材料或采用预制墙体，使墙体表面允许偏差、观感质量达到免抹灰或直接装修的质量水平。现浇混凝土墙体是通过材料配制、细部设计、模板选择及安拆，混凝土拌制、浇筑、养护、成品保护等诸多技术措施，使现浇混凝土墙达到准清水免抹灰效果。免抹灰技术可节省材料、减少人工的投入。

（3）装配式轻钢型定型化门头体系

装配式轻钢型定型化门头体系采用 FS 永久性复合外模板现浇混凝土保温结构体系（图 3-98），该体系是以水泥基双面层复合保温板为永久性外模板，内侧浇筑混凝土，外侧抹抗裂砂浆保护层，通过连接件将双面层复合保温模板与混凝土牢固连接在一起，外侧以复合保温板为永久性外模板，将现浇混凝土墙体与永久性外模板浇筑为一体，并通过锚栓连接使其更加安全可靠，浇筑完成后外侧抹砂浆保护层，满足建筑节能要求。

图 3-97　免抹灰技术

图 3-98　轻钢型定型化门头

（4）利用粉煤灰、矿渣、外加剂及新材料减少水泥用量

在材料的加工和使用中，大宗的主要建筑材料损耗率比定额损耗率降低应有有效的措施和效果。混凝土施工时，应采用商品混凝土。在与商品混凝土厂家签订合同中，在满足混凝土强度的条件下，利用粉煤灰、矿渣、外加剂及新材料（图 3-99）减少水泥用量。

（5）预制装配式混凝土路面

采用装配式配筋混凝土预制块铺装施工现场临时道路（图 3-100），可通行 90 吨及以下重车，代替采用现浇混凝土路面的传统施工工艺，且预制块可周转使用，减少垃圾排放，节能环保。

（6）格构式井字梁钢平台塔式起重机基础技术

钢平台基础由塔式起重机钻孔灌注桩、钢格构柱、钢梁、格构柱间斜（横）撑、水平支撑、垫板、加劲板等组成（图 3-101）。格构柱顶焊接垫板，下面两道钢梁与格构柱螺栓连接，上面两道钢梁与下面两道钢梁用螺栓连接，上面两道钢梁与塔式起重机标准节连接。塔身荷载通过两排钢梁传至钢格构柱，进而传递给桩基，最终由基坑底以下的土层承担。

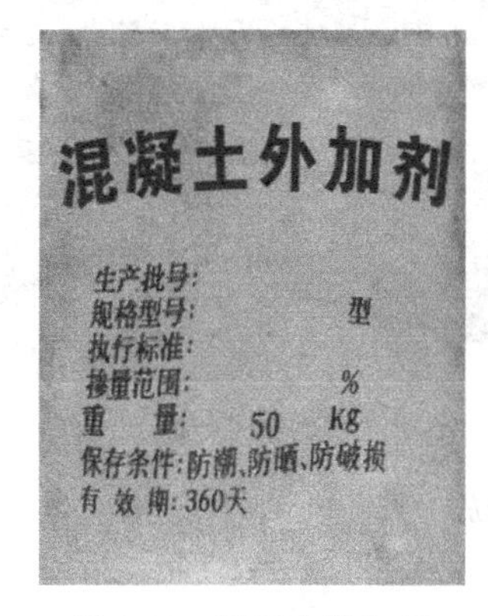

图 3-99　混凝土外加剂

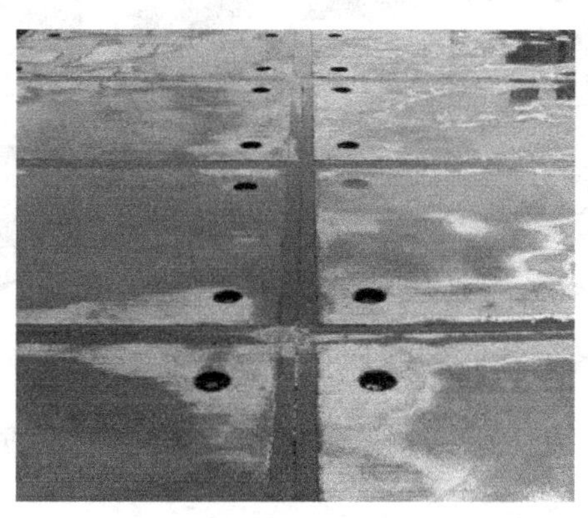

图 3-100　预制装配式混凝土路面

图 3-101　格构式井字梁钢平台塔式起重机基础

3.4.6　木材节约措施

木材是一种可再生的天然材料，容易受霉菌、微生物和昆虫的侵蚀，特别是在与泥土和水接触的条件下，几年内就将被侵蚀而导致腐烂。只有少数几种木材在自然条件下能防止腐朽和昆虫的侵蚀。大多数木材在长期使用前必须经过防腐处理。经防腐处理后，木材的使用寿命可以比原来没有处理过的木材长很多倍，而且处理的成本比起昂贵的维护费用或替换未处理的木材更经济合理。

木材分为软材和硬材。木材具有轻质高强、弹性韧性佳、耐冲击和振动、加工性好，吸声性好，导热性低，花纹色泽自然美观，组织结构不均匀，各向异性，吸湿性好，会引起干缩湿胀、翘曲变形等特性。

1. 木材节约的管理措施

（1）木材存放措施

木料堆放区地面硬化，按规格、批次分区分类架空堆放并标识，明确物资名称、规格型号、数量及检验状态等信息（图 3-102）。在堆放保管时，须确保干燥，防止腐烂，在必要时可以进行化学防腐、防虫等处理。

图 3-102　木材堆放

（2）大宗板材集中配送

针对工程中的大宗板材定尺采购，应事先根据阶段性使用量做好订货计划，采用集中配送的方式，节能减排。

2. 木材节约的技术措施

（1）采用高周转率的新型模架体系

采用高周转率的新型模架体系，如铝合金（图 3-103）、塑料、玻璃钢、绿建清水模架体系和其他可再生材质的大模板和钢框镶边模板代替木模，节材效果明显。

图 3-103　新型模架铝模

（2）采用钢或钢木组合龙骨

钢或钢木龙骨平整度高、平稳度好、抗扭曲、荷载大、通用性强、寿命长、周转率高、保值率好、性价比高（图3-104）。与木龙骨相比，采用钢或钢木组合龙骨既节能环保又安全性可靠，还节省材料。

图3-104　钢龙骨

3.4.7　周转材料节约措施

建筑物的生产过程中，不但要消耗各种构成实体和有助于工程形成的辅助材料，还要耗用大量如挡土板、搭设脚手架的钢管、竹木杆等周转材料。周转材料就是通常所说的工具型材料和材料型工具，被广泛应用于隧道、桥梁、房建、涵洞等构筑物的施工生产领域，是施工企业重要的生产物资之一。

周转材料按其在施工生产过程中的用途不同，一般可分为以下四类：

（1）模板类材料。模板类材料是指浇灌混凝土用的木模、钢模等，包括配合模板使用的支撑材料、滑膜材料和扣件等。按固定资产管理的固定钢模和现场使用固定大模板则不包括在内。

（2）挡板类材料。挡板类材料是指土方工程用的挡板，它还包括用于挡板的支撑材料。

（3）架料类材料。架料类材料是指搭脚手架用的竹竿、木杆、竹木跳板、钢管及其扣件等。

（4）其他。其他是指除以上各类之外，作为流动资产管理的其他周转材料，例如塔式起重机使用的轻轨、枕木（不包括附属于塔式起重机的钢轨）以及施工过程中使用的安全网等。

周转材料虽然数量较大、种类较多，但一般都具有以下特征：

（1）周转材料与低值易耗品作用类似，在施工过程中起着劳动手段的作用，随着使用次数的增加而逐渐转移其价值。

（2）具有材料的通用性。周转材料一般都要安装后才能发挥其使用价值，未安装时形同普通的材料，一般设专库保管，以避免与其他材料相混淆。

（3）因周转材料种类多、用量大、价值低、使用期短、收发频繁、易于损耗，经常需要补充和更换，故应将其列入流动资产进行管理。

1. 周转材料节约的管理措施

周转材料进场需根据计划对周转材料进行验收点货，并由负责人进行验收。周转材料退场时，要根据周转材料配置方案，将不能周转的材料及时退场（图 3-105）。

2. 周转材料节约的技术措施

（1）采用管件合一的脚手架和支撑体系

国内市场上比较通用的脚手架有两大类：一类是框式脚手架，包括门式脚手架、塔式脚手架；另一类是承插式脚手架，包括碗扣式脚手架、键槽式脚手架（图 3-106）、插销式脚手架及扣件式脚手架。

图 3-105　周转材料进出场

图 3-106　键槽式脚手架

（2）混凝土结构施工采用自动爬升模架

爬升模架（即爬模）是一种适用于现浇钢筋混凝土竖直或倾斜结构施工的模板工艺。自动爬升模架（图 3-107）应根据结构形式而选取，要充分考虑是否便于施工以及周期、成本等多方面的因素。

图 3-107　自动爬升模架

（3）盘扣式支撑架

盘扣式支撑架是由焊接了八角盘的立杆、两端带有插销的水平杆以及斜杆组成的系统架（图3-108）。支架立杆、横杆、斜杆轴线汇交于一点，属于二力杆件，传力路径简洁、清晰、合理，结构稳定可靠，且整体承载力高；各杆件使用的钢号、材质合理，物尽其用，减少用钢量，省材节能；盘扣节点采用热锻件，节点刚度大，插销具有自锁功能，可保证水平杆与立杆连接可靠稳定。

（4）全集成升降防护平台体系

全集成升降防护平台体系在工厂预制，然后在工地组装，安全文明，解决了高层建筑外围防护搭设难度大、危险性大等问题。该系统主要应用在高层、超高层建筑，使脚手架实现了半装备化、工具化和标准化，符合国家环保、节能减排的产业发展方向。

（5）定型化移动灯架应用技术

定型化移动灯架设施结构简洁，安装使用方便，感观大方，质量安全可靠，可反复使用，运输方便（图3-109）。

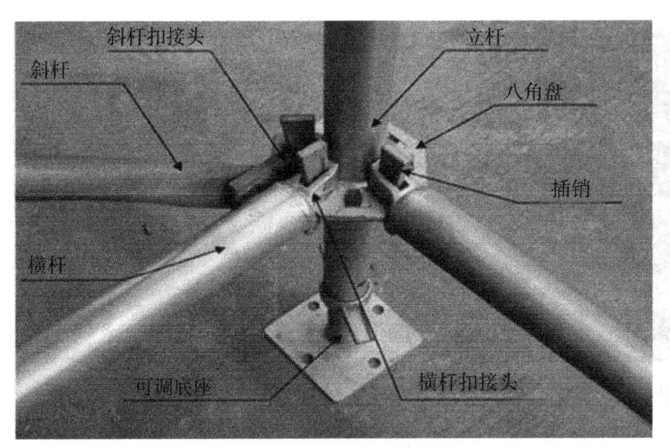

图3-108　盘扣式支撑架

图3-109　定型化移动灯架

（6）可周转洞口防护栏杆应用技术

可周转洞口防护栏杆由方钢管、角钢、丝杆、螺母加工制作而成。此种定性防护由两部分连接而成，连接通过螺母调节，适用于各种尺寸的洞口防护，制作工艺简单，外观简洁美观，适用性强，成本低，可多次周转，一次摊销成本低，节约资源，无各种环境污染（图3-110）。

（7）定型化、工具化、标准化栏杆

定型化、工具化、标准化栏杆可迅速拼接成工地临时防护栏杆，平时只需要对节点构件进行周转及仓储（图3-111）。随着建筑市场竞争白热化，建筑施工企业纷纷推出企业自身的标准化工地，有了这些栏杆节点构件，可大大增强建筑施工企业标准化工地程度，同时又能提高栏杆的搭设速度和安全美观性，还能给施工企业节省标准化栏杆周转的运输和储存成本。

图 3-110　可周转洞口防护栏杆

图 3-111　定型化、工具化、标准化栏杆

3.4.8 其他材料节约措施

由于施工现场的特殊性，在施工过程中会遇到一些特殊的材料使用要求，需制订适用于本工程的材料节约措施。

（1）采用可周转、可拆装的装配式临时办公及生活用房

新建工地临时办公用房、宿舍用房，应当使用环保型可拆装的装配式轻钢等活动房，厕所、浴室、门卫室提倡使用环保型整体式钢板房（图 3-112）。禁止将在建工程兼作办公、生活临时用房。

（2）采用装配式的场界围挡和临时路面

施工现场围挡应最大限度地利用已有围墙。新建围墙采用装配式可周转的场界围挡（图 3-113），对于围墙有特殊要求的，如临街广告等围挡，在满足材质和高度的情况下，尽最大可能设计可周转围挡和充分考虑永临结合。临时路面尽可能采用装配式可周转材料，路面要保证平整度。临时路面的设计要充分考虑永临结合。

图 3-112 可周转、可拆装的装配式临时设施

图 3-113 装配式的场界围挡

（3）采用标准化、可重复利用的作业工棚、试验用房及安全防护设施

施工现场临建设施较多，按照使用功能可分为生产设施（施工区）、办公设施、生活设施和辅助设施。临建建筑物使用年限定为5年。生产设施（作业区）要与办公、生活区分开，并保持一定的安全距离，即不在有地下管线、施工坠落半径和高压线放电距离之外，如不能躲避必须要有防护措施。作业工棚、试验用房及安全防护设施，应标准化，可重复利用（图 3-114）。

（4）利用既有建筑物、市政设施和周边道路

对于施工现场原有的满足安全使用要求的建筑物要充分利用。对于市政设施如广场、城市绿化、周边道路等，要根据现场内情况合理充分利用，为施工服务，节约材料和成本。

（5）墙、地块材饰面预先总体排版，合理选材

施工图深化设计的含义就是以原设计为依据，结合工程现场，对一些图纸具体内容不详和现场不相吻合的地方进行修改或重新设计，并且要求监督现场放线指导现场施工。墙、地块、顶棚等饰面施工没有详图规定，为满足整体效果，从节材角

度出发，避免返工的现象。要事先做好深化设计预先总体排版，合理选材。装修阶段墙、地、顶板块材饰面预先总体排版是设计延伸，主要内容是协调各相关专业单位，解决深化设计过程中所发现的问题，完善设计，优化工艺，减少材料浪费。

（6）对工程成品采取保护措施

成品保护特指在工地施工过程中的成品和半成品保护。在采购和运输过程中的保护由公司负责，在工地的保护由工程部项目经理负责。对必须提前安装的设备必须采取行之有效的保护措施，并制定相应的保护制度和保护措施。对工程成品、半成品要采取保护措施，避免碰撞损坏造成浪费。

（7）可周转工具式围墙应用技术

将原有砖砌围墙更改为可周转工具式围墙（图 3-115），可达到多次使用、节约材料的目的。采用彩钢夹芯板，特别是因为临时板房夹芯板必须用 A 级材料将后淘汰下来的 EPS 夹芯板，做到了二次利用。同时也避免了砖砌围墙待拆除后产生的大量建筑垃圾，也满足了单层彩钢板围墙强度不足的问题。

图 3-114　标准化、可重复利用的作业工棚

图 3-115　可周转工具式围墙

（8）可重复使用的标准化塑料护角

在施工成品保护时，采用塑料护角（图 3-116）。塑料护角安装使用非常方便，工厂定型加工，涂上玻璃胶粘在柱子上即可，同时上部用黄黑警示带缠绕一周，既可增加护角之间的连接，又可以增加整体的美观性。

（9）管线综合排布技术

首先，通过对管井结构、管井尺寸、管井管道轴侧图等管井基本信息的了解，综合考虑管井管道的材质、种类、型号、长度、维修等各方面因素的影响和要求，对管井管道进行初步整体排布；其次，充分考虑管道外径、管道保温层厚度、规范对管道间距的要求、管道中的附件、法兰及管件的尺寸、操作及维修的最小空间要求等细部因素，对管井管道进行精确定位；最后，根据管道的综合排布及管道的安全、功能、规范等要求对管井管道设计出合理的综合支架。

（10）外墙结构保温——装饰一体化施工技术

外墙结构保温一体化施工技术是指在建筑物外墙部位，将传统的先浇筑混凝土后施工外墙保温两道工序简化为保温板材和模板固定就位后浇筑混凝土，形成保温板材既作为保温材料又作为模板的一种新型体系，该体系主要包括保温板材、紧固件、固定模板等。在混凝土达到龄期后拆掉模板和紧固件，在保温板材表面再进行饰面施工（图 3-117）。

图 3-116　可重复使用的标准化塑料护角

图 3-117　外拼装就位、外墙固定模板拆除后，保温板与墙体形成一体

3.5　节水与水资源利用

随着人口增长和经济社会的发展，水资源的需求量也在增加，水资源供求矛盾日益突出，水资源的短缺及水环境的污染问题已成为全球关注的热点。

相关资料显示，我国河川径流量达 27115 亿 m^3，地下水资源量达 8288 亿 m^3，扣除两者之间的重复计算水量 7279 亿 m^3 后，全国多年平均水资源总量为 28124 亿 m^3，总量并不小，但由于我国人口众多、耕地绝对数量大，而且，我国多年平均年降水量为6.19亿m^3，平均年降水深648mm，低于全球陆面（834mm）和亚洲陆面（740mm）的年降水深，所以我国的水资源供求矛盾日益突出。

水是经济社会发展不可缺少的战略物资，经济社会可持续发展必须以水资源的可持续利用为支撑。使水资源可持续利用的条件主要有以下几个方面：

第一，水资源利用要遵循自然资源的可持续性法则，即在使用生物和非生物资源时，要使其在数量和速度上不超过它们的恢复再生能力，并以其最大持续产量为最大限度作为其永续供给的最大可利用程度，来保证再生资源的可持续性永存。人们在开发和利用水资源时，只有遵循上述自然资源可持续性法则，才能保证水资源的可持续利用，否则水资源的可持续性就要受到破坏。

第二，水资源的开发利用不能超过“水资源可利用量”。水资源是指可利用或可能被利用的水源，它具有可供利用的数量和质量，并且是在某一地点为满足某种用途而可被利用的。一般意义上的水资源，是指能通过水循环逐年更新的，并能够为生态环境和社会经济活动所利用的淡水，包括地表水、地下水和土壤水。但是，一方面是由于多个因素作用下的自然条件具有多变性，另一方面是因为人类对水资源的开发利用能力受经济和技术水平的限制，实际可利用的水资源数量应该会小于水资源量，再加上经济社会发展必须与水资源承载能力相协调等因素的影响，通过水文系列评价计算出的某一特定流域或地区的年平均水资源量一般不会等同于该流域（或地区）水资源的实际可利用量。

第三，水资源的开发利用程度要在水资源的承载能力范围之内。水资源承载能力是指流域（或地区）的水资源可利用量对某一特定的经济和社会发展水平的支撑能力。对某一流域（或地区）而言，在特定的经济和社会发展水平下，水资源的承载能力是相对有限的。这是因为，人口增长、城市化水平的提高、产业结构的调整等因素都会引起用水结构和用水方式的改变，从而引起用水总量的变化，最终导致水资源承载能力的变化。

为了达到节约用水的目的，在建筑施工过程中应建立完善的用水管理制度，并结合本工程特点，优先选用国家、行业推荐的节水、高效、环保的用水设备。分区域、分阶段制订明确的用水指标，减少施工活动对水资源的消耗，提高水资源利用效率。通过节水工艺、循环用水、梯级用水等措施提高水资源的综合利用效率，努力提高雨水、基坑降水、江河湖水等非传统水源用量，减少传统市政用水量。

施工现场办公区、生活区和施工区合理布置供水系统，分区域安装计量水表，及时收集用水数据，建立用水统计台账进行水耗分析。同时建立非传统水用水系统并安装水表，用于统计核算非传统水用量和效果，达到节约用水的目的。

水资源节约控制设备、设施有节水型生活用水器具（图3-118）、感应式冲水小便池（图3-119）、液压脚踏节水淋浴器（图3-120）、投币式洗衣机（图3-121）等。

图 3-118 节水型生活用水器具

图 3-119 感应式冲水小便池

图 3-120 液压脚踏节水淋浴器

图 3-121 投币式洗衣机

3.5.1 水资源节约的管理措施

（1）混凝土养护采用覆膜、喷淋设备、养护液等节水工艺。

混凝土养护是指人为造成一定的湿度和温度条件，使刚浇筑的混凝土得以正常或加速其硬化和强度增长（图 3-122）。混凝土能逐渐硬化和增长强度，是水泥水化作用的结果，而水泥的水化需要一定的温度和湿度条件。如周围环境不存在该条件时，则需人工对混凝土进行养护，如洒水养护，由于混凝土养护周期长，所以养护用水量大。

（2）管道打压采用循环水。

打压试验是判断管路连接是否可靠的常用方法，是工程建设必不可少的一项工序。在管道打压施工工艺过程中，用水量较大，打压用水应回收再利用（图 3-123）。

在施工现场应配备循环水使用系统，将水收集、过滤、增压、使用，达到循环使用水资源、节约水资源的目的。

（3）施工废水与生活废水有收集管网、处理设施和利用措施。

施工废水和生活废水经物理、化学和生物的方法处理，废水净化，减少污染，可达到废水回收、复用的目的，充分利用了水资源。应制订废水回收利用措施，回收措施分为三类：物理处理法，如三级沉淀池等；化学处理法，如膜分离技术等；生物处理法，如添加微生物技术等。建立收集管网、处理设施，制订科学合理的废水利用措施（图 3-124）。

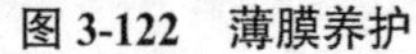

图 3-122　薄膜养护

图 3-123　循环水管道打压试验

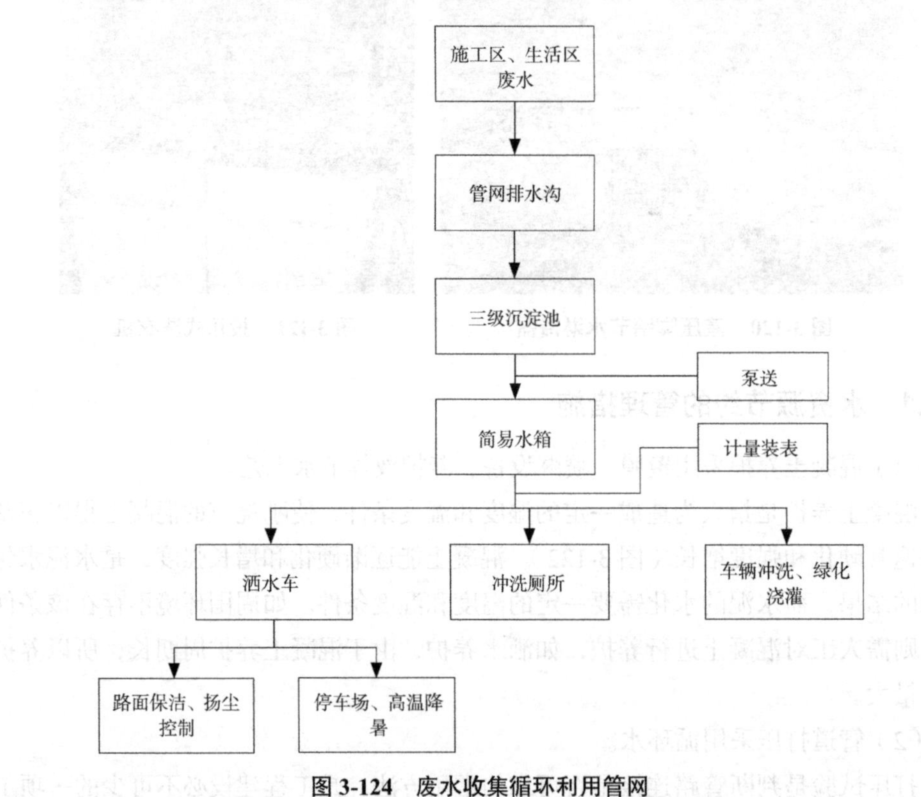

图 3-124　废水收集循环利用管网

（4）雨水和基坑降水产生的地下水有收集管网、处理设施和利用措施。

雨水和基坑降水会产生大量的水资源，妥善地收集存储并加以利用是可持续理念的具体实践。应对基坑降水和雨水进行收集存储，同时利用场内地势高差、临建屋面将雨水有组织地排水汇流收集后，经过渗蓄、沉淀等处理，在施工现场循环利用（图 3-125）。

（5）喷洒路面、绿化浇灌采用非传统水源。

在施工现场洒水抑制扬尘、绿化浇灌都需要大量的水资源（图 3-126）。洒水抑制扬尘、绿化浇灌对水资源的水质要求不高，项目部应优先采用非自来水水源。施工现场可采用的非自来水水源包括非传统水源，以及江、河、湖、海水源，地下水、雨水等。非自来水水源在使用前，应达到不同用水需求的对应要求。

（6）现场冲洗机具、设备和车辆采用非传统水源。

出场车辆、机械都比较泥泞污浊，同时数量众多，对冲洗水质要求不高且消耗大量水资源。应采取循环水冲洗措施，建立循环水收集处理装置，对施工废水和雨水进行收集、沉淀、处理、吸纳等多个工序后，用于冲洗车辆。利用循环水，提高循环水使用率（图 3-127）。

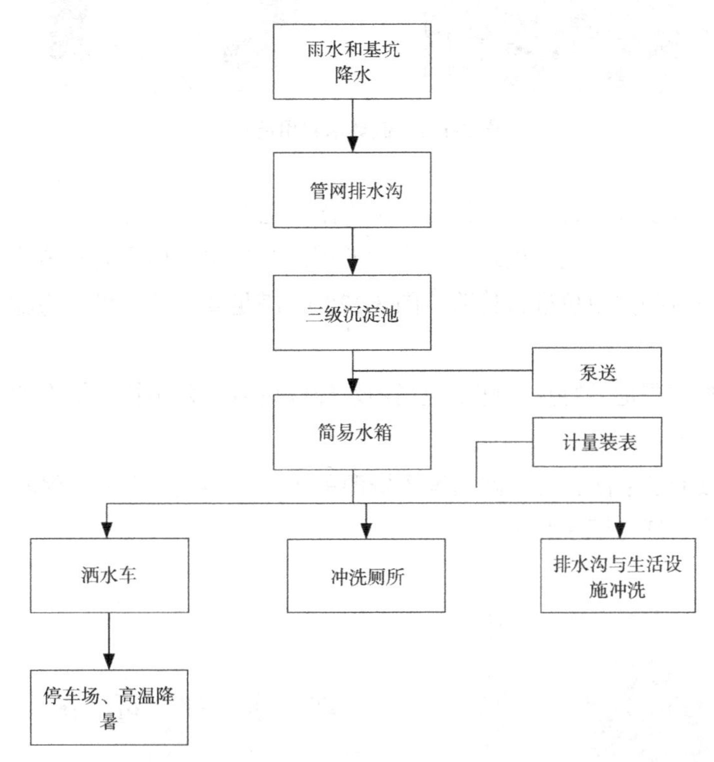

图 3-125　雨水和基坑降水收集循环利用管网

图 3-126　洒水抑制扬尘、循环水浇灌绿化

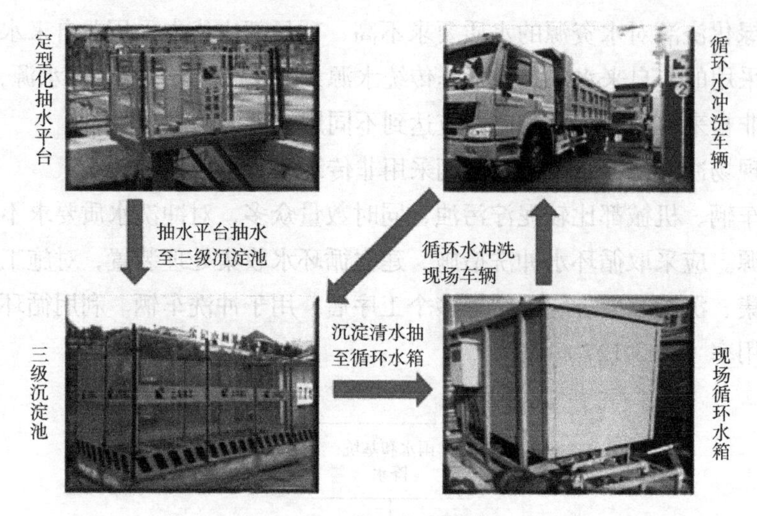

图 3-127 循环水利用流程

（7）非传统水源经过处理和检验合格后作为施工、生活用水。

通过物理处理法、化学处理法、生物处理法等方法处理后的非传统水通过有检验资质的第三方相关单位进行检验（图 3-128），满足要求的，可作为施工、生活用水使用。

（8）根据工程地域特点，施工现场用水经许可后，采用符合标准的江、河、湖泊水源。

其评价要点为：江、河、湖泊等水资源的第三方检测报告；工程所在地域主管部门的取水许可证（图 3-129）。

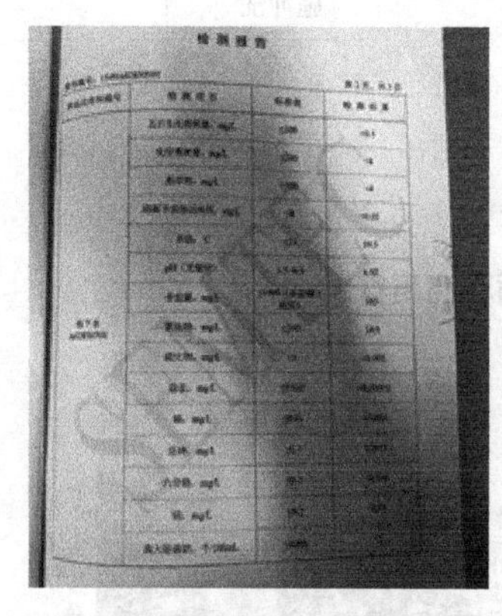
检测报告

图 3-128 非传统水源监测报告

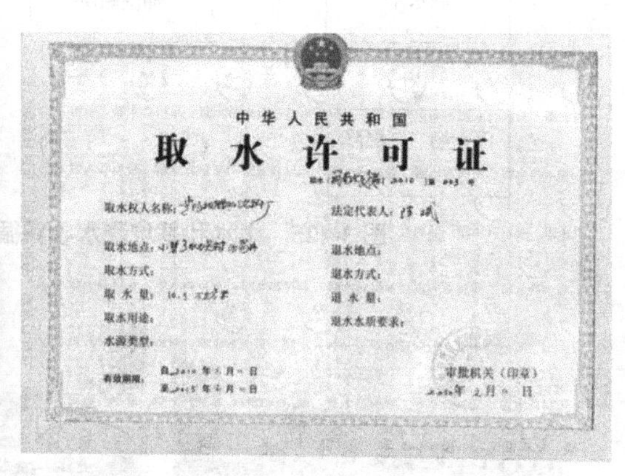
中华人民共和国

取水许可证

取水权人名称：　法定代表人：

取水地点：　退水地点：

取水方式：　退水方式：

取水量：　退水量：

取水用途：　退水水质要求：

水源类型：

有效期限：　审批机关（印章）

图 3-129 取水许可证

（9）建立非传统水源使用台账，统计使用量。

建立非传统水和自来水使用台账，分别对两种水源利用情况进行全面、真实的统计，标明用途。对使用情况进行对比分析（图表分析），形成报告，并据此优化水资源利用措施，持续改进（表 3-5）。

水资源使用台账　　　　**表 3-5**

工程名称：
用水指标：　m^3/万元
非传统水源利用占总用水量：　%

年　月	施工内容	完成产值（万元）	水资源计划用量（m^3）	实际消耗（m^3）		水资源节超情况（m^3）	万元产值水资源实际消耗
				市政水（m^3）	非传统水源（m^3）		

3.5.2　水资源节约的技术措施

（1）“智芯”标养室。

“智芯”标养室属于五建集团自主研发的蒸汽养护标养室。图 3-130 所示为“智芯”标养室工作设备体系，其湿度自动调节，养护环境稳定，改装后的集装箱保温隔热效果好，能源消耗小，蒸汽养护用水量仅为水养的 1/10，节约水资源，实现标准化、信息化管理，易周转。

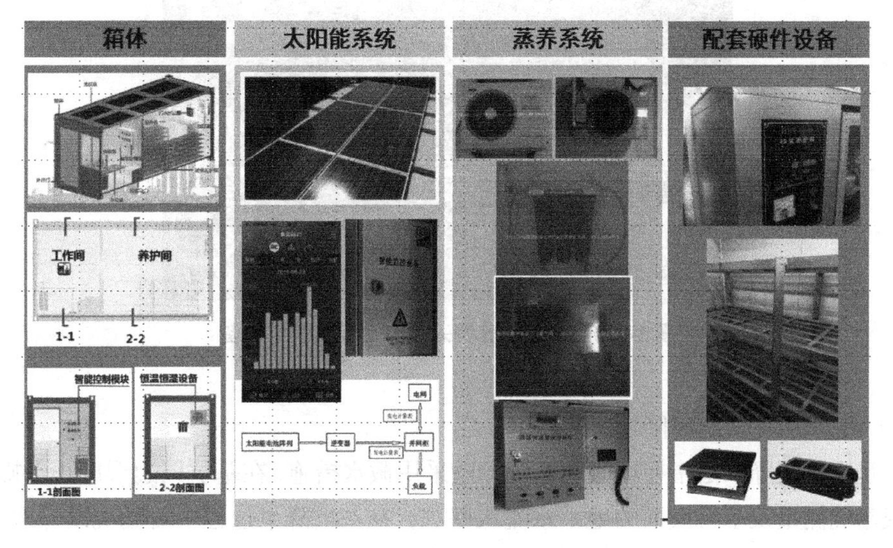

图 3-130　“智芯”标养室工作设备体系

（2）现场污水经膜分离法处理，中水回收利用。

膜分离法是利用特殊薄膜对液体中的某些成分进行选择性透过方法的统称（图 3-131）。通过膜分离处理的中水，可以用于现场降尘、绿化灌溉、车辆道路冲洗，如经过第三方检测鉴定后符合要求，可用于建设工程中。

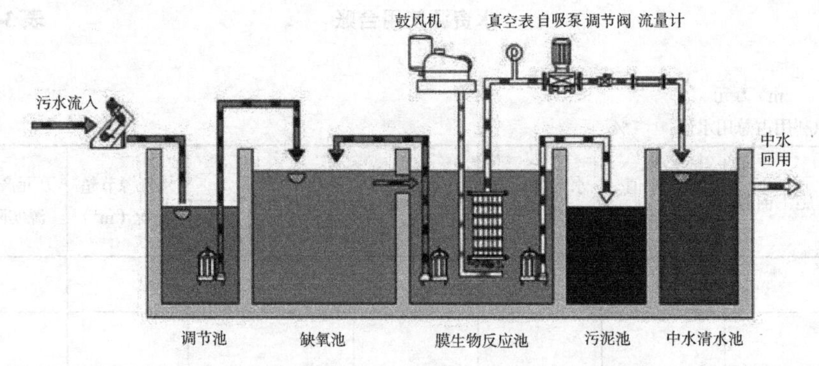

图 3-131　膜分离法处理废水工作流程示意图

（3）混凝土养护采用自动控制喷淋设备。

施工现场使用喷淋设备对混凝土进行养护。传统蓄水养护对水体破坏较为严重，耗水量较大；而如采用喷淋设备对混凝土进行喷淋养护，既可以保证养护的质量，同时可以减少水资源的消耗（图 3-132）。

图 3-132　混凝土养护采用自动控制喷淋设备

（4）采用基坑封闭降水施工技术。

基坑封闭降水是指在坑底和基坑侧壁采用截水措施，在基坑周边形成止水帷幕，阻截基坑侧壁及基坑底面的地下水流入基坑，在基坑降水过程中对基坑以外地下水位不产生影响的降水方法。基坑施工时应按需降水或隔离水源。

在我国沿海地区宜采用地下连续墙或护坡桩 + 搅拌桩止水帷幕的地下水封闭措施；内陆地区宜采用护坡桩 + 旋喷桩止水帷幕的地下水封闭措施；河流阶地地区宜采用双排或三排搅拌桩对基坑进行封闭，同时兼做支护的地下水封闭措施。

基坑封闭降水施工（图 3-133）不仅保证了基坑的安全，减少了地下水抽取，同时也在短时间内为项目提供了大量非传统水资源，可以结合工程实际加以利用。

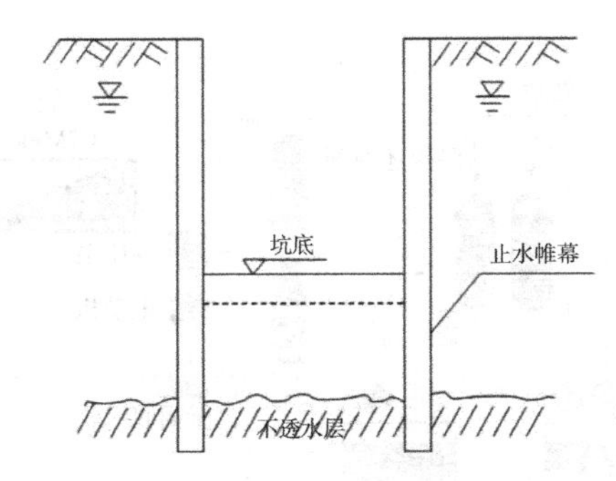

图 3-133　基坑封闭降水施工

（5）基坑降水收集利用。

对基坑降水和雨水进行收集存储，同时利用场内地势高差、临建屋面将雨水通过有组织排水汇流收集后，经过渗蓄、沉淀等处理，集中储存可用于施工现场车辆冲洗、降尘、绿化和卫生间冲洗以及消防用水等，水质经过专业检测机构检测合格的水体，还可用于结构养护及现场砌筑抹灰施工等。

（6）采用无污染地下水回灌。

工程需要回灌地下水时，回灌的水源应保证无污染，确保回灌水源有第三方检测报告，水质符合当地有关部门要求。对回灌地下水应提前策划，保证实施过程管控，编制应急预案，确保回灌地下水无污染，最终达到效果，图 3-134 所示为无污染地下水回灌工作原理。

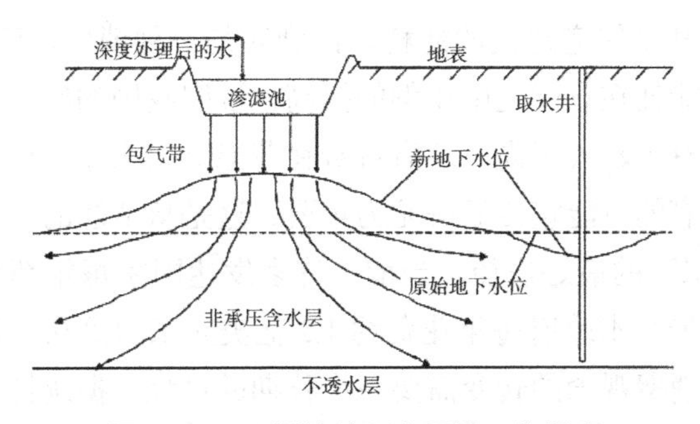

图 3-134　无污染地下水回灌工作原理

（7）设置在海岛海岸的无市政管网接入条件的工程项目，采用海水淡化系统。

海水淡化是通过海水脱盐生产淡水，是实现水资源利用的开源增量技术，可以增加淡水总量，且不受时空和气候影响，可以保障稳定供水。图 3-135 所示为海水淡化工作原理。在无市政管网接入的海岛海岸工程项目，为了满足施工和生活需求宜设置海水淡化系统。海水淡化方法有海水冻结法、电渗析法、蒸馏法、反渗透法、碳酸铵离子交换法。目前，蒸馏法及反渗透法是市场中的主流。现场设置的海水淡化系统产出的淡化水，需通过专项水质检测，达标后方可使用。

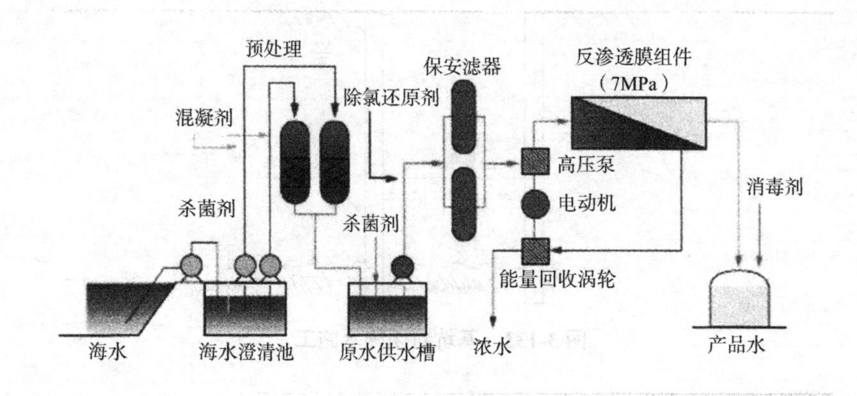

图 3-135　海水淡化工作原理

3.6　节能与能源利用

我国人口众多，能源供应体系面临供不应求的严重挑战，人均拥有量远低于世界平均水平。据统计，我国目前煤炭、石油、天然气人均剩余可采储量分别只有世界平均水平的 58.6%、7.69% 和 7.05%。而且，现阶段我国正处在工业化、城镇化快速发展的重要时期，能源资源的消耗强度大，能源需求不断增长，能源供需矛盾愈显突出。所以，节能降耗是我国经济发展的一项长远战略方针，其意义不仅仅是节约资源，还与生态环境的保护、社会经济的可持续发展密切相关，也正是后者的压力促进了节能降耗工作的开展。

建筑能耗，尤其是住宅建筑的能耗，说到底是一种消费。建筑能耗（实耗值）的增加，以及建筑能耗在总能耗中比例的提高，说明我国的经济结构比较合理，也说明人民生活水平有了较大提高。政府自身在节能上怎么做，往往会影响民众的消费方式，所以，政府的节能宣传显得尤为重要，这是从节能的“工程意识”转变到“全社会的系统意识”的最好途径。当前，许多发达国家每年都会花费巨大的资金来做节能宣传。比如日本政府每年花费约 1.2 亿美元来向民众宣传环保、节能等理念。但是，老百姓消费观念的转变需要一个长期的过程。据统计，我国节能灯产量占世界总产量的 90% 左右，但是，其中 70% 以上都出口了。节能产品的使用给个人带来的收益是经济效益，而国家收到的不仅是经济效益，还有社会效益、环境效益。所以，国家应加大这方面的投入和宣传。节能是个笼统的概念，对节能属性的认识，有助于发掘节能资源。

在建筑施工过程中应建立完善的用能管理制度，结合本工程特点，优先选用国家、行业推荐的节能、高效、环保的施工机械设备、机具、照明设备等，分区域、分阶段制订明确的用能指标，做好用能记录台账，减少施工活动对能源的消耗，提高能源利用效率。同时充分利用太阳能、地热、空气能和风能等非传统可再生能源，并积极推广采用建筑节能技术。

（1）施工现场用电分区计量

施工现场办公区、生活区和施工区合理布置供电系统，分区域安装计量电表，及时收集用电数据，建立用电统计台账，进行能耗分析。同时对施工现场大型耗能机具如塔式起重机、施工电梯等单独装表计量。

（2）施工现场用油计量

施工现场根据实际情况，合理布置、运用挖掘机、汽车起重机、汽车泵、叉车等用油设备及时收集用油数据，建立用油统计台账进行能耗分析。

能源节约控制设备、设施有：变频塔机（图 3-136）、变频施工升降机（图 3-137）、LED 照明灯（图 3-138）、计量电表（图 3-139）、空气能热水器（图 3-140）、太阳能灯具（图 3-141）、智能限电器（图 3-142）等。

图 3-136　变频塔机

图 3-137　变频施工升降机

图 3-138　LED 照明灯

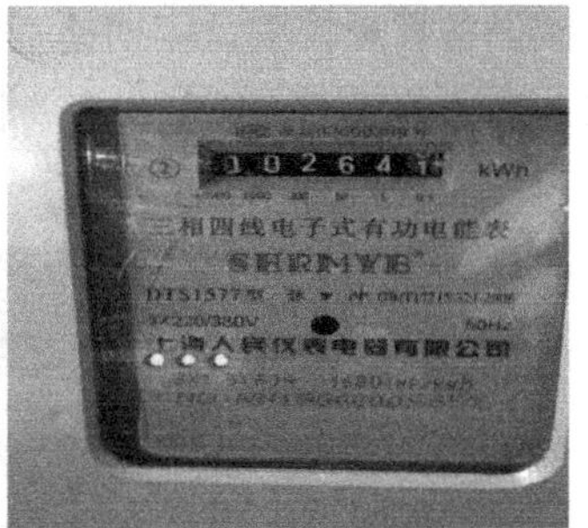

图 3-139　计量电表

图 3-140　空气能热水器

图 3-141　太阳能灯具

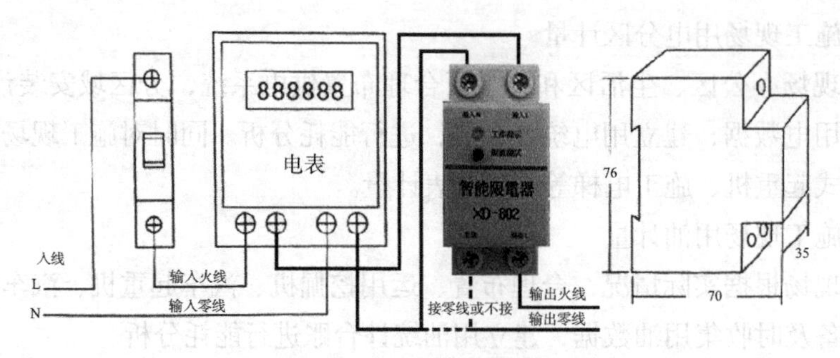

图 3-142　智能限电器

3.6.1　资源节约的管理措施

（1）合理安排施工工序和施工进度，共享施工机具资源，减少垂直运输设备能耗，避免集中使用大功率设备。

在编制施工组织设计时，根据工期要求合理安排施工工序和作业面，考虑机械设备配置在保证该区域施工进度的情况下还可兼顾其他区域的施工，各施工区域共享施工机具资源，不必同时配置，减少设备数量，避免造成设备闲置，提高各类机械设备的使用率。在施工工艺方面，应优先考虑耗用电能或其他能耗较少的施工工艺，以减少设备的投入。同时，优化施工工序和施工方案，避免集中使用大功率设备，集中使用大功率设备不仅会加大前端临时用电系统的配置，而且因其使用区域不广的特点容易造成资源闲置。

（2）建立机械设备管理档案，定期检查保养。

建立机械设备管理档案，定期检查保养，由专人管理，使设备保持低能耗、高效率的状态，淘汰落后的高能耗设备（图 3-143）。

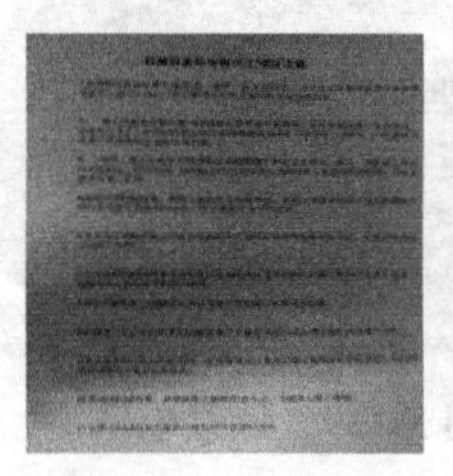
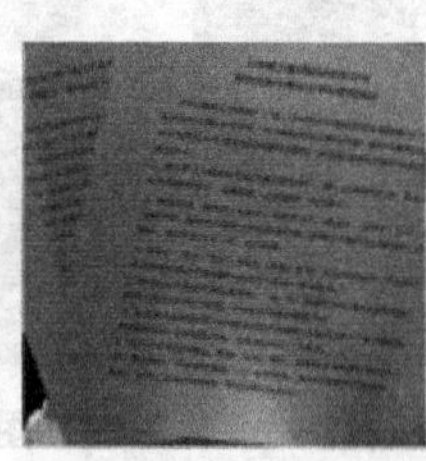

图 3-143　机械管理制度及交底机械保养

（3）高耗能设备单独配置计量仪器，定期监控能源利用情况，并有记录。

对于使用的塔式起重机、施工电梯等高耗能设备单独配置计量仪器，并有记录，监控其能耗情况，定期进行能耗数据分析，发现与实际产值有偏差时分析原因，采取相应措施及时纠偏，如燃油设备使用节能型油料添加剂，确保设备高效运行。

（4）建筑材料及设备的选用应根据就近原则，500km 以内生产的建筑材料及设备重量占比大于 70%。

材料运距指施工现场至材料产地的距离。进场材料可依据施工图纸工程量进行核算，对无法进行图纸核量的可施工现场过磅称重，进行统计，统计格式如图 3-144 所示。

序号	名称	产地	预算总价（元）
1	混凝土	上海建工材料工程有限公司第四构件厂	40000000
2	加气块	上海舟润实业有限公司	3580000
3	砂石	上海松劲实业有限公司	950000
4	水泥	上海松劲实业有限公司	765000
5	钢材	上海融增建筑劳务有限公司	230000000
6	模板	多数其他项目周转	890000
7	门窗	宜兴市盛唐门窗有限公司	13500000
8	消防器材	青鸟消防股份有限公司	6300000
9	安装材料	常州市宏豪制钢有限公司 上海荣固建筑科技有限公司	112000000
10	装饰材料	上海津达建筑材料有限公司 上海松劲实业有限公司 浙江宇画节能材料科技有限公司	101015000
500km 内材料预算总价			453010000
总预算			509000000
占比			89%

图 3-144　施工现场主要材料运距占比

（5）合理布置施工总平面图，避免现场二次搬运。

总平面布置图应有垂直运输设备塔式起重机、电梯；应有汽车式起重机等起重设备场地；施工现场设置环形或可到达塔式起重机覆盖区域附近硬化路面；合理设置材料堆场；合理安排施工工序，避免工序倒置造成材料堆场二次搬迁（图 3-145）。

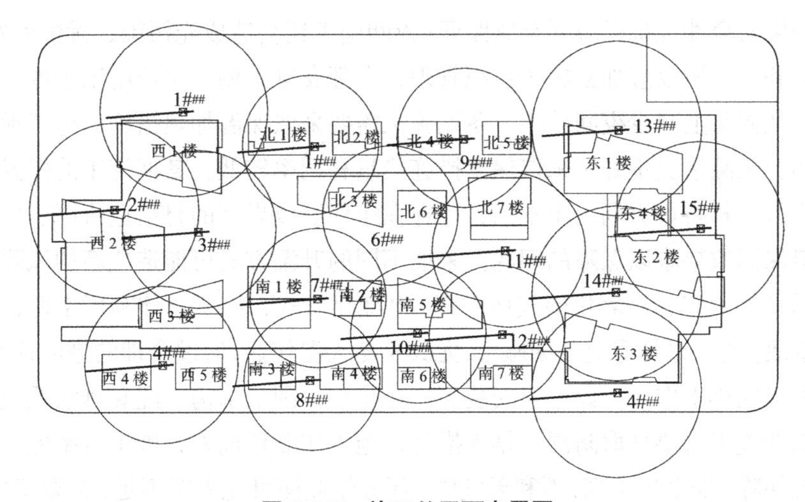

图 3-145　施工总平面布置图

（6）施工技术和施工工艺选择时考虑相关的节能因素。

施工技术的进步和施工工艺的改进，有助于降低能耗。施工技术的进步，是行业技术水平的整体提高，是社会进步的表现之一，行业内的从业者都是受益者；如超高泵送混凝土技术，较传统的混凝土浇筑方式节省了大量人力，极大地提高了施工效率，缩短了工期，混凝土浇筑质量更有保障。施工工艺的选择，与个人、企业的技术沉淀积累、施工组织管理水平有关；如采用“双机抬吊”技术（图3-146），在现场不增加起重能力更强的机械的情况下，通过两台起重设备互相配合，也同样能够满足吊装的要求。施工单位在施工组织过程中要积极采用先进施工技术，优化施工工艺，运用得当既能提高经济效益，又能满足建筑与市政工程绿色施工要求。

图3-146 “双机抬吊”施工工艺

（7）减少夜间作业、冬期施工和雨期施工时间。

夜间作业需要增加照明措施，额外消耗能源，而且夜间作业环境差，施工质量和作业环境安全性也难以得到有效保证；夜间施工还会造成光污染，扰民引发投诉，影响社会和谐，所以应加强施工组织管理，合理安排工期，保证施工进度，避免抢赶工期，从源头上减少夜间施工。冬期施工需要采取保温加热措施，施工现场为在建构筑物，围蔽情况不好，采取保温措施热量利用率较低。冬期施工的保温材料也是额外投入，材料重复利用率不高，还存在用保温效果好的材料造价高、用便宜的保温材料保温效果难以保障的问题。采取不同的升温方式可能造成新的风险，明火加热极易诱发火灾、一氧化碳气体中毒；电加热方式，能量总体利用率低，可能导致触电事故。所以尽量避免冬期施工，尤其是冬天湿作业，通过合理的进度计划安排，冬天可适当安排干作业，如门窗安装等。在防水、围蔽结构、配套排水系统投入使用前，雨期施工需要采取防雨、排水措施，施工作业环境差，施工效率低、施工质量难以有保障、安全风险高；不利天气中，部分作业面可能光照不足，需要增加照明，导致用电量增加。以上三种条件作业均需增加能耗，应尽量避免。

3.6.2　资源节约的技术措施

（1）施工现场临时变压器安装功率补偿技术

无功功率补偿的设备主要有同步补偿机和并联电容器，施工现场主要采用并联电容器装置，可明显提高功率因数，改善设备运行性能，降低变压器的无功功率损耗，从而降低电能的损耗。施工现场电动机和电焊机等电感性设备较多，经现场实际数据采集分析，没有无功功率补偿的变压器，功率因数在 0.5 左右，而设置无功功率补偿的变压器（图 3-147），功率因数可达到 0.9 以上。

（2）太阳能热水供应节能技术

施工现场热水供应节能技术是利用太阳能集热器（图 3-148）收集太阳辐射将水加热，节能环保，回收率较高且使用寿命较长。太阳能热水系统可分为自然循环式太阳能热水器、强制循环式太阳能热水系统及储值式太阳能热水器等。太阳能集热器按照集热器类型分为平板太阳能热水系统、真空管太阳能热水系统、U 形管太阳能热水系统、热管太阳能热水系统、陶瓷太阳能热水系统。其中最常用的是平板式太阳能热水系统，其特点是光电自动互补、自动转换，24h 供应热水；集热器和水箱采用自然温差循环交换和强制循环，自动上水，温度任意设定，不需人为控制，操作简单；承压式设计出水，使用舒适；集热器介质不结冻，不走水，不会出现炸管现象，维护工作少，使用寿命长，集安全、环保、节能于一体。

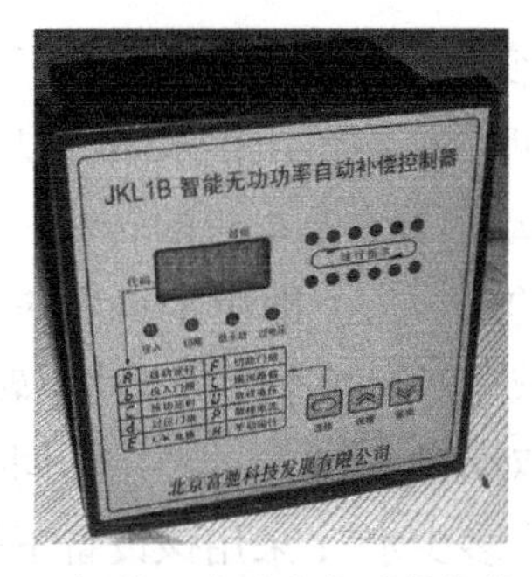

图 3-147　智能无功功率自动补偿控制器

图 3-148　太阳能集热器

（3）声光控制器技术

声光控开关是由声音量和光照度来控制的墙壁开关，当环境的亮度达到某个设定值以下，同时环境的噪声超过某个值，这种开关就会开启。当环境的亮度达到某个设定值以下，同时环境的噪声超过某个值，这种开关就会开启。开关面板表面装有光敏二极管，内部装有柱极体话筒。而光敏二极管的敏感效应，只有在黑暗时才起作用（可用液晶万用表测得数值）。也就是说，当天色变暗到一定程度，光敏二极管感应后会在电子线路板上产生一个脉冲电流，使光敏二极管一路电路处在关闭状态，这时在楼梯口等处只要有响声，柱极体话筒就会同样产生脉冲电流，这时声光控制开关电路就连通起作用。

（4）时钟控制器技术

时钟控制器技术是在传统开关箱内增加时钟定时器和接触器，通过带动定时刻度盘，在预先设定的时刻断开或闭合电气触点（图 3-149），可运用到施工现场用于照明用途的塔式起重机镝灯、聚光灯等，操作简易，便于安全控制。

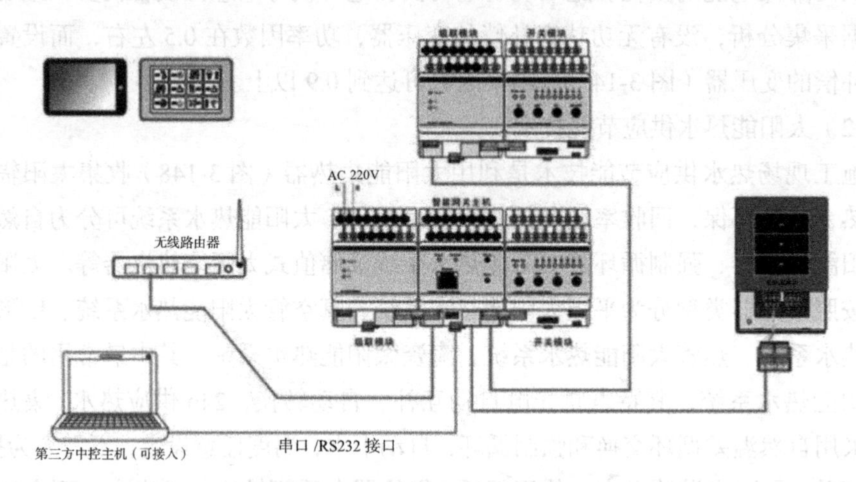

图 3-149　时钟控制器工作原理

（5）变频恒压供水设备的应用

变频恒压供水是指在供水管网中用水量发生变化时，出口压力保持不变的供水方式。图 3-150 所示为变频恒压供水设备工作原理。变频恒压供水系统以管网水压为设定参数，通过微机控制变频器的输出频率自动调节水泵电机的转速，实现管网水压的闭环调节，使供水系统自动恒稳于设定的压力值，即用水量增加时，频率升高，水泵转速加快，供水量相应增大；用水量减少时，频率降低，水泵转速减慢，供水量亦相应减小，这样就保证了供水效率用户对水压和水量的要求，同时达到了提高供水品质和供水效率的目的，“用多少水，供多少水”；采用该设备不须建造高位水箱、水塔，水质无二次污染，是一种理想的现代化建筑供水设备。

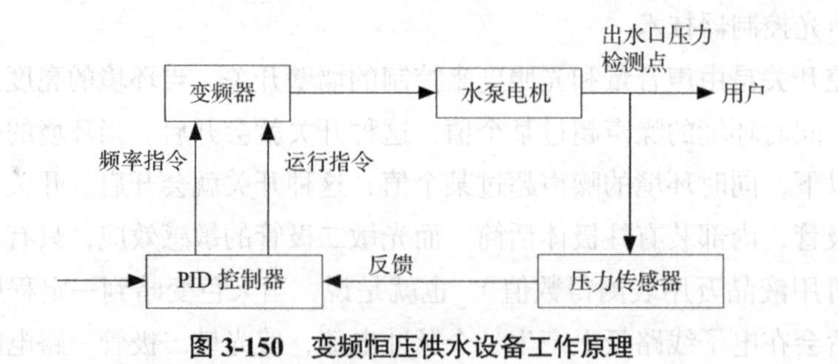

图 3-150　变频恒压供水设备工作原理

（6）生活区低压配电技术

通过设置整流器将220V交流市电转化为24V直流电，并将24V直流电引入各活动板房中，在活动板房中设置直接使用24V直流电的LED灯，以及DC-DC转换电路（图3-151），将24V直流电转化为5V直流电，并以USB承口提供给住户，作为手机等电子设备的电插口，如图3-152所示。

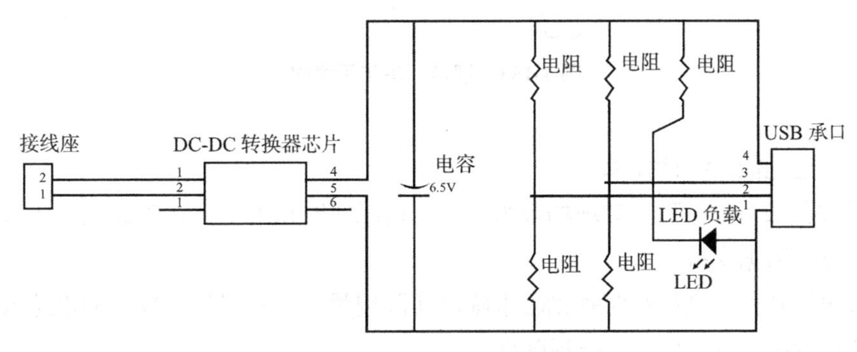

图3-151　DC-DC转换电路图

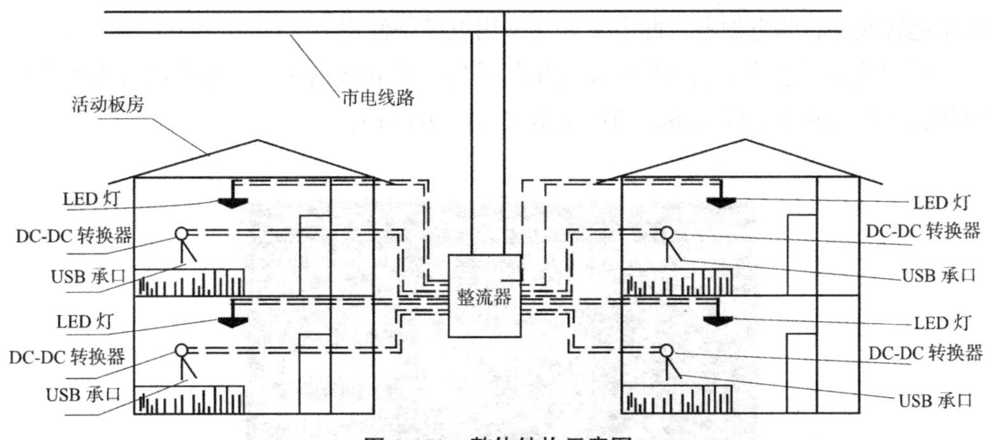

图3-152　整体结构示意图

（7）地下工程混凝土施工采用溜槽或串筒浇筑

向下泵送的混凝土采用溜槽或串筒，可以减少泵送设备用能。该技术主要是充分利用流体特性，浇筑过程中混凝土在重力作用下具有较好的流动性，向下泵送过程中，无需借助外部动力，即可将混凝土输送至目标部位。其中溜槽可以浇筑水平、竖向构件，串筒主要浇筑竖向构件（图3-153）。

（8）新能源燃料利用

新能源燃料主要包括三种：第一种统称醇基燃料，包含各类碱甲醇或乙醇的燃料；第二种为植物油，也就是生物柴油，以脂肪酸甲酯为主；第三种为无醇燃料，无醇新型能源油。在施工现场比较适合使用醇基燃料，可用于各种车辆、锅炉等。

该原料来源广泛、价格低廉，可提高资源综合利用，减少环境污染。

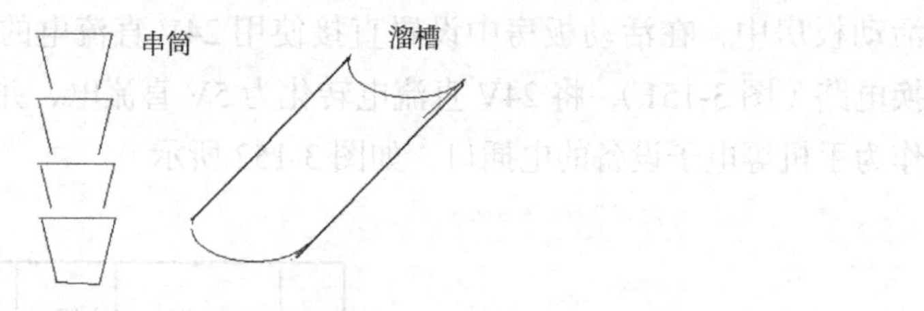

图 3-153　溜槽、串筒示意图

（9）远程能耗统计技术

①数据采集与处理，对现场节水、节电情况实时精准统计，为绿色施工效果评价提供可靠数据支持。

②报警功能，剖析每时每刻临水临电实际用量，针对消耗量较大的设施或系统制订相应解决方案，以管控能耗降低成本。

③曲线报表，对能耗高峰阶段不正常能耗曲线和峰值进行监测分析，有效监控临水跑冒滴漏，临电偷电、漏电及大功率用电设备使用。

通过项目绿色施工能耗信息化数据的采集，建立数据库，分析出同等类似项目整体施工阶段临水、临电系统的用量情况（图 3-154）。

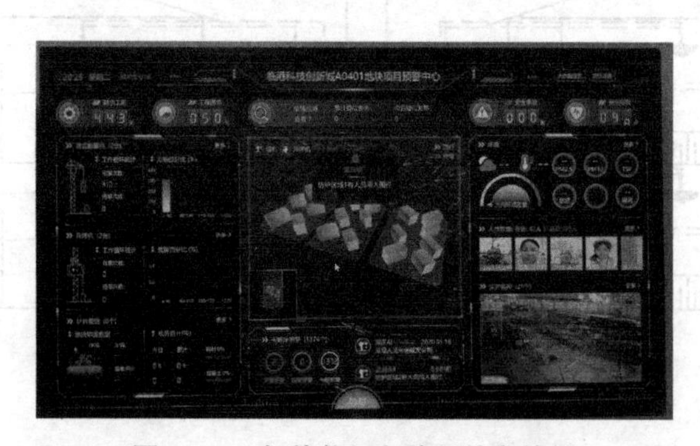

图 3-154　智能化远程能耗信息终端

3.7 节地与土地资源保护

土壤作为地理环境的组成要素，是指位于地球陆地表面，包括浅层水地区的具有肥力、能生长植物的疏松层，由矿物质、有机质、水分和空气等物质组成，是一个非常复杂的系统。

从资源经济学角度来看，土地资源是人类发展过程中必不可少的资源，而我国土地资源的现状是：①人口膨胀致使城市化的进程进一步加快，也在一步步地侵蚀和毁灭土壤的肥力；②过度过滥使用农药化肥，使土壤质量急剧下降；③污水灌溉、污泥肥田、固体废物和危险废物的土壤填埋、土壤的盐碱化、土地沙漠化对土壤的污染和破坏显见又难以根治。西部地区（特别是西北地区）土壤退化与污染状况非常严重，仅西北五省及内蒙古自治区的荒漠化土地面积就超过 212.8 万 km^2，已占全国荒漠化面积的 81%，其中重度荒漠化土地就有 102 万 km^2。目前我国受污染的耕地近 2000 万 hm^2，约占耕地面积的 1/5。

基于上述因素，对于土壤的保护应该说是非常迫切的。我国现行法律对土壤的保护注重的仅仅只是其经济利益的可持续性，对土壤保护是远远不够的。

在建筑施工中，对于用地的节约和保护应提前规划，将施工总平面布置的科学、合理、紧凑，并实施动态管理。施工作业车间、办公、生活、道路等临时设施的占地面积按不超出用地指标值进行设计，并根据现场不同阶段布置施工平面。施工现场应积极推广使用集中加工或工厂化预制半成品。

节地的主要设备、设施有移动式临设厕所（图 3-155）、定型化加工棚（图 3-156）等。

图 3-155　移动式临设厕所

图 3-156　定型化加工棚

3.7.1　节地与土地资源保护的管理措施

（1）施工总平面根据功能分区集中布置

施工总平面根据施工规模及现场条件等合理分区，确定临时设施，如临时加工厂、现场作业车间及材料堆场、办公生活设施等占地指标。临时设施的占地面积应按用地指标值进行设计。施工总平面图（图 3-157）应科学、合理，宜运用施工现场布置软件，建立三维模型，直观、高效进行布置。按功能分区集中布置，办公、生活区与施工、生产区应分开布置，并利用标准化的设施进行分隔。合理划分施工分区，方便施工，最大限度地减少二次搬运。

（2）采取措施，防止施工现场土壤侵蚀、水土流失

建筑工程施工现场应避免裸露土体，对裸露土体及不能及时清运的土方可采用防尘网、土工布等及时覆盖，防止土壤侵蚀、水土流失（图 3-158）。

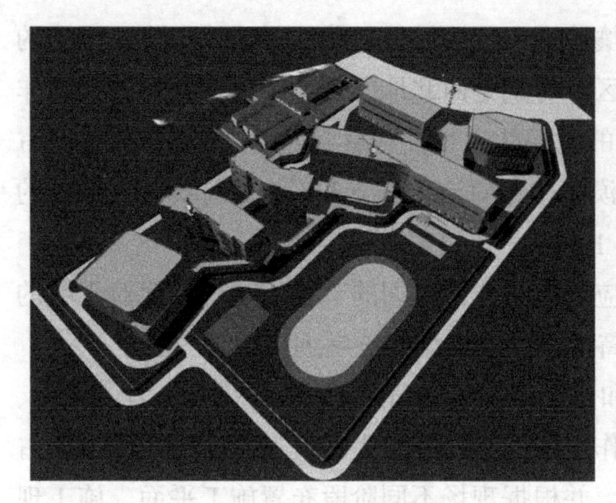

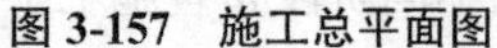
图 3-157　施工总平面图

图 3-158　施工现场防尘网覆盖

（3）合理利用山地、荒地作为取、弃土场的用地

土方施工期间，应对土方开挖、土方回填、余土外运做好施工现场的土方平衡策划，回填取土、外运弃土在取得当地主管部门许可的情况下，合理利用山地、荒地，不侵占耕地。

（4）优化土石方工程施工方案，减少土方开挖和回填量

优化土石方工程施工方案。按照土方平衡的原则优化土方开挖、土方回填、余土外运。结合现场实际，优化基坑支护及土方开挖，尽量减少土方开挖量和回填量。

（5）危险品、化学品存放处采取隔离措施

施工现场的危险品、化学品较多，如乙炔、氧气瓶、涂料等。采用隔离措施降低危险品、化学品造成的污染，起到保护水资源的目的。

项目部应制订危险品、化学品隔离措施，如场地硬化、分类储存、设置危险品仓库、配备消防设施等，从业人员做好安全教育工作，配备防护用品，并指派专人管理，做好危险品、化学品进出台账（表 3-6），编制危险品、化学品应急预案。

危险品、化学品进出入台账　　表 3-6

项目名称：

序号	品种名称	日期	进场数量	出场数量	库存数量	签字确认

（6）污水排放管道不得渗漏

施工废水主要为基坑废水、砂石料加工系统和浇筑等含悬浮物冲洗废水、冲洗废水、施工车辆含油冲洗水、混凝土养护和混凝土搅拌系统冲洗碱性废水等。生活

废水主要为施工人员洗涤、冲厕等日常用水。项目部应制订现场污水排放措施，绘制排水组织图，施工区应设置沉淀池、集水井、排水沟等，生活区应设置隔油池、化粪池、雨水井、排水沟等，处理达到项目所在地污水排放标准方可排放。排放过程中应做到污水排放无泄漏，应制订应急预案，起到保护水资源的目的。

（7）机用废油等有害液体回收，不得随意排放

机用废油是那些源于石油或者合成油，已经被使用过的机械油，车辆、机械维修和拆解过程中产生的废发动机油、制动器油、自动变速器油、齿轮油等废润滑油。机用废油对水体易造成巨大污染，而且很难复原。

在机械保养过程中易产生机用废油，保养应有制度与措施，避免“跑、冒、滴、漏”，同时建立废油登记台账（表 3-7），编制应急预案，避免随意排放对水资源造成污染。

废弃机油处理台账　　　　**表 3-7**

项目名称：

日期	废弃机油来源	回收数量	处理方式	再利用措施	签字确认
合计					

（8）工程施工完成后，进行地貌和植被复原

工程施工完成后，应尽量减弱工程建设对地形地貌及原有环境植被的影响，特别是在脆弱的生态环境条件下，要做好改善和恢复损毁的土地植被，加强对排土场人工和自然植被的保护，改善环境生态，进行植被恢复与重建。

3.7.2　节地与土地资源保护的技术措施

（1）施工现场内道路环通

施工现场道路规划应按照临时道路与正式道路相结合的规划原则，施工现场内应形成环形通路，减少道路占用土地（图 3-159）。可先行进行总体管网、道路施工，再利用已完正式道路进行单体工程施工。仓库、加工车间、材料堆场等布置应尽量靠近已有交通线路或即将修建的正式或临时道路，便于材料装卸，缩短材料场内运输距离。

（2）利用原有建筑、绿化植被等设施

充分利用施工用地范围内的原有建筑、绿化植被等设施。可利用原有围墙、道路用于施工，同时避免二次拆除产生垃圾以及建设固体废弃物的排放。施工现场的绿化可以用于美化施工环境，提升施工作业舒适度（图 3-160）。

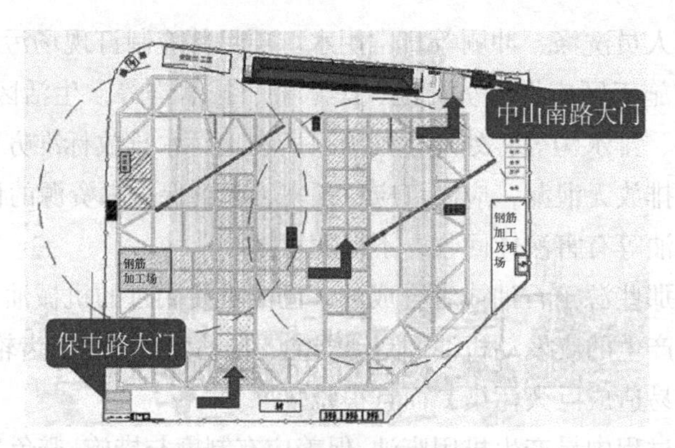

图 3-159　道路环通示意图

图 3-160　原有绿化植被再利用

（3）集装箱式活动房

施工现场临时设施布置应注意远近结合，尽量减少和避免大量临时建筑拆迁和场地搬迁。临时建筑可采用集装箱式活动房，利于吊装移动，可重复周转使用，节约用地（图 3-161）。

图 3-161　集装箱式活动房

（4）工厂化集中加工

施工现场设置专用工厂化预制加工车间，安装工程、外墙保温、各类块材料，以及混凝土构件预制等施工实施工厂化集中加工，实现半成品材料的集中加工，统一配送，减少施工现场用地需求（图 3-162）。

图 3-162 自动化装配式混凝土预制构件工厂

3.8 人力资源和劳动力保护

当前我国正在完成人力资源大国向人力资源强国的转变，人力资源结构正在逐步转型升级。建筑业作为国民经济中的重要支柱产业之一（2018 年从业人数为 5563.3 万人，占全社会就业人数比重约 7%），将面临越来越大的劳动力短缺压力。人力资源节约与保护已经成为整个建筑行业的主流旋律。精细化人力资源管理，保障人员作业安全，采用新技术、新工艺减少劳动力需求，是绿色施工中人力资源节约与保护的重要措施，也是建筑业的大势所趋。

人力资源和劳动力保护应在项目开工前期做好策划，根据工程实际情况和施工需要确定指标，制订实施方案，做好人力资源管理和劳动力保护制度，对人力资源实行动态管理。

项目结合工程实际，确定明确的人力资源和劳动力保护指标，作为后期节地效果评估的依据。目标的确定须结合工程实际，因地制宜，在满足施工需要的前提下最大限度保护劳动力。

人力资源和劳动力保护的主要设备、设施有：人脸识别系统（图 3-163）、活动室（图 3-164）、医务室（图 3-165）、人员应急抢救设备和药物（图 3-166）、职工之家（图 3-167）等。

图 3-163 人脸识别系统

图 3-164 活动室

图 3-165 医务室

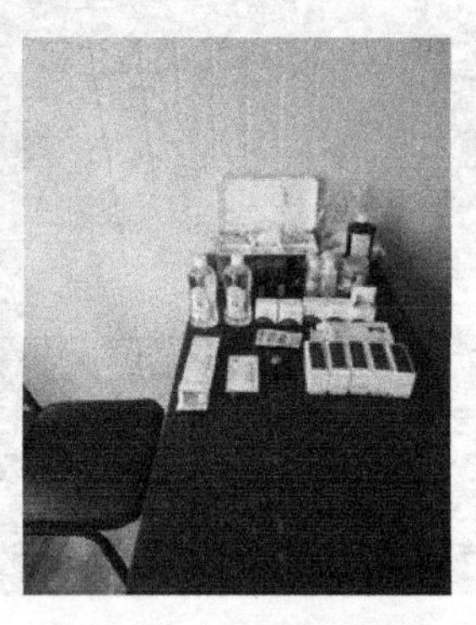

图 3-166 人员应急抢救设备和药物

图 3-167 职工之家

3.8.1 人力资源和劳动力保护的管理措施

（1）人员健康保障措施

人员健康保障是人力资源节约与保护的最基础工作。建筑业施工过程中存在大量可能危害作业人员健康的风险源，如建筑施工粉尘易引发尘肺病，油漆作业引发中毒等。项目部应采取必要措施，如定期职业健康检查、配备安全防护用品、提供安全的作业环境和健康卫生的生活环境等保障作业人员的健康。①制订职业病预防措施，定期对高原地区施工人员、从事有职业病危害作业的人员进行体检；②生活区、办公区、生产区有专人负责环境卫生；③生活区、办公区设置可回收与不可回收垃圾桶，餐厨垃圾单独回收处理，并定期清运；④生活区垃圾堆放区域定期消毒；⑤施工作业区、生活区和办公区分开布置，生活设施远离有毒有害物质；⑥现场有应急疏散、逃生标志和应急照明；⑦现场有消暑防寒设施，并设专人负责；⑧现场设置医务室，有人员健康应急预案；⑨生活区设置满足施工人员使用的盥洗设施；⑩现场宿舍人均使用面积不得小于 $2.5m^2$，并设置可开启式外窗；⑪制订食堂管理制度，建立熟食留样台账；⑫卫生设施、排水沟及阴暗潮湿地带定期消毒；⑬特殊环境条件下施工，有防止高温、高湿、高盐、沙尘暴等恶劣气候条件及野生动植物伤害措施和应急预案；⑭配备合适的文体、娱乐设施。

（2）劳动力保护措施

建筑业现场施工人员以体力劳动为主，工作强度高，体力消耗大。项目部应合理安排劳动力作业与休息时间，创造良好、安全的作业环境，保护劳动力资源。可采取的劳动力保护措施有：①建立合理的休息、休假、加班等管理制度；②减少夜间、雨天、严寒和高温天作业时间；③施工现场危险地段、设备、有毒有害物品存放等处设置醒目安全标志，配备相应应急设施；④在有毒、有害、有刺激性气味、强光和强噪声环境施工的人员，佩戴相应的防护器具和劳动保护用品；⑤深井、密闭环境、防水和室内装修施工时，设置通风设施；⑥施工现场人车分流，并有隔离措施；⑦模板隔离剂、涂料等采用水性材料。

（3）劳动力节约措施

2012 年起，全国劳动年龄人口总数连年净减少，40 岁以上高龄劳动力比例增加。传统建筑业劳动力消耗大，越发感受到劳动力短缺的压力。通过施工工序的调整、工艺的改进、提高劳动力素质来节约劳动力，是建筑业的必然选择。①优化绿色施工组织设计和绿色施工方案，合理安排工序；②因地制宜制订各施工阶段劳动力使用计划，合理投入施工作业人员；③建立施工人员培训计划和培训实施台账；④建立劳动力使用台账，统计分析施工现场劳动力使用情况；⑤使用高效施工机具和设备。

3.8.2　人力资源和劳动力保护的技术措施

增加机械化施工设备和装配化、模块化、整体化安装。施工现场的传统作业方式，手工操作比重大、劳动强度高、作业条件差是其主要特征。越来越多的年轻人不愿意从事建筑业劳动，建筑业面临劳务紧缺的危机。施工现场装配化、模块化、整体化安装可使构配件实现工业化生产，可最大限度地减少现场工作量，减少劳动力使用量。施工现场作业可通过机械化操作、信息化控制，有效提升工程建设效率，根本上改变了传统的作业方式，是建筑业寻求突破的有效方法。

第4章 绿色施工示范技术

在经济迅速发展的今天，随着科学技术水平的不断提高，各个行业都引进了新技术、新理念等新鲜元素，从而有了不同程度的发展和进步。其中建筑工程也出现了一种叫作绿色施工技术的新理念，它遵循可持续发展的原则，不但低资源、低消耗，同时还非常环保，提高了建筑的质量和品质。

4.1 灌注桩后注浆与绿色信息化控制技术

4.1.1 灌注桩后注浆系统工作原理

钻孔灌注桩后注浆技术是在桩身强度达到一定要求后，通过桩身内部预埋的注浆管道向桩体内灌注工程所选用的注浆浆液（一般是水泥浆液），来提高基桩承载力的方法（图 4-1）。钻孔灌注桩后注浆技术是一种比较科学的方法。

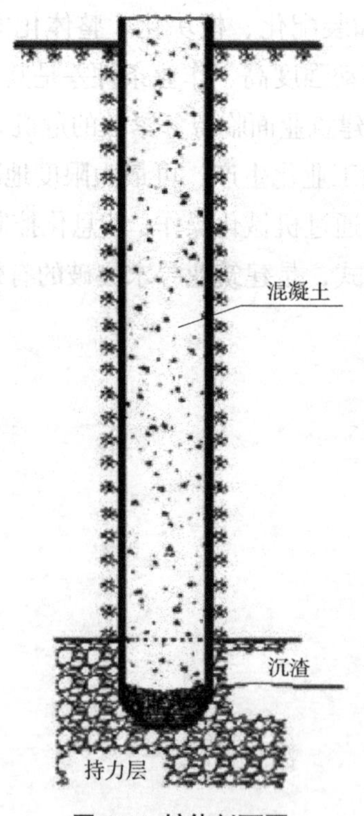

图 4-1 桩体剖面图

钻孔灌注浆后注浆技术对桩的承载力的提高主要通过两个方面实现：一是通过后注浆来加固桩端的沉渣和桩侧的泥皮；二是通过对周围土体产生作用来达到加固作用，根据土体的不同所产生的主要作用也不尽相同。同时，不同的注浆材料、不同的注浆参数、不同的注浆形式和桩本身的物理性质的不同都会对桩的承载力提高产生影响。

后注浆机理可分为力学机理和化学机理，分别在注浆的不同阶段起主导作用。在注浆开始的阶段，力学机理占主导地位，对土体产生挤密效果。当浆液与桩端持力层土体充分接触后，占主导地位的则为化学机理，通过水泥浆液中的化学物质与水反应，减少土体中的水分，并形成固结混凝土，使持力层增加强度（图 4-2）。

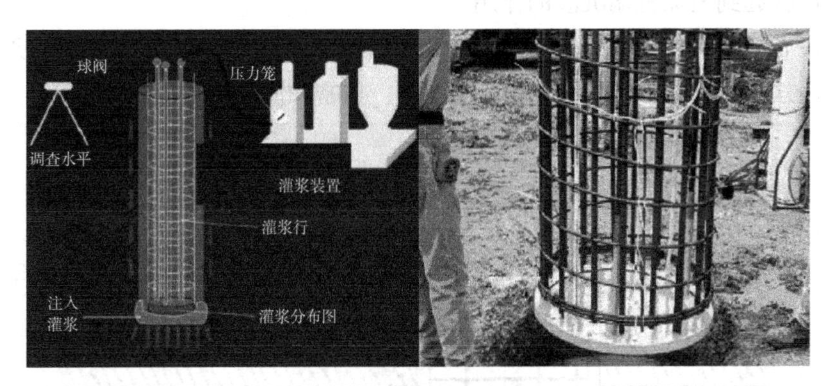

图 4-2　后注浆示意图

灌注桩后注浆过程可分为五步（图 4-3）：

第一步：安装钢管后进行灌注桩的施工。

第二步：沿着所安装的钢管钻透灌注桩底部。

第三步：用高压力水流清洗灌注桩底部的沉渣。

第四步：在桩底部注浆。

第五步：堵住钢管的一头，继续注浆及保持压力不变。

灌注桩后注浆包括两种方法，即后注浆灌注桩底法和后注浆灌注桩侧法。

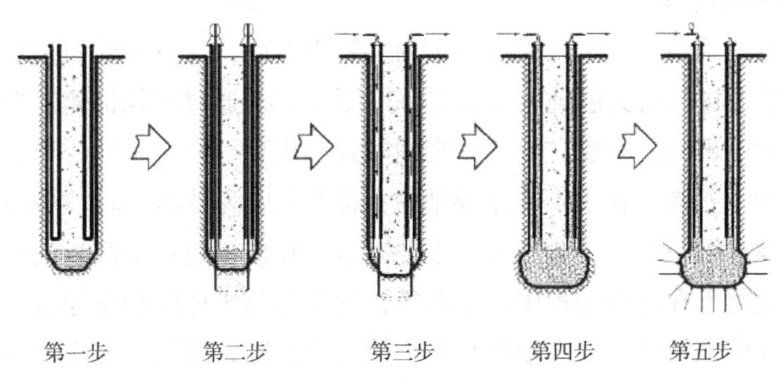

图 4-3　灌注桩后注浆过程

4.1.2 灌注桩桩底后注浆的注浆技术

1. 桩底后注浆机理

桩底后注浆是指在桩底一定强度后注浆，嵌入桩底水泥砂浆的渠道，扩大桩底形成，泥浆在桩土层附近的桩底进入、填料，起到压实和固结作用，从而提高单桩承载力的技术措施（图 4-4）。

桩端后注浆的机理，当灌注桩桩身达到要求的强度后，这时将注浆浆液注入桩端。浆液在桩端首先与较疏松的桩端沉渣结合，并且凝结成块体，并在注浆点形成球泡，达到挤密周围的土层。浆液沿桩身向上返部分，会形成类似梨形的扩大桩端头，这样就起到消除桩端沉渣的作用。

桩底后注浆所产生的效果与桩端土层性质有关，比如细粒土，主要是劈裂注浆加固作用；对于粗粒土，主要是填充、渗透、挤密和固结等加固作用。

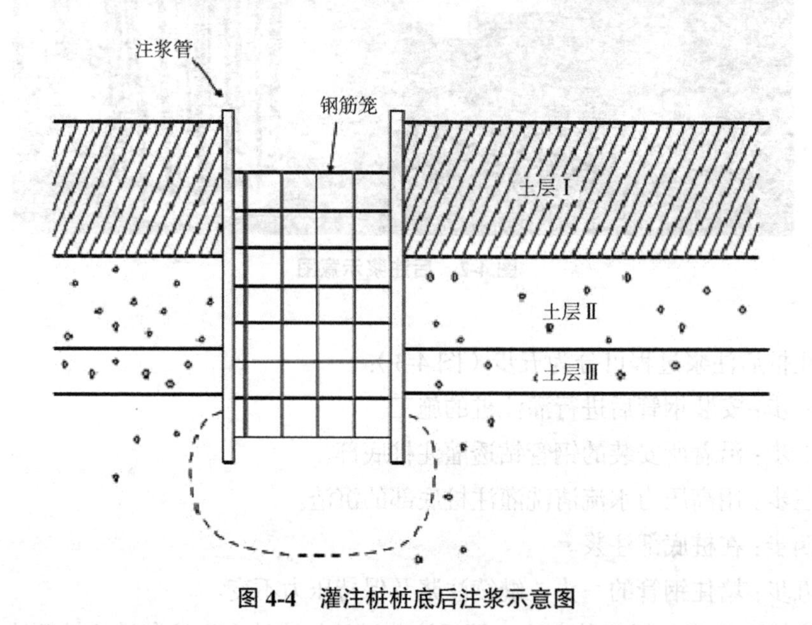

图 4-4　灌注桩桩底后注浆示意图

2. 桩侧注浆机理

灌注桩桩侧后注浆技术是在桩体达到一定强度后，通过预埋的注浆管在桩侧进行注浆，使浆液进入持力层的泥皮及土体（图 4-5）。通过增强桩侧的阻力来提高桩的承载力，对于不同的土层，桩侧注浆的模式和机理也有所不同，当土体为粉土层时，以挤密为主，渗透作用不占主导地位；而当土层为砂砾土时，渗透作用占主导地位。钻孔灌注桩中影响桩侧阻力的主要因素是在成桩过程中产生的护壁泥皮，同时由于桩身混凝土在凝结过程中产生缩径，使桩身与土体间的摩擦减小。由此可以看出，桩侧注浆能够使浆液充填桩身与土体间的孔隙，通过对泥皮和土体的挤密作用，加强土体与桩身之间的粘结力，提高桩侧的摩擦阻力。

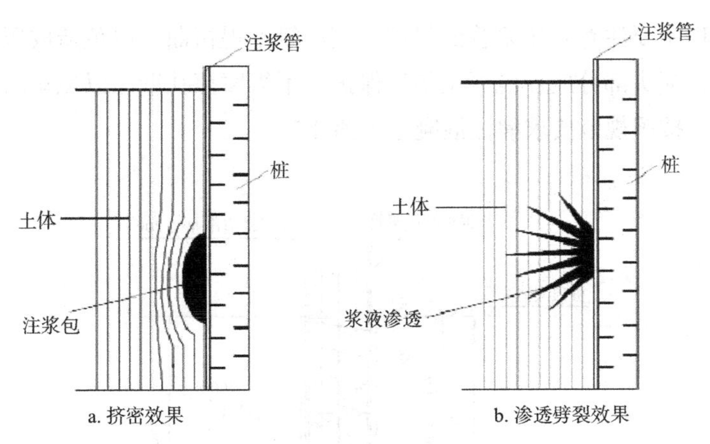

图 4-5　灌注桩桩侧后注浆示意图

4.1.3　灌注桩后注浆系统压浆管控制技术

灌注桩桩端采用后注浆工艺。桩端注浆管采用 $\phi25\times3.2$mm 钢管，且应与钢筋笼加劲筋绑扎固定或焊接固定，注浆管上端宜高出地面 0.2m，下端与单向阀式注浆器相连。桩端注浆器应超出桩身插入孔底。注浆管随钢筋笼同时下放，并做注水试验以严防漏水。

1. 压浆管的制作

在制作钢筋笼的同时制作压浆管。压浆管采用直径为 25mm 的黑铁管制作，接头采用丝扣连接，两端采用丝堵封严。压浆管长度比钢筋笼长度多出 55cm，在桩底部长出钢筋笼 5cm，上部高出桩顶混凝土面 50cm 但不得露出地面，以便于保护。压浆管在最下部 20cm 制作成压浆喷头（俗称花管），在该部分采用钻头均匀钻出 4 排（每排 4 个）、间距 3cm、直径 3mm 的压浆孔作为压浆喷头；用图钉将压浆孔堵严，外面套上同直径的自行车内胎并在两端用胶带封严，这样压浆喷头就形成了一个简易的单向装置：当注浆时压浆管中压力将车胎迸裂、图钉弹出，水泥浆通过注浆孔和图钉的孔隙压入碎石层中，而混凝土灌注时该装置又保证混凝土浆不会将压浆管堵塞（图 4-6）。

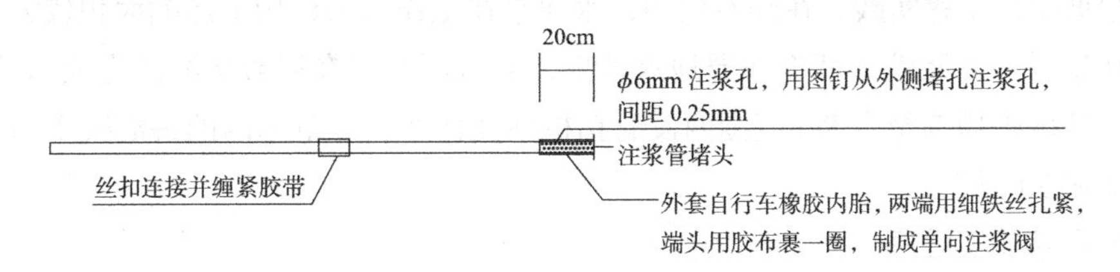

图 4-6　注浆管制作示意图

2. 压浆管的设置

将 2 根压浆管对称绑在钢筋笼外侧，成孔后清孔、提钻、下钢筋笼，在钢筋笼吊装安放过程中要注意对压浆管的保护，钢筋笼不得扭曲，以免造成压浆管在丝扣连接处松动，喷头部分应加混凝土垫块保护，不得摩擦孔壁，以免车胎破裂造成压浆孔的堵塞。按照规范要求灌注混凝土（图 4-7）。

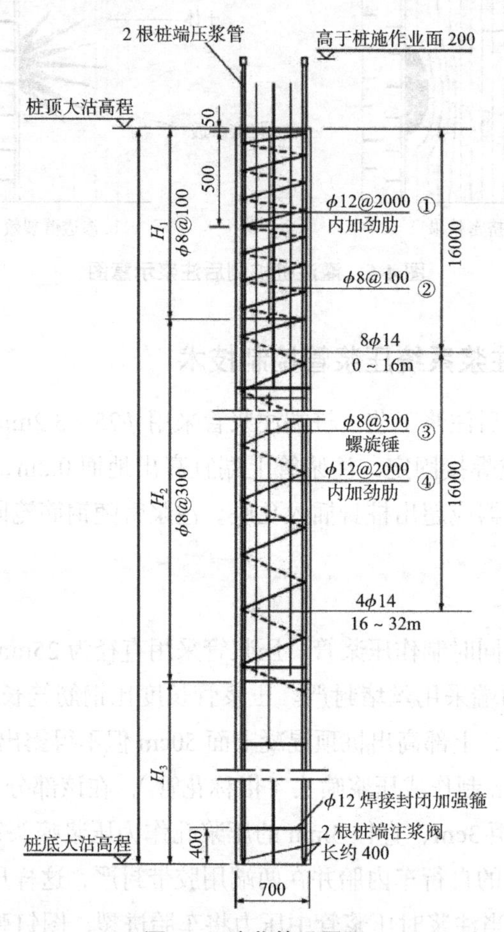

图 4-7 注浆管设置图

3. 压浆时间的选择

根据以往工程实践，在碎石层中，水泥浆在工作压力作用下影响面积较大。为防止压浆时水泥浆液从邻近薄弱地点冒出，通常压浆应在混凝土灌注完成 7d 后进行，并且该桩周围至少 8m 范围内没有钻机钻孔作业，该范围内的桩混凝土灌注完成也应在 3d 以上。

4. 压浆施工顺序

压浆时最好采用整个承台群桩一次性压浆，压浆应先施工周圈桩位再施工中间桩；压浆时采用 2 根桩循环压浆，即先压第 1 根桩的 A 管，压浆量约占总量的 70%（111 ~ 114t 水泥），压完后再压另 1 根桩的 A 管，然后依次为第 1 根桩的 B 管和第 2 根桩的 B 管，这样就能保证同 1 根桩 2 根管压浆时间间隔 30 ~ 60min，给水泥浆在碎石层中扩散的时间。压浆时应做好施工记录，记录的内容应包括施工时间、压浆开始及结束时间、压浆数量以及出现的异常情况和处理的措施等。

4.1.4　灌注桩后注浆监测内容

为确保灌注桩后注浆技术达到设计要求，主要监测内容如下：

1. 桩基承载力

桩基承载力是指后注浆的灌注桩在荷载作用下，地基土和桩本身的强度和稳定性均能得到保证，变形也在容许范围内，以保证结构物的正常使用所能承受的最大荷载。

2. 桩体沉降

桩体在外加荷载的作用下会产生一定的沉降值，荷载作用于桩顶，桩顶产生位移（沉降），可得到单根试桩 $Q-S$ 曲线，还可获得每级荷载下桩顶沉降随时间的变化曲线，当桩身中埋设测量元件时，还可以直接测得桩侧各土层的极限阻力和端承力。

4.1.5　灌注桩后注浆系统绿色信息化控制技术

近年来，随着科技的快速发展和信息化的实现，灌注桩超灌监测物联云平台得到推广应用，目前国内首款灌注桩浮浆与超灌监测物联设备，运用物联技术将灌注过程实时反馈至灌注桩施工人员手机端，可有效掌握实时精准的灌注液面高度，解决了人工操作过程中凭经验造成的超灌或少灌问题；减少了后续敲桩的人力成本以及时间损耗；同时，非预埋式安装不会对完成后的桩体造成影响。数据云处理，一台手机即可监管所有工地的灌注桩浇灌过程，革命性地改变了灌注桩浇灌的历史。

1. 功能

（1）标高预警。在灌注桩浇灌时，混凝土液面达到标高位置时进行实时声光预警提醒，减少人为误判带来的影响。

（2）灌注过程可视化。在浇灌过程中，实时反映灌注过程和关键数据，让监管人员在拔管过程中控制速度，减少断桩可能性。

（3）一对多灌注掌控易测宝，可以让单个人工监管更多的灌注桩浇灌过程，实现人力的更高效的运用；数据平台过程分析灌注数据收集，有效提高灌注过程效率。

2. 产品特点

（1）非预埋式安装：不会对灌注桩成桩过程造成影响，不会影响桩体质量；

（2）精准实时监测：高精度传感器以及实时的通信模组让灌注过程透明地反馈在移动端上；

（3）问题分析：桩体灌注大数据分析，不断总结问题，提高效率；

（4）多人共享进度：通过多级权限体系，可以让项目经理以及公司管理层随时了解工地灌注桩完成状况。

为了确保灌注桩后压浆工艺能顺利进行，可以使用新型后压浆注浆管，该新型注浆管将传统产品进行改良，通过双层胶皮的设计，可以有效地杜绝后压浆过程中出现的出浆孔被堵塞和浆液反渗的问题，同时合理的出浆孔布孔设计，可以有效保障后压浆的出浆效果，能有效解决传统产品出浆效果差的问题。

4.1.6 经济效益和环境效果分析

灌注桩后注浆技术在五建承建的黄浦江沿岸 ES2 单元 12-1 地块项目、张江中区单元 75-02 地块项目等项目中得到应用。本技术应用在桩端为砂卵砾石持力层中效果最好，单桩竖向极限承载力可以提高 30% ~ 40% 或更高；粉砂土中次之，单桩竖向极限承载力可以提高 20% ~ 30%；黏性土中，注浆主要是加固沉渣，单桩竖向极限承载力可以提高 10% ~ 15%。桩端后注浆加固技术效果好、速度快，是提高桩端承载力、减小单桩沉降量的最有效方法；桩端后注浆技术在提高桩端持力层承载力的同时可以有效减少桩长和桩径，同时施工时对周围其他建筑、设施、工程等的影响不大，确保对周边环境保护，使对周边环境的影响降低到最小。

灌注桩后注浆通过提高承载力可以减少桩的数量、桩的长度或桩的直径，达到节约成本、提高经济性效益的目的。

4.2 逆作法桩柱垂直度实时监测与可视化控制技术

4.2.1 逆作法桩柱垂直度实时监测技术工作原理

1. 传统逆作法桩柱垂直度监测技术

传统逆作法一柱一桩钢立柱垂直度检测方法主要有测斜管法和倾斜仪法。测斜管法即在平行于钢立柱中轴线位置的外侧绑缚测斜管，然后当钢立柱下放就位后，在测斜管用测斜仪按一定距离间隔进行钢立柱的倾斜度测量（图 4-8）。该方法施工过程中可根据测量结果实时调整钢立柱的垂直度，如不符合要求，可重复上述操作

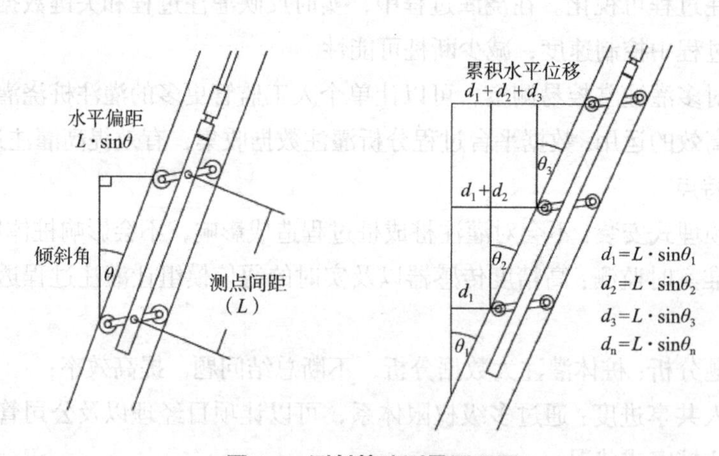

图 4-8 测斜管法测量原理图

进行调整直到满足设计要求为止，不仅耗时费力，常常因为现场施工干扰因素太多无法达到较高的精度，难以适应施工环境复杂的逆作法桩柱垂直度监测。

倾斜仪法即通过在钢立柱上精准安装倾斜仪来测量钢立柱的垂直度，其安装方法如图 4-9 所示：首先将钢立柱用起重机吊起，然后用激光经纬仪测量并同时调整钢立柱的垂直度，当钢立柱完全垂直时定位倾斜仪，并将倾斜仪归零，然后再在另一方向（90° 方向）用同样方法定位倾斜仪并归零，完成倾斜仪安装。该方法的主要缺陷在于倾斜仪的定位是在钢立柱垂直悬吊的状态下完成的，高空安装定位难度较大，工效太低且工料成本太大，难以真正在实际工程中应用。

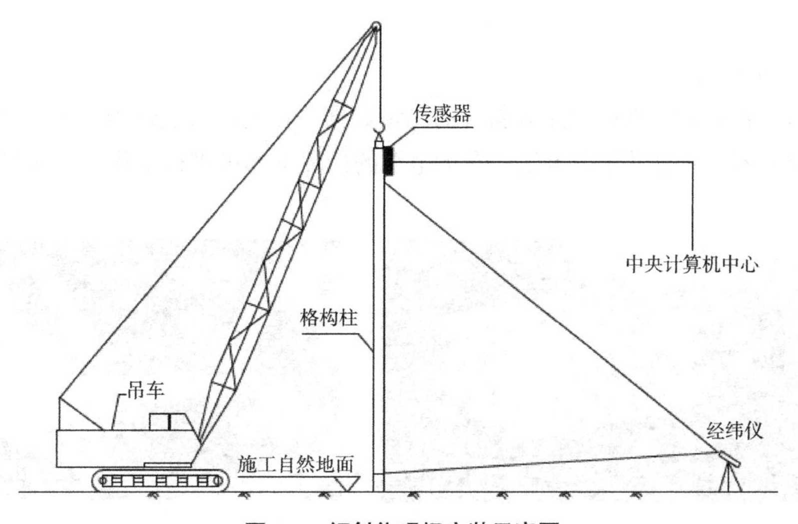

图 4-9　倾斜仪现场安装示意图

2. 逆作法钢立柱垂直度实时监控技术

（1）技术原理

逆作法钢立柱垂直度实时监控技术是利用由激光器和高精度倾角传感器组合而成的新型智能化倾斜仪，以及其配套激光光靶来实现钢立柱垂直度在施工过程中的实时监控。其中，激光器发射的激光线就是钢立柱的轴线（或某一条能代表钢立柱轴线的母线），也垂直于钢立柱的横截面，同时激光线与倾斜仪的测量轴线相平行。倾斜仪通过移动光靶的高差修正实现钢立柱施工过程中的垂直度实时变化反馈。

（2）逆作法钢立柱垂直度智能化实时监控系统

逆作法钢立柱垂直度智能化实时监控系统主要由智能倾斜仪系统及安装调节机构、显示仪表及系统软件四部分组成。

1）智能倾斜仪系统及安装调节机构

智能倾斜仪须安装在特殊定制的调节底座上。调节底座可根据基准面对智能倾斜仪进行位置精调，智能倾斜仪可通过与移动光靶的配合完成钢立柱的垂直度测量（图 4-10）。

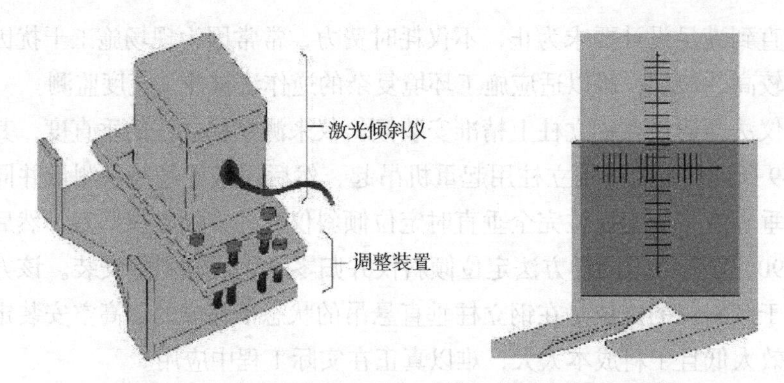

图 4-10　智能化倾斜仪系统、安装调节机构及移动光靶

2）显示仪表

显示仪表可实时显示智能倾斜仪的测量数据，可完成智能倾斜仪激光发射装置的打开或关闭，并自带充电电池，在无电源的情况下亦可进行工作（图 4-11）。

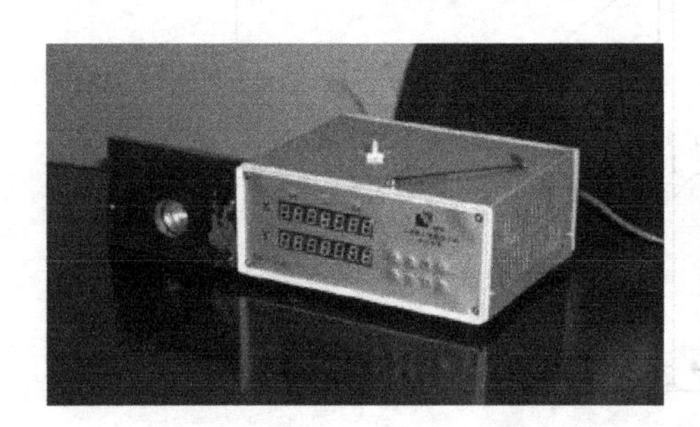

图 4-11　显示仪表

3）系统软件

系统软件可实现智能倾斜仪与计算机之间的实时通信，利用计算机的强大处理能力进行数据分析处理，并将数据分析结果以图形化的方式进行显示，方便观测钢立柱的倾斜变化情况。

（3）智能化倾斜仪高精度测量定位技术

逆作法一柱一桩施工中常用的钢立柱总体上有矩形钢立柱和圆形钢管柱两种，智能倾斜仪在矩形钢立柱和圆形钢管柱上的安装定位方法因钢立柱外形不同略有差异，矩形钢立柱激光线在激光光靶上的定位参数为（X_0，Y_0），而圆形钢管柱激光线在激光光靶上的定位参数为（X_0，Y_0，θ），θ 为光靶重物悬线与直线 OA 的夹角。下面以矩形钢立柱上安装智能化倾斜仪为例，介绍说明智能化倾斜仪的高精度、快速化测量定位技术。

1）安装定位前的准备工作

准备相关仪器和工具，包括智能倾斜仪、安装调整架、数据仪表（输出设备）、激光光靶（图 4-12）、内六角螺栓和内六角扳手等；用内六角螺栓将智能倾斜仪和

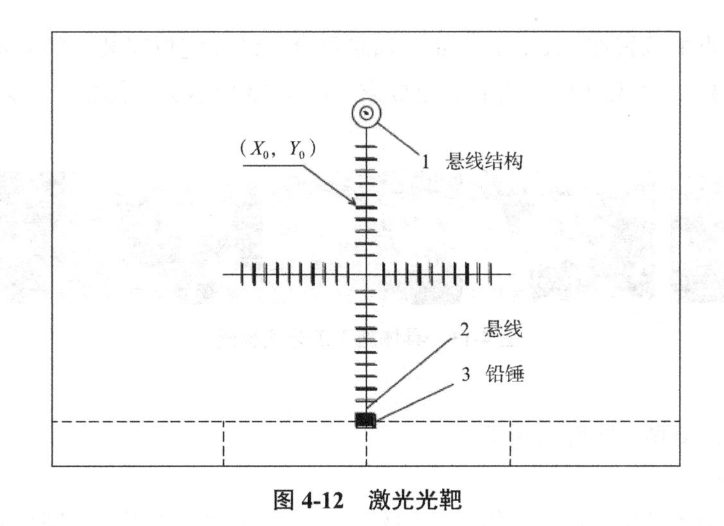

图 4-12　激光光靶

安装调整架连接为一体，螺栓保持一定松紧可调范围；将逆作法施工用的钢格构件平放地面，并在构件上焊接带有 4 个安装孔的钢板，钢板安装的位置远离钢构件端面，母线方向至少保持原来 2 个智能倾斜仪的距离。

2）检查矩形钢立柱的外形直线度

目测初步检查钢立柱的直线度；离带孔固定安装钢板从近到远，在钢立柱上位置 1、位置 2、位置 3……位置 n 处分别画出放置激光光靶的基准线。位置 1 处的画线示例：用卷尺测量钢立柱的径向尺寸，用石笔在钢立柱上画出放置激光光靶的位置 1 基准线。重复上面类似的步骤，在钢格构件的位置 2、位置 3……位置 n 处进行画线，保证这些基准线共线且平行于钢立柱的母线。

3）智能倾斜仪粗调定位

用螺栓将智能倾斜仪、安装调整架及带安装孔的钢板连接起来。与此同时，用通信线连接输出设备（如测量仪表），接通电源，调整放置智能倾斜仪的位置，并拧紧连接螺栓，使得发射出来的激光束照在钢立柱的激光光靶上，完成对智能倾斜仪的粗调。

4）智能倾斜仪精调定位

将激光光靶放在钢立柱位置 1 的基准线上，记录此时光靶上激光光点的位置（X_0，Y_0）。然后，将激光光靶放在钢立柱位置 2 的基准线上，通过松紧安装调整架上的内六角螺栓，调节智能倾斜仪调整架，实现对激光光靶上光点的上下左右移动，直到激光光点的位置在（X_0，Y_0）处。以此类推，依次将激光光靶放在钢立柱位置 3……位置 n，通过松紧内六角螺栓，调节智能倾斜仪调整架，保证激光光点的位置在（X_0，Y_0）处，最后拧紧智能测斜仪调整架的定位安装调节螺栓，完成对智能倾斜仪的精调定位安装。

5）智能倾斜仪定位校核

将激光光靶重新放到钢立柱位置 1、位置 2……位置 n 的基准线上进行校核，确保激光光点的位置在（X_0，Y_0）处。如果重合，结束定位安装。如果不重合，需重复步骤（3）（4）和（5），直到满足要求。图 4-13 所示为具体施工工艺流程图。

图 4-13 具体施工工艺流程图

（4）监测数据实时修正技术

1）直柱

通过移动光靶可以记录下钢立柱的高差值，如果钢立柱很直，则高差值近乎相等，将来测出的数据则无须修正（图 4-14）。

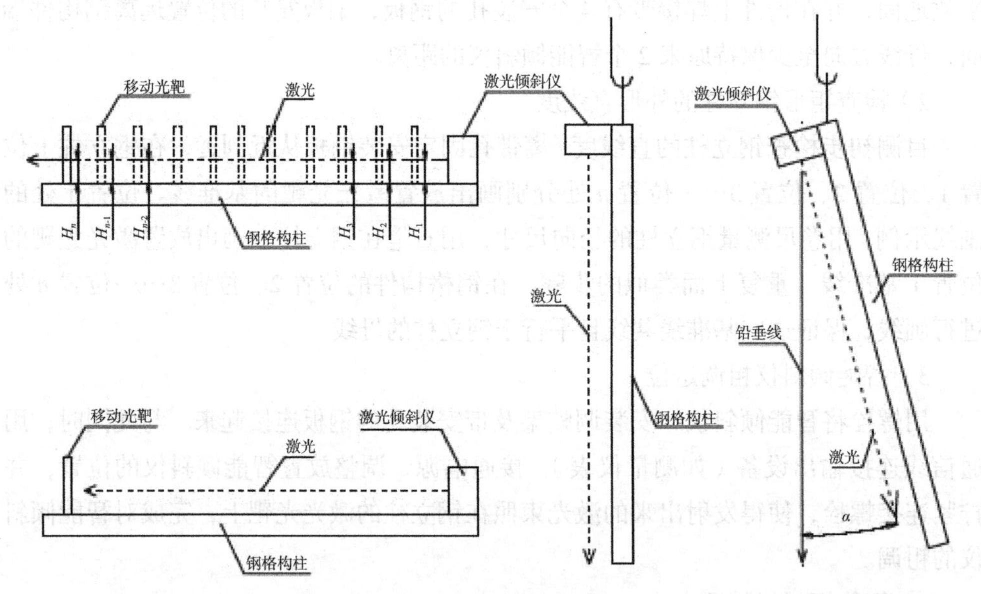

图 4-14 直柱测量示意图

2）弯柱与折柱

弯柱与折柱的测量方法与直柱的相同，即可通过移动光靶记录下钢立柱的高差值，作为修正值对测量数据进行修正，如图 4-15、图 4-16 所示。

3. 逆作法钢立柱垂直度实时监控评估技术

针对逆作法一柱一桩施工垂直度实时监控项目的特点，通过严把钢立柱、监测仪器等进场质检关，实施及时有效的现场管理，跟踪测定混凝土灌注前、混凝土灌注后，以及混凝土终凝后的钢立柱垂直度，及时发现垂直度偏差，并采取措施现场纠正，保证垂直度达到施工要求。

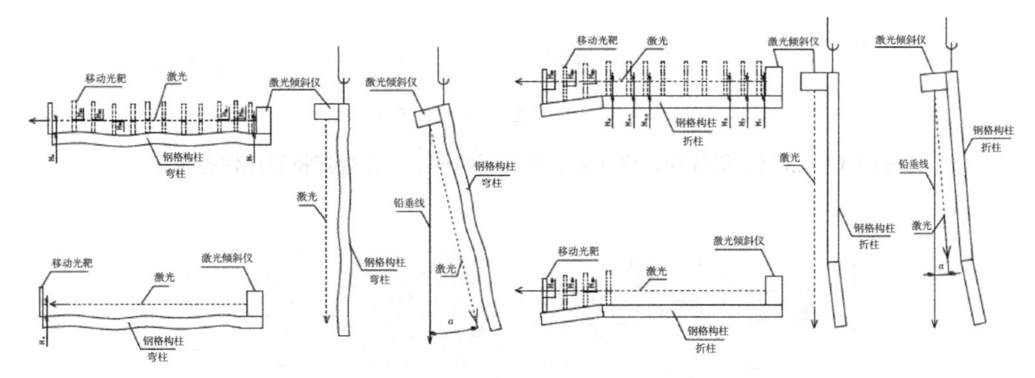

图 4-15　弯柱测量示意图　　**图 4-16　折柱测量示意图**

（1）监控评估内容

逆作钢立柱垂直度实时监控全过程评估：对一柱一桩钢立柱垂直度做到事前、事中及事后的全过程检测与评估。其中事前评估包括钢立柱的进场验收、监测仪器的质量验收等阶段，通过材料、设备等质量的把控及前期初始数据的采集来进行钢立柱垂直度初始评估，为后续钢立柱垂直度的实时监控与校正提供数据基础。事中评估包括跟踪测定混凝土灌注前、混凝土灌注后及混凝土终凝后的钢立柱垂直度，及时发现偏差，并采取措施进行现场纠正，保证垂直度达到施工要求；事后评估是在项目结束后进行终结评估，包括土方开挖后的垂直度复测等。

（2）事中评估技术

以上海某工程一柱一桩施工垂直度实时监测项目为例，来说明逆作法钢立柱垂直度实时监控事中评估技术。该项目桩基础采用钻孔灌注工程桩，地下结构采用逆作工艺，竖向支撑均采用一柱一桩进行施工：钢立柱采用 450mm × 450mm 角铁组成的格构柱，长度不大于 15m；钻孔灌注桩直径 800mm（上部钢立柱插入部分扩孔至 900mm）。钢立柱垂直度要求：不大于 1/500（永久性钢立柱）及不大于 1/300（临时性钢立柱）。通过对近 1 个月内 112 根钢立柱在混凝土灌注前、混凝土灌注后以及混凝土终凝后的垂直度监测数据统计，采用 3σ 准则（拉依达准则）进行处理偏差，并分别绘制混凝土灌注前、混凝土灌注后及混凝土终凝后钢立柱垂直度折算偏差距离的正态分布图，评估监测数值质量以及垂直度均满足施工要求，即永久性钢立柱垂直度不大于 1/500。

图 4-17 是根据钢立柱垂直度折算成的偏差距离绘制而成（其中，GJQ——混凝土灌注前；GJH——混凝土灌注后；ZNH——混凝土终凝后），三条曲线均在 0 ~ 40mm 区间波动，说明现场对钢立柱垂直度的监测数据采集较为合理。

接下来采用 3σ 准则进行处理偏差，使得数值分布在（$\mu-3\sigma$，$\mu+3\sigma$）中的概率为 0.9974，绘制数据正态分布图（图 4-18 ~ 图 4-20），得出这组数据的均值和标准方差，并对不良率进行预估判断，评估结果表明监测数值质量以及垂直度达到预期。

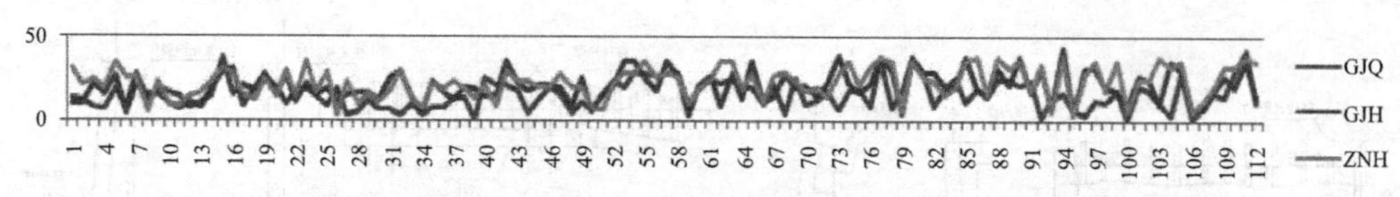

图 4-17 混凝土灌注前、灌注后、终凝后的钢立柱垂直度折算成偏差距离

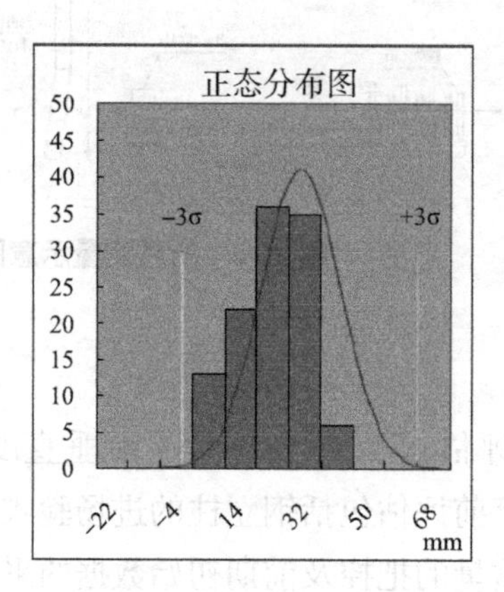

单位（Unit）	mm
最大值（MAX）	42.38
最小值（MIN）	0
平均值（AVE）	15.86
标准差（STD）	8.73
上管制线（$+3\sigma$）	42.07
下管制线（-3σ）	−10.34
样本量（Sample Size）	112
预估不良率（Defect）	0.00%
偏度（Skewness）	0.494
峰度（Kurtosis）	0.087

图 4-18 混凝土灌注前钢立柱垂直度折算偏差距离的正态分布

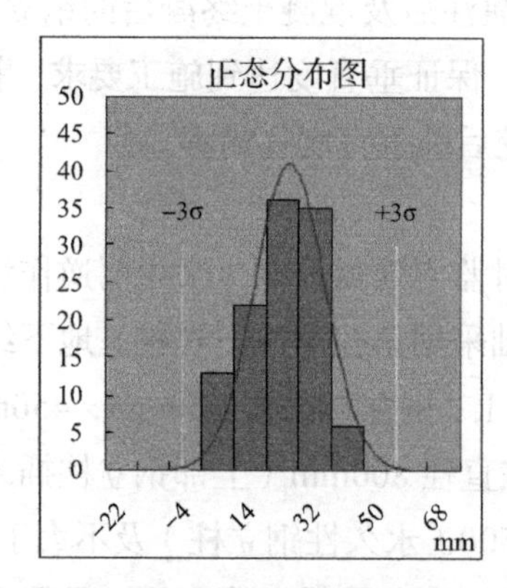

单位（Unit）	mm
最大值（MAX）	44.05
最小值（MIN）	3
平均值（AVE）	20.52
标准差（STD）	9.54
上管制线（$+3\sigma$）	49.15
下管制线（-3σ）	−8.11
样本量（Sample Size）	112
预估不良率（Defect）	0.00%
偏度（Skewness）	0.300
峰度（Kurtosis）	−0.611

图 4-19 混凝土灌注后钢立柱垂直度折算偏差距离的正态分布

单位（Unit）	mm
最大值（MAX）	38.29
最小值（MIN）	3
平均值（AVE）	23.04
标准差（STD）	9.79
上管制线（$+3\sigma$）	5.242
下管制线（-3σ）	−6.35
样本量（Sample Size）	112
预估不良率（Defect）	0.00%
偏度（Skewness）	−0.191
峰度（Kurtosis）	−0.892

图 4-20 混凝土终凝后钢立柱垂直度折算偏差距离的正态分布

4.2.2　逆作法桩柱垂直度可视化控制技术

1. 传统逆作法桩柱调垂工艺

我国传统地下结构逆作法钢格构柱调垂工艺差别不大，均是在距地表一定距离的位置直接利用专用的调垂装置通过施加调垂力来进行钢格构柱的垂直度调节，按照调垂装置的具体位置分为地下调垂工艺和地上调垂工艺（图 4-21）。

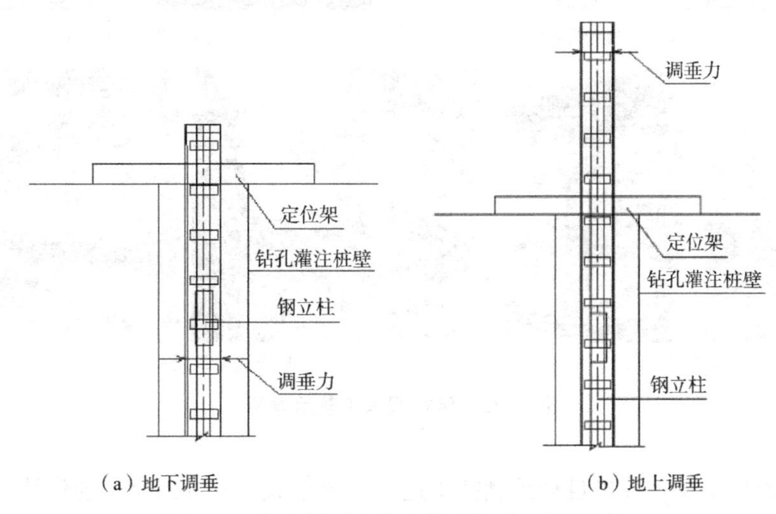

（a）地下调垂　　（b）地上调垂

图 4-21　钢立柱垂直度直接法调垂工艺原理图

工程施工中，逆作法钢立柱垂直度控制技术主要包括孔下气囊调垂法、孔下机构调垂法、定位架调垂法及导向套筒调垂法四种调垂技术（图 4-22）。其中，孔下气囊调垂法、孔下机构调垂法及导向套筒调垂法属于地下调垂工艺，定位架调垂法属于地上调垂工艺。地下调垂工艺由于调垂装置安装在地表以下，存在调垂装置安装难度大、机构拆除不便等问题；而地上调垂工艺，因为距离地表位置较高，调垂装置的安拆难度虽较地下调垂工艺较小，但仍具有很大的优化空间，同时也给混凝土浇筑增加了难度，越来越不能满足快速施工和更高的垂直精度要求（垂直精度要求达到 1/500、1/600 或更高）。所以，研究、设计出一种调垂效果好、精度高、调垂便利且具有经济实用性的全自动调垂系统成为本领域技术人员迫切需要解决的技术难题。

2. 逆作法桩柱垂直度全自动实时控制系统

（1）技术原理

逆作法桩柱垂直度实时控制系统在克服传统逆作法钢立柱垂直度调垂工艺存在的调垂工艺复杂、调垂精度低、劳动强度大、信息化水平低等问题的基础上，以地面为调垂机构基准面，将调垂装置与钢立柱进行固定连接，依靠各个方向的千斤顶进行钢立柱的垂直度调节（图 4-23）；同时，为了实现全自动实时调垂，将传感器

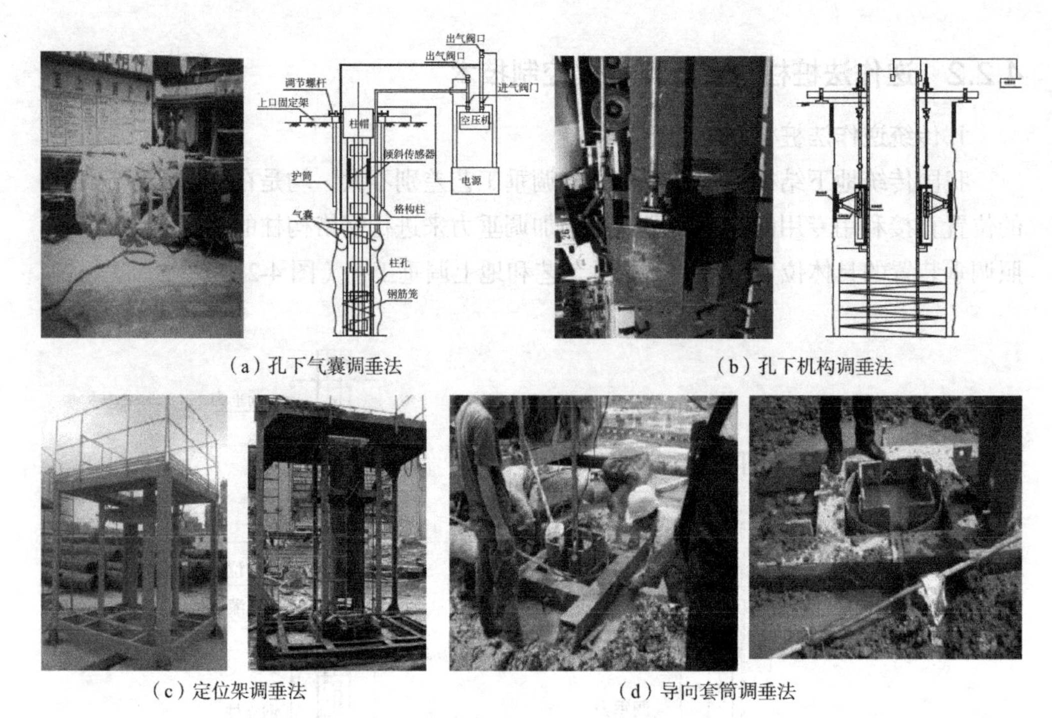

（a）孔下气囊调垂法　（b）孔下机构调垂法

（c）定位架调垂法　（d）导向套筒调垂法

图 4-22　传统调垂工艺示意图

技术、激光技术及计算机自动控制技术进行系统集成，开发研制了逆作法钢立柱垂直度全自动实时控制系统。

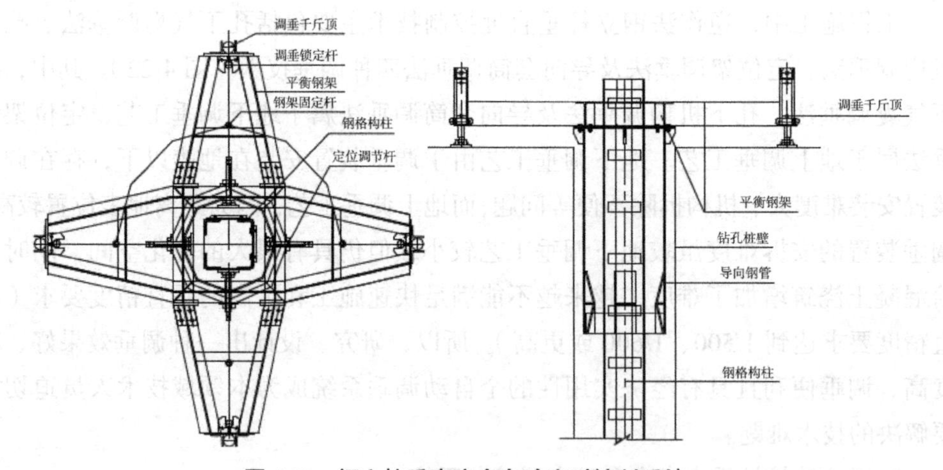

图 4-23　钢立柱垂直度全自动实时控制系统

逆作法钢立柱垂直度全自动实时控制系统原理（图 4-24）：当钢立柱垂直度发生变化时，通过逆作法桩柱垂直度实时监控技术检测出钢立柱 X 轴和 Y 轴两个方向的水平位移角度，通过数据传输发出通信信号给操作控制箱内的 PLC，PLC 对采集的数据信号进行分析，通过控制千斤顶油缸的伸缩来调整钢立柱的实时姿态，以满

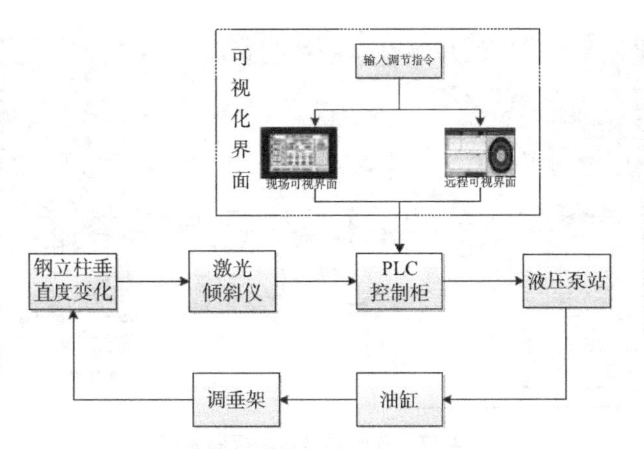

图 4-24　系统工作原理简图

足设计施工对钢立柱的垂直度要求。

（2）垂直度实时控制系统

逆作法桩柱垂直度全自动实时控制系统（图 4-25）主要由高精度监测技术、液压动力控制系统（图 4-26）、液压调垂自动控制系统（图 4-27）、同步伸缩千斤顶、调垂及定位机构组成。

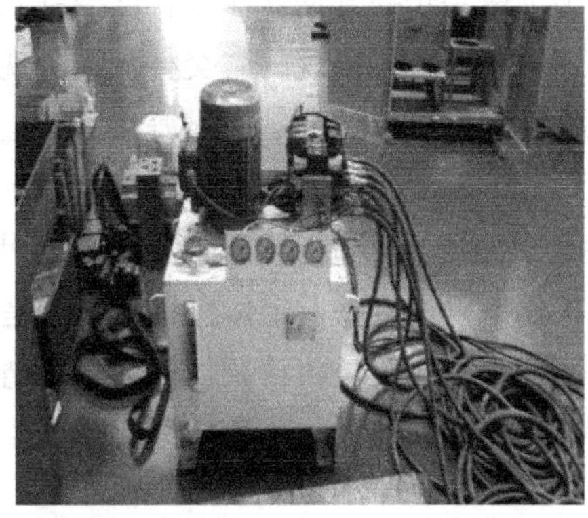

图 4-25　逆作法桩柱垂直度全自动实时控制系统

（a）液压动力泵站

（b）电气控制系统

图 4-26　液压动力控制系统

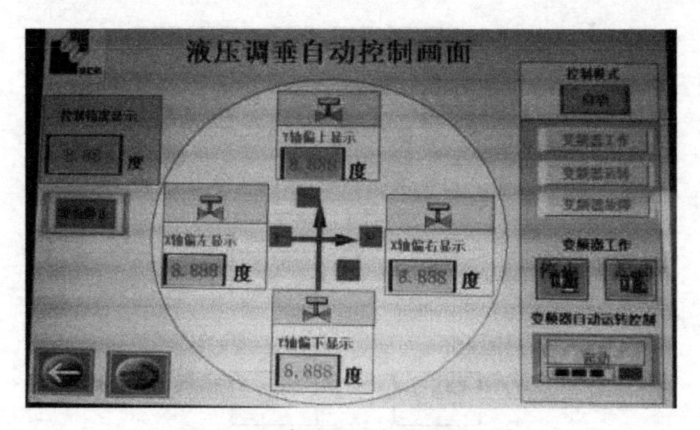

图 4-27　液压调垂自动控制系统

液压调垂自动控制系统具有人机对话友好功能，使钢立柱自动化调垂变得更智能、更直观、更准确。

同步伸缩千斤顶解决了自动调垂过程中千斤顶不同步造成速度快慢的自动调垂难题。调垂及定位机构解决了超低高度钢立柱的调垂难题，还可省去大型机械混凝土泵车，工地橄榄车可以直接将混凝土灌注到桩孔中，大大节约了设备及人力成本，同时也提高了施工效率。

为了进一步提升钢立柱垂直度控制系统的精准性和稳定性，减少施工过程中同步伸缩千斤顶可能出现的"交替爬升"现象，进而导致钢立柱的中心定位出现偏差及机构稳定性降低等问题，上海建工在上一代钢立柱调垂及定位机构研发经验基础上，结合工程实际问题，连同激光技术、液压技术、传感器技术及计算机自动控制系统等先进技术，进一步开发出了第二代逆作法桩柱垂直度多维数字化控制系统，与上一代钢立柱调垂及定位机构不同的是第二代机构改变了"整体调垂"设计思路，由水平调整机构、位置精调机构、垂直精度调整机构（图 4-28）等组成，实现了钢立柱垂直度的多维、分步、精细化调整。

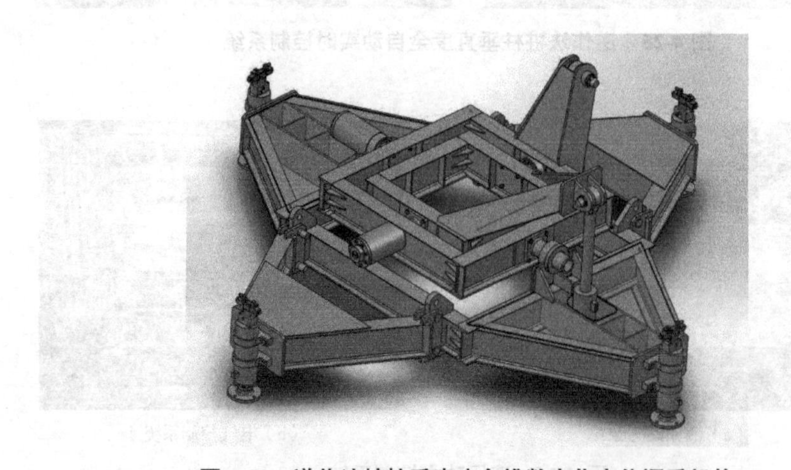

图 4-28　逆作法桩柱垂直度多维数字化定位调垂机构

3. 逆作法桩柱垂直度实时控制可视化技术

（1）逆作法桩柱垂直度实时可视化监控系统

逆作法桩柱垂直度可视化监控系统主要包括屏保、偏移量显示、自动控制、手动控制、参数设置五大模块。其具体架构如图 4-29 所示，屏保模块主要作为系统的软件入口；手动控制模块主要通过人为操作来进行垂直度调节；自动控制模块主要依靠计算机进行垂直度调节；参数设置模块可进行控制精度、屏保时间等主要参数的设置；偏移量显示模块可以实时显示 *X*/*Y* 方向的偏移度数和偏移量。除屏保模块外，其他四个模块之间均可以实现数据互通及界面跳转等功能。图 4-30 所示为各模块功能界面示意图。

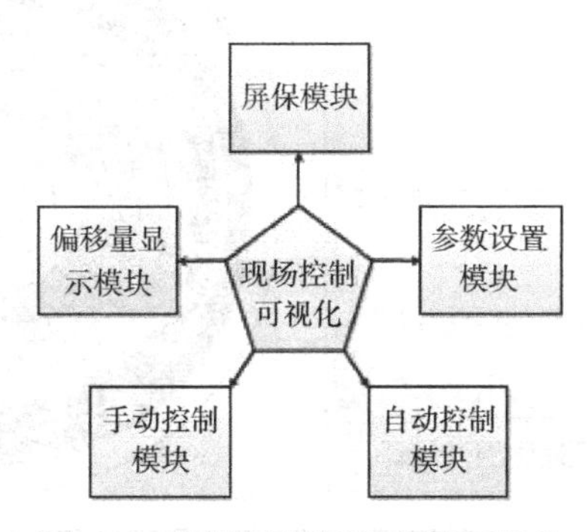

图 4-29　现场控制可视化界面架构

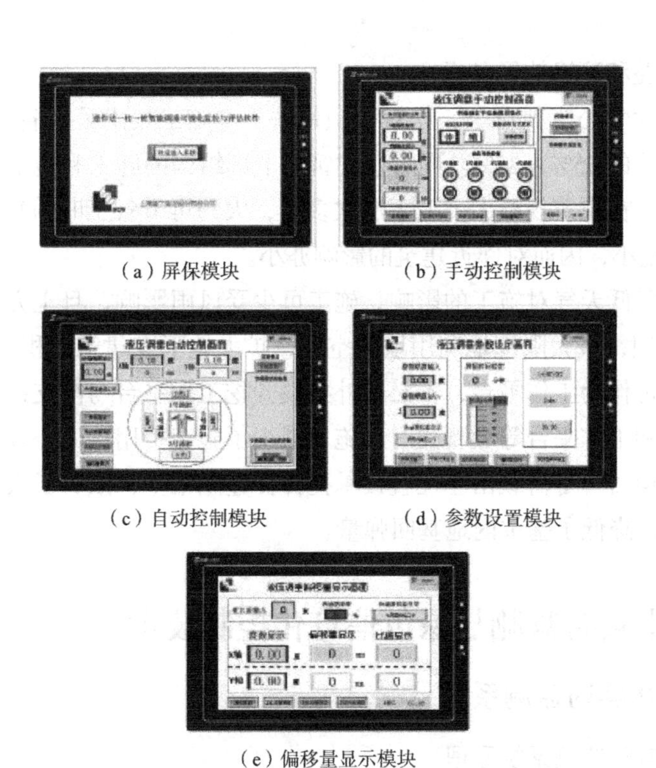

（a）屏保模块　（b）手动控制模块

（c）自动控制模块　（d）参数设置模块

（e）偏移量显示模块

图 4-30　模块功能界面示意图

（2）远程可视化控制界面

远程可视化控制界面的创新研发在一定程度上可以帮助工程师进行钢立柱垂直度的数据分析。图 4-31 所示为某远程控制可视化界面工程示例。其界面主窗口包含三个视图，分别为：① *x*/*y* 向偏移与时间关系图，主要反映钢立柱的垂直度随时间的变化趋势；② *x*/*y* 向偏移与位置关系曲线图，主要反映钢立柱的垂直度沿钢立柱轴线的分布情况；③指定位置的偏差靶心图，主要反映指定位置钢立柱的偏移位置和偏移方位，便于通过调垂系统进行初步调垂。

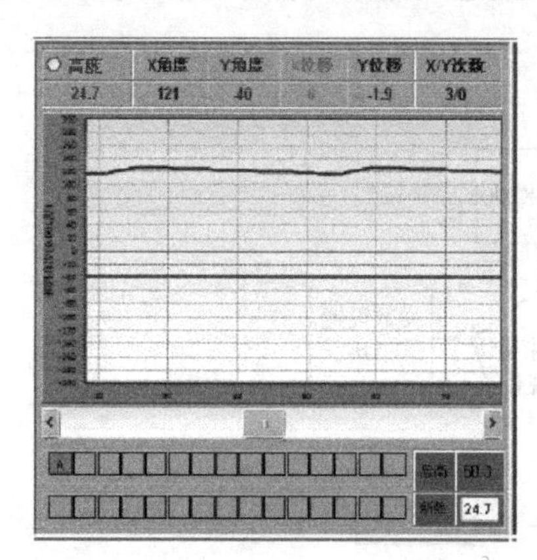

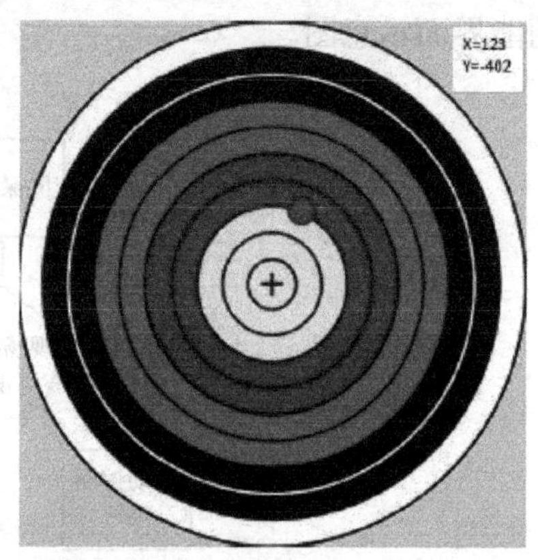

图 4-31　某远程控制可视化界面工程示例

4. 经济效益和环境效果分析

南京医科大学公寓项目中，相对于顺作法，本施工技术可节省工时 1/3，节省地下结构总造价的 25% ~ 35%。同时使建筑物上部结构的施工和地下基础结构施工平行立体作业，在建筑规模大、上下层次多时，大约可节省工时 1/3。受力形式好，围护结构变形量小，因而对邻近建筑的影响亦小。

本技术可降低天气对施工的影响，施工可少受风雨影响，且土方开挖可较少或基本不占总工期，最大限度地利用地下空间，扩大地下室建筑面积。施工过程中，一层结构平面可作为工作平台，不必另外架设开挖工作平台与内支撑，这样大幅度削减了内支撑和工作平台等大型临时设施，减少了施工费用。由于开挖和施工交错进行，逆作结构的自身荷载由立柱直接承担并传递至地基，减少了大开挖时卸载对持力层的影响，降低了基坑内地基回弹量。

4.3　地下水实时监测与绿色信息化控制技术

4.3.1　地下水实时监测系统

1. 地下水实时监测系统原理

地下水实时监测系统是指在数字化管理理念的基础上，利用现阶段信息及物联网技术的发展成果，实现对地下水数据的实时采集，并依托现代通信手段，将监测数据无线传输至数据中心，最终实现地下水监测数据的分类、汇总及分析管理。该系统应具备以下功能：①自动实现施工降水监测数据的不间断采集、存储、处理、精度评定；②自动实现施工降水监测数据的实时传递，确保数据可以在第一时间内通过网络传送到管理者手中；③自动生成各类地下水监测报表及相关分析曲线图等监测数据分析报表，通过多种预测分析手段进行施工降水风险的实时预警。

地下水实时监测系统的设计思想是建成一个施工降水监测信息管理服务平台，能够实现施工降水监测信息的采集、传递与分析的信息处理。为了实现上述功能，将该系统划分为三个子系统（图4-32）：①数据采集系统，实现及时准确地采集现场降水监测数据和信息；②数据发射系统，实现现场施工降水监测数据的实时高效传输；③数据分析系统，实现施工现场各类地下水监测数据的分类、汇总及分析预测。

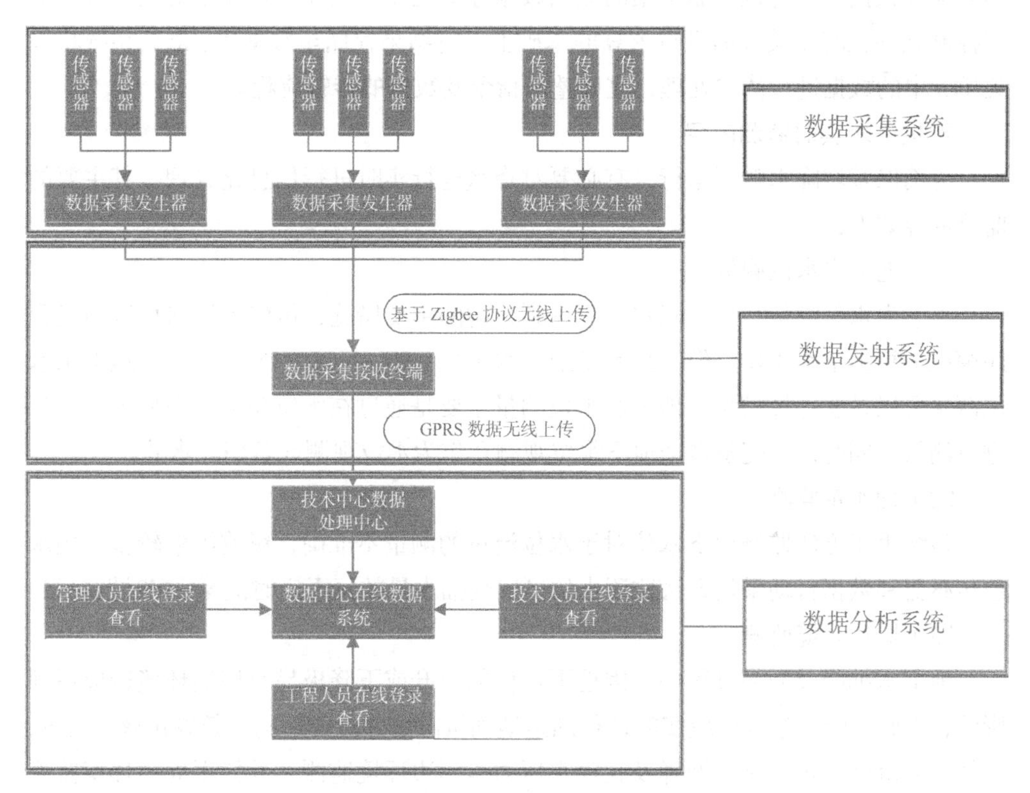

图4-32 地下水实时监控系统框架图

地下水实时监测系统通过数据采集设备、数据传输设备及数据处理设备完成整个系统的指令和数据交互传输。其系统数据传输具体流程如图4-33所示。

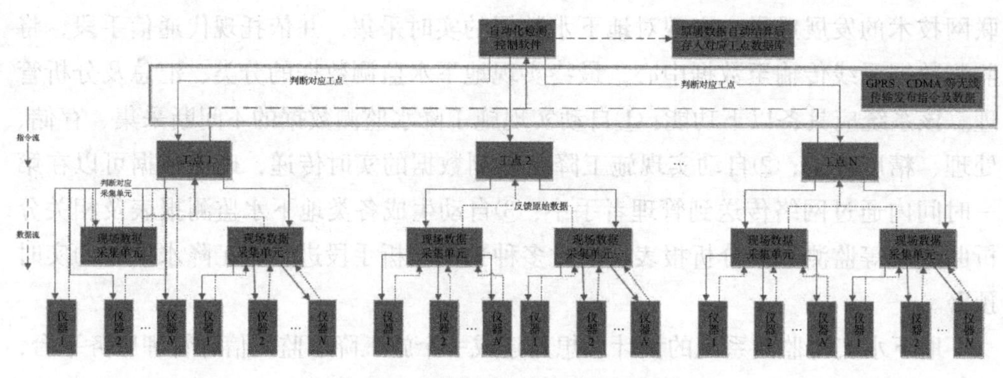

图 4-33　系统数据传输流程示意图

以采集工点 1 为例介绍地下水实时监测系统的指令及数据传输流程。首先监控系统发布采集地下水位数据的相关指令，该指令通过无线数据中心传输至现场采集单元，在现场采集单元接收到具体指令后，利用现场采集仪器采集地下水原始数据；然后无线数据中心将该仪器采集的原始数据存储至该工点在数据库中对应位置，监测控制软件在将相关数据进行解算的基础上，将结果存储至数据库；最后系统将采集单元中的数据进行清空处理，完成整个指令及数据的传输流程。

2. 地下水实时监测内容

为确保基坑降水顺利运行，有必要对降水运行实时进行信息化管理，其主要的监测内容如下：

（1）地下水水位测量

地下水水位测量是控制降水是否达到目的的主要措施，虽然承压水可以通过程序模拟估算地下水水位，但直接测量地下水水位是唯一有效的方式，通过地下水水位测量可以校验计算模型。地下水水位测量主要是通过在水位观测孔中放入水位计进行测量，同时，应配备多个地下水位观测孔作为水位观测或备用降水井。

（2）抽水量监测

传统手工方法监测地下水位对于水位流量的测量不准确，影响因素较多。用水位传感器和数据自动采集方法监测水位可实现抽水量的每天定时测量，实时性较强。

（3）周边环境监测

地下水抽降及回灌过程中，因地下水位的上升或下降极易对周边环境造成不利影响，因此在降水过程中应实时进行周边地面沉降、邻近建（构）筑物沉降 / 倾斜、土体分层沉降、坑底土体回弹及孔隙水压力等周边环境监测，并依据周边环境监测数据的统计及分析结果进行实时反馈，调整和优化地下水监测及控制技术，最大程度减少地下水降水及回灌对周边环境的影响，实现综合利益的最大化。

3. 地下水实时监测系统组成

（1）数据采集系统

数据采集系统采用分布式网络结构，主要由两部分组成，一部分为采集元件（传感器），另外一部分为采集箱（数据采集器）。传感器是把物理量转换成电信号的装置，主要负责直接量测地下水位的变化、周边环境的变形等数据信息。数据自动采集仪布置主要负责将传感器采集到的实时数据进行预处理，并将其无线传输至远程数据中心。相关的数据采集设备主要包括水位计、数据采集单元、供电系统及各类相关导线等（图 4-34）。

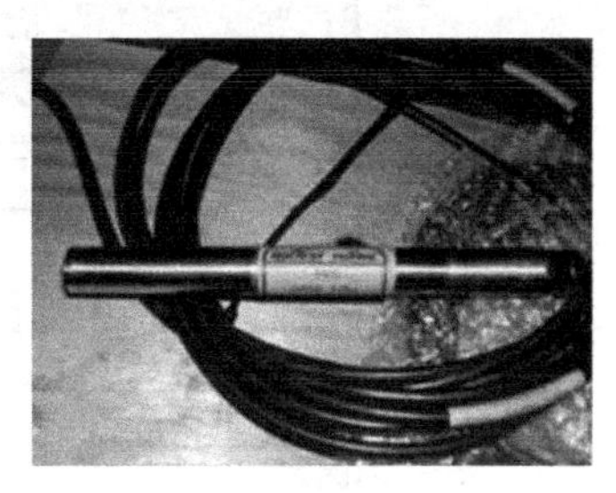

图 4-34　地下水数据采集设备

（2）数据传输系统

由于数据采集设备多数分布于网络信号覆盖面小、干扰因素多的地下，因此地下水监测系统多采用 Zigbee+GPRS 或 CDMA 的传输方式进行无线数据传输，该传输方式具有组网简单、传输时效快、在线时间长、无需后台计算机支持、数据传输稳定高效等优点。同时，该数据无线自动传输系统可自动接入数据处理系统，将数据中心的控制指令实时传输到数据采集系统，实现数据流的传输封闭。

（3）数据处理系统

地下水及周边环境实时监测数据经数据采集系统及数据传输系统传送至数据处理系统后，经过初始处理形成数据原始文件，然后根据数据类型、传感器的具体参数及初始值设定等因素，采用不同的处理方式进行数据的换算处理，得到原始监测值。数据处理系统可进行监测数据的筛分、汇总、归纳、分析及图像转化处理等（图 4-35、图 4-36）。

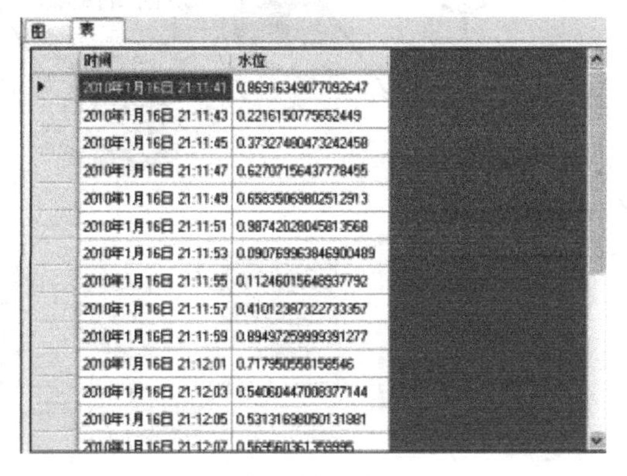

图　表

时间	水位
2010年1月16日 21:11:41	0.86916349077092647
2010年1月16日 21:11:43	0.2216150775652449
2010年1月16日 21:11:45	0.37327480473242458
2010年1月16日 21:11:47	0.62707156437778455
2010年1月16日 21:11:49	0.65835069802512913
2010年1月16日 21:11:51	0.98742028045813568
2010年1月16日 21:11:53	0.090769963846900489
2010年1月16日 21:11:55	0.11246015648937792
2010年1月16日 21:11:57	0.41012387322733357
2010年1月16日 21:11:59	0.89497259999391277
2010年1月16日 21:12:01	0.717950558158546
2010年1月16日 21:12:03	0.54060447008377144
2010年1月16日 21:12:05	0.53131698050131981
2010年1月16日 21:12:07	0.569560361359995

图 4-35　水位数据的分类汇总

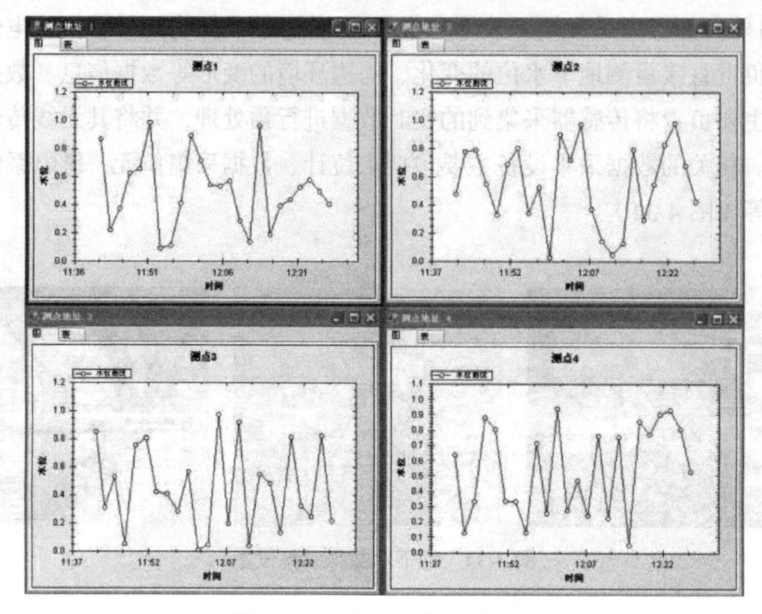

图 4-36　水位数据的实时分析

4.3.2　地下水可视化控制技术

1. 地下水位状态可视化监控原理

地下水位状态可视化监控系统基于水位自动化采集仪和振弦式水位采集传感器可自动化地采集动态水位，之后在计算机中进行数据处理，最终以各类分析图形进行数据的可视化显示（图 4-37）。若施工现场出现观测井水位异常变动时，通过数据可视化显示窗口可清晰地观察到水位测孔中的水位变化情况，分析具体变化原因，为应急处理措施的实施提供数据支撑。

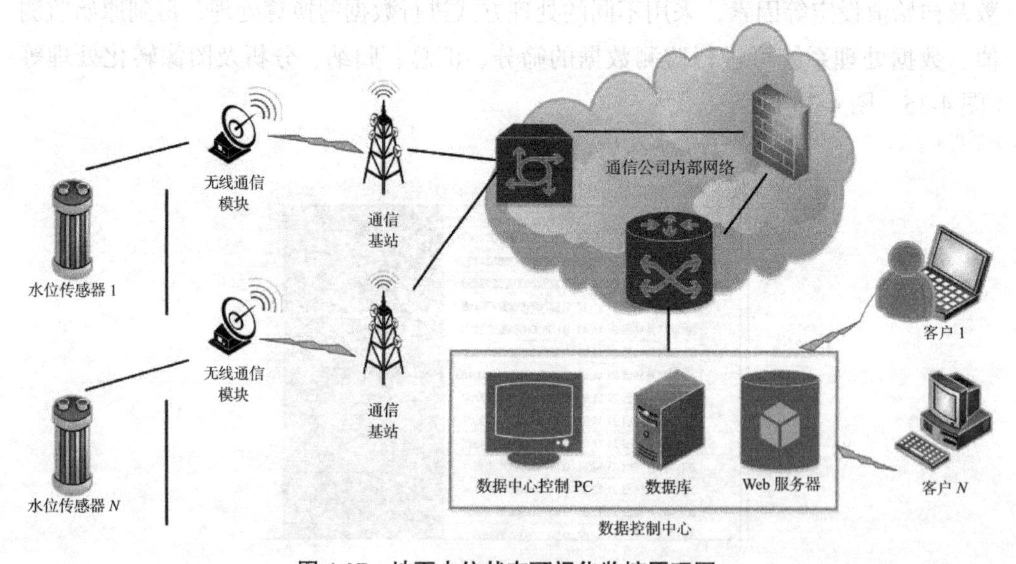

图 4-37　地下水位状态可视化监控原理图

2. 地下水位状态可视化监控功能

地下水位监测数据的汇总、分析，有利于综合分析各类数据的变化规律，对基坑降水的状态进行准确、综合的评价，基于地下水自动化监测技术的地下水状态可视化监控技术能够提供直观的降水变化趋势，有利于工程技术人员及时作出判断，并判断降水发展规律，提前预判地下水降排过程中可能出现的施工风险，采取有效的防范措施，实现地下水降排过程的安全可控。地下水位状态可视化监控数据分析应能实现以下两种功能：①不同工程监测数据的可视化汇总；②同一工程各类监测数据的可视化汇总。

3. 地下水位状态可视化监控分析

（1）监测数据可视化分析

监测数据的可视化分析是对数据发展趋势的预测及把握，是地下水降排安全运行的重要保证措施。由于各种综合因素，传统的纯人工分析存在以下问题：①受限于认知水平和现场条件，人工分析难度大；②主观影响因素多，准确性低；③存在隐瞒不报的可能性高。鉴于以上问题，监测数据可视化分析分为智能分析和人工分析两方面。智能分析主要借助计算机设定的分析标准进行评估，功能主要包括数据汇总 / 分析、绘制曲线图分析、报表与图形分析；人工分析按工程的重要程度与风险源的大小，可以分为专家分析、预案分析及视频分析。

（2）监测数据可视化查阅

地下水状态可视化控制主要侧重于井点水位和土体沉降的变化趋势。因此，对于数据的查阅可以采用多种形式：单点可视化分析、单孔可视化分析、多点可视化对比分析、多孔可视化对比分析。

1）单点可视化分析是指某基坑降水井点水位监测点的监测数据随时间的变化曲线，此种可视化分析有利于掌握基坑降水过程中关键井点的水位监测信息，同时便于对水位监测数据的变化规律进行预测（图 4-38）。

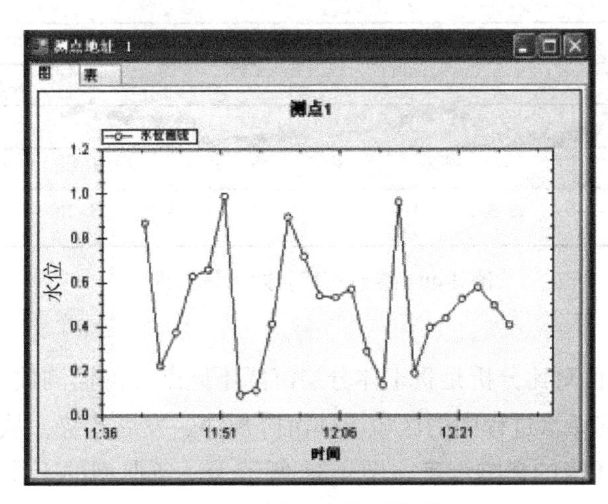

图 4-38　单点可视化分析曲线

2）单孔可视化分析指的是对某一地层剖面上的点沉降值在某一固定时刻的变化规律性进行可视化分析。借助于可视化图形，形象显示断面上监测点的沉降变化，可以准确分析基坑降水过程中某一时刻的影响范围、影响深度及最不利位置。图 4-39 所示为一条典型的土体分层沉降单孔可视化分析曲线。

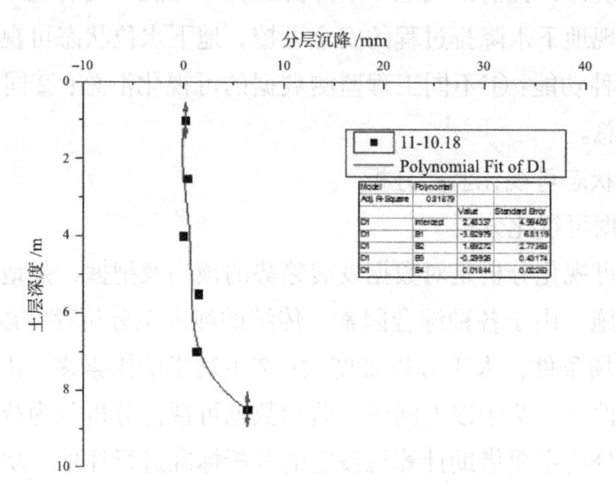

图 4-39　土体分层沉降单孔可视化分析曲线

3）多点可视化对比分析是针对某基坑降水的多个监测点的监测数据随时间的变化曲线同时进行分析，用于分析确定监测点降水水位的变化规律、变化趋势，确定对施工最不利影响的降水区域。图 4-40 所示为典型的多点可视化对比分析曲线。

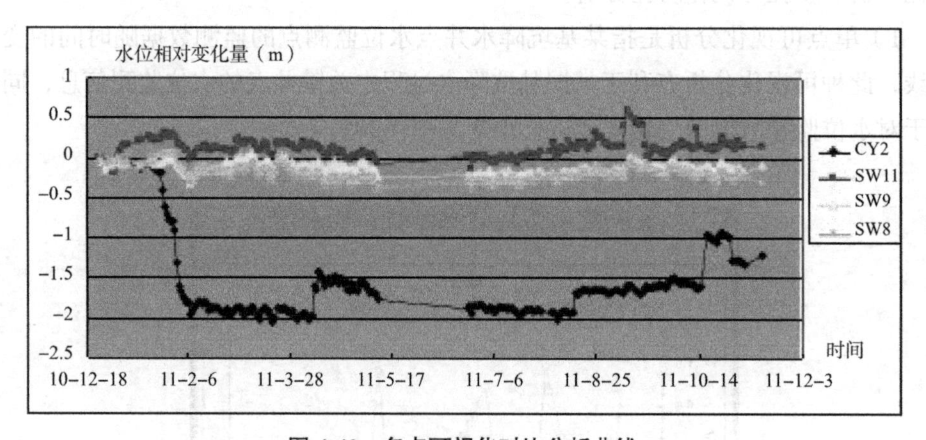

图 4-40　多点可视化对比分析曲线

4）多孔可视化对比分析是将土体分层沉降不同断面的监测数据汇总综合分析，便于了解整个基坑降水过程中的区域土体沉降规律、发展趋势，从整体上把握施工安全性及对周围环境的影响程度。图 4-41 所示为一条典型的土体分层沉降多孔可视化对比分析曲线。

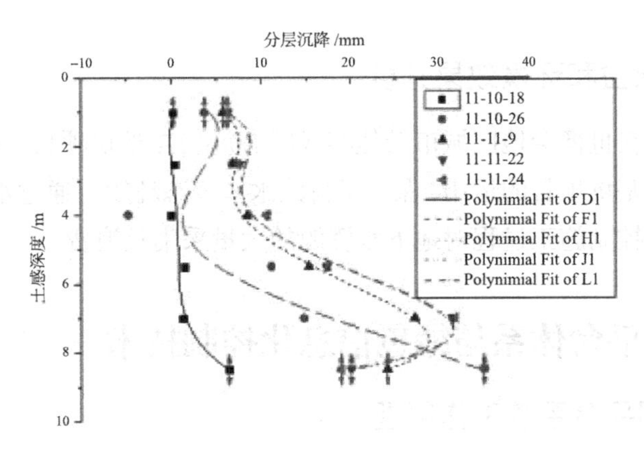

图 4-41　土体分层沉降多孔可视化对比分析曲线

（3）监测数据可视化后处理

借助商业化软件（如 Surfer 等），利用其强大的绘制等值线等矢量图的能力，丰富的数据网格化和插值方法，迅速、方便地将监测数据转换为等值线、矢量、表面、线框、地表纹理等图形，实现对降水过程和沉降过程的可视化（图 4-42、图 4-43）。

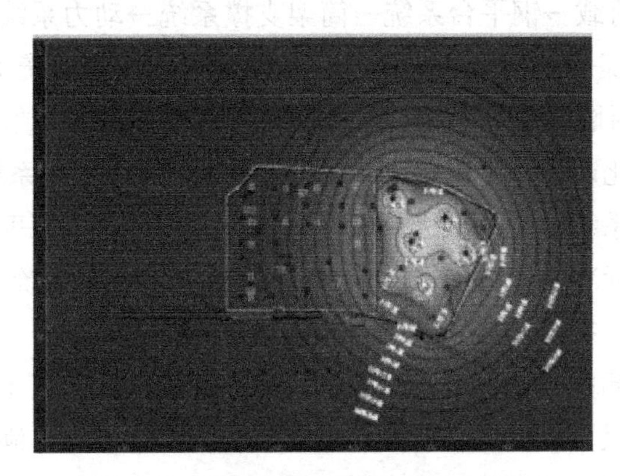

图 4-42　基坑降水预测降水深度云图

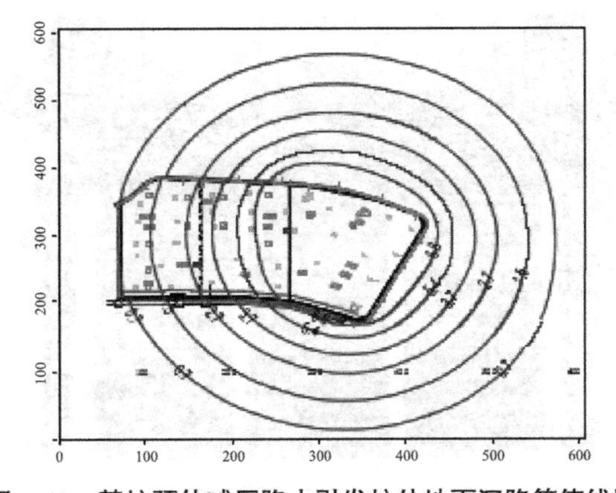

图 4-43　基坑预估减压降水引发坑外地面沉降等值线图

4.3.3 经济效益和环境效果分析

本技术通过在世博会地区城市最佳实践区 E08-01A 地块项目、西岸传媒地下空间项目等多个深基坑项目的运用，保护了自然水体生态环境。通过水体的自然沉淀、渗透回灌，有效控制施工过程对地下水资源的大量采集及浪费。

4.4 整体钢平台体系与绿色信息化控制技术

4.4.1 整体钢平台系统工作原理

核心筒施工采用专有的整体钢平台模架体系，在既有整体钢平台模架体系的基础上进行了技术升级，将原有的机械式动力系统更新为液压顶升动力系统。为保证整体提升钢平台的安全稳定，选取两个较为典型的受力状态对钢平台进行承载能力校核，一个是正常施工状态，另一个是爬升状态，两者在受力模式上存在较大不同。正常施工状态下，整体提升钢平台竖向传力路线主要为：施工荷载→钢平台系统→筒架支撑系统→支撑系统钢牛腿→结构墙体；爬升状态下，整体提升钢平台竖向传力路线主要为：施工荷载→钢平台系统→筒架支撑系统→动力系统→钢梁爬升系统→钢梁爬升系统钢牛腿→结构墙体。同时，考虑到筒架支撑系统上设置有附墙滑轮，在水平力作用下，附墙滑轮可利用其强力弹簧顶紧核心墙体，故其可提供水平侧力。

同时采用模块化产品设计理念，将钢平台系统、筒架支撑系统、钢梁爬升系统、脚手架系统、模板系统五大系统进行模块化、产品化，最大限度地实现每个模块的标准化加工和利用标准化模块进行拼装组合，以此实现各个系统的模块化。一方面，加快了装备的安装、拆除速度，便于各模块的储存、运输；另一方面，模块化装备加工方便，便于局部更换和补缺，增加了装备的适应性，提高了重复利用率，大幅降低了原材料的损耗。模块化体系提高了模架装备的经济性，满足了绿色施工的发展要求（图 4-44、图 4-45）。

图 4-44 内架液压油缸顶升

图4-45　内架液压油缸回提

4.4.2 整体钢平台模块化技术

1. 钢平台系统

钢平台系统一般布置在整个模架装备的顶部，位于已完成的混凝土结构及施工作业平面的上方，方便塔式起重机装卸材料；其大承载力的优点，保证一次吊装钢筋量可用于施工半层或一层混凝土结构，极大地提高了建造工效。辅助施工机具，如布料机、施工电梯等可附着在钢平台系统上，与钢平台系统实现一体化设计，进一步提高施工效率（图4-46）。

图4-46　钢平台系统效果图

（1）钢平台系统构成

钢平台系统由纵横向主次梁、平台铺板、格栅板及外围挡板组成。

由于混凝土结构施工中会发生体型变化，钢平台系统应能迅速作出适应性调整，所以钢平台框架采用模块化设计，一部分钢梁设计成可拆式钢梁，可快速拆卸、组装以适应任意结构体型施工的需要；考虑到劲性混凝土伸臂桁架层结构的施工需要，将位于竖向混凝土结构顶部区域的钢梁也设计为可装拆式，在安装伸臂桁架层钢结构时连梁可交替拆除与安装，实现钢平台系统不分体的高效安全施工。

（2）钢平台系统模块组件研发

钢平台系统组件充分继承绿色化、模块化的研发思路，形成了各类尺寸规格的标准及非标单元框架、跨墙连杆，通过螺栓节点拼接组合形成整体框架，并辅以各类工具化组件，形成适应性极强的钢平台组装模式。

2. 筒架支撑系统

筒架支撑系统位于核心筒内部，与内脚手架相连接，是整个装备重要的承重和传力结构。筒架支撑系统与脚手架系统协同工作，确保立体交叉作业的稳定性，在钢梁与筒架交替支撑式模架装备中，筒架支撑系统作为模架装备在搁置使用阶段最为重要的承重与传力结构，其受力性能直接影响到整体模架装备的安全性。

（1）筒架支撑系统构成

筒架支撑结构作为整个支撑系统重要的单元组件，具有极强的承载能力，其往往分布于标准核心筒的外围角部，由支撑单元及支撑底梁组合而成，支撑单元下部连接支撑底梁的同时，上部与钢平台系统可靠连接，形成了完整的承力体系，强大的承载能力使其可充分保证整个钢平台在各类作用下的强度及稳定性。

为了满足长行程油缸的布置要求，针对性地在支撑系统下方增设一节爬升段，爬升钢梁穿越其中。爬升时爬升钢梁与筒架交替支撑，实现整体钢平台的向上提升。

底层钢梁采用型钢组成平面受力框架，支撑牛腿以螺栓连接方式安装在筒架支撑系统底梁中，通过液压驱动实现伸缩功能，以满足钢平台施工及爬升的需要。支撑牛腿的设计，既要保证坚固性，又要满足一定的灵活性，以保证大承载能力及自如伸缩的要求。

（2）筒架支撑系统标准组件开发

1）支撑底梁。支撑底梁由定型角部标准支撑钢梁及中间段模数化连接钢梁组成，牛腿安装于定型化角部支撑钢梁上，中间段支撑钢梁一般模数划分为1800mm、3600mm、5400mm等长度，通过角部设置定型化支撑钢梁并通过螺栓由合适模数的中间段钢梁拼装形成底部框架，最后上铺钢制走道板及可开合闸板，形成全封闭底部平台。

2）筒架支撑单元。筒架支撑单元起到连接上部钢平台系统及底部支撑钢梁的重要作用，并可按脚手架步距，间隔设置支撑梁以实现内脚手架的快捷安装。筒架支撑单元布置应与上下钢梁相对应，通过节点板、螺栓连接。筒架支撑系统如图4-47所示。

3. 钢梁爬升系统

钢梁爬升系统位于筒架支撑系统的内部，在钢平台模架装备提升阶段，通过液压油缸对其作用反力来临时支撑钢平台模架装备，通过液压油缸的反复伸缩来完成钢平台的提升。

图4-47 筒架支撑系统

（1）钢梁爬升系统构成

钢梁爬升系统位于筒架支撑系统的第6层至第7层之间，包括爬升钢梁、竖间限位支撑装置、长行程液压油缸动力系统以及中央控制系统等。

（2）钢梁爬升系统标准组件开发

1）爬升钢梁是钢平台爬升时的承重钢梁，它的设计是根据荷载大小，设计满足承载力要求的平面框架，设置于筒架支撑系统的下部，起到支撑顶升油缸的作用。为实现侧向限位及竖向限位功能，设置水平限位装置及整向限位装置。爬升钢梁标准化设计类似于筒架支撑单元，角部采用定型化组件，中间部分模数化设计，可满足不同尺寸的需要。

2）支撑牛腿为支撑整个钢平台受力集中的部位，其承载能力直接关乎整体钢平台安全性。支撑牛腿的设计，在满足承载力要求的同时，又要满足一定的灵活性，以保证施工及爬升时自如伸缩的要求。外牛腿的长度可以设计为1800mm和240mm两种长度规格，以适应超高层不同厚度墙体的需要。

3）长行程液压油缸动力系统是决定整体钢平台能实现顺利提升的关键。长行程液压油缸又是整个系统的核心动力部件，其固定于内架层的底部，在进行整体钢平台动力系统设计时，应首先结合钢平台自重度承载能力选取液压油缸的额定顶升力、布置数量及分布位置，以满足钢平台提升的必要条件，而后选取泵站合理布置位置，最后采用快接接头布设油缸管路，保证整个动力系统运行顺畅。泵站系统选用若干套专用泵站，每套泵站控制4个或5个油缸，通过PLC来达到同步。每套系统可控制4个或5个油缸独立工作。由于结构层高通常在4～6m，采用单行程3m的液压油缸系统，通常采用一个楼层两次爬升的设计方案。

4. 脚手架系统

脚手架系统以螺栓固定于钢平台的钢梁底部，随钢平台同步提升。脚手架系统是实现全封闭作业的关键，其内外侧面围挡、底部闸板与钢平台系统的侧面围挡形成全封闭安全防护体系，全封闭的设计可以防止粉尘污染、光污染等，真正实现绿色施工，且使高空施工如同室内作业，充分展现人性化设计理念，消除超高空施工作业人员的恐惧心理，从而提高结构施工质量。

（1）脚手架系统构成

脚手架系统（图 4-48）沿核心墙体布置，通过吊架固定于钢平台的连系钢梁底部。外部脚手架根据施工需要可设计为固定脚手架和滑移脚手架，主要承受施工过程中可能产生的竖向以及侧向的冲击荷载等。脚手架系统的自重以及承受的竖向荷载由脚手架吊架传至钢平台钢梁底部，设计时按实际作业工况确定相应荷载。内挂脚手系统位于核心筒内筒中，底部通过螺栓固定于筒架支撑系统底部。

图 4-48　脚手架系统

外脚手架由吊架、走道板、侧网、闸板、上下楼梯、防护链条等组成。根据全钢大模的施工工艺，施工分为模板施工层和模板清理层两部分。模板施工层要求脚手架距离墙体要近，以便于对拉螺栓的操作施工；而模板清理层脚手架要距离模板远一些，以便于模板的清理和修补。内脚手架由吊架、走道板、侧网、闸板、上下楼梯等组成，共分为六层，层高与外脚手架相同。

（2）脚手架系统标准化组件开发

脚手架各部分组件均采用标准化、工业化开发方式，各组件拼接便利，实现了安装、拆除、替换的快捷施工模式。

4.4.3　钢平台实时监测内容

（1）应力监测

根据上海中心大厦塔楼钢平台体系有限元分析的结果，钢平台梁、立柱、牛腿等构件应力较大，应对这些主要构件进行应力监测。

（2）变形监测

实际监测过程中，根据测点布置原则，选取钢平台竖向及两个侧向变形、立柱两个方向侧向变形及长行程液压油缸的侧向变形进行重点测量。

（3）风力监测

在钢平台上安装风速测量装置，对施工及爬升状态下的风速进行实时测量，充分把握每个时间现场的风速数据。一方面，可以为钢平台有限元计算中的风荷载数据提供有力支持；另一方面，可以充分满足方案中对于正常施工（8 级风以下）及爬升施工（6 级风以下）中风力的要求，确保现场施工的安全。

（4）液压油缸压力监测

液压油缸的压力是否满足要求，直接关乎整体钢平台是否能够顺利完成顶升。油缸压力的监测可直观地为钢平台受力分析及现场施工提供数据支撑。钢平台动力系统具备在爬升过程中实时监测油缸压力的功能。通过无线网关设备可将液压油缸压力的监测数据纳入整体钢平台体系的监测系统中，实现数据的共享。

（5）牛腿深入度监测

在正常施工或爬升状态下，整个钢平台的重量和施工荷载（材料堆载、机械设备及施工人员荷载）最终传递到了下部的支撑牛腿上，而牛腿是否正常伸入预留洞口是其能否正常工作的关键。因而，采用视频监测的方式对牛腿是否正常伸入进行监测。

（6）牛腿压力监测

实际监测过程中，需对牛腿压力进行监测，以便实时掌握钢平台的负载情况。

（7）钢平台与塔式起重机距离监测

为协调钢平台、塔式起重机及施工电梯间工作，保障安全，采用一台全向摄像头用以实时观测钢平台顶部。并在钢平台上安装一台红外测距仪，监测塔式起重机与钢平台间的距离变化，塔式起重机上设置目标面钢板，红外测距仪布置在钢平台上，随钢平台爬升。

4.4.4 钢平台装备系统绿色信息化控制技术

钢平台装备系统绿色信息化控制技术基于 BM 技术，实现钢平台、监测信息、施工工况等信息的有机集成，支持钢平台实时几何形态的可视化展现和复杂工况的模拟分析；并探索根据监测信息自动更新钢平台 BIM 模型和结构计算模型，为钢平台设计和优化提供参考。

1. 整体钢平台建模

采用 Autodesk Revit 创建钢平台 BIM 模型，支持监测系统布线方案模拟、爬升过程模拟、结构计算和监测信息展现。针对应用需求，建立的 BIM 模型包括塔楼的核心筒结构、钢平台、垂直运输设备、监测设备及其布线。针对钢平台中模板吊点板、拦网等常用构件定制加工级别参数化的族库，支持模块化、标准化钢平台设计和快速建模。

2. 整体钢平台爬升模拟与优化

（1）正常工况下钢平台爬升模拟

在钢平台使用中，爬升过程是一个复杂、风险较大的阶段，预先通过 BIM 软件模拟其爬升过程，支持项目工程师和管理人员在可视化平台中分析爬升过程中可能存在的问题，做到提前防备。并且钢平台的爬升是一个重复的过程，可以根据实际情况，增加模拟的真实性，形成标准化、多样化的模拟方案，支持可视化的技术交底，提高施工效率和安全性。

（2）跨桁架层的钢平台爬升模拟、动态碰撞检测和优化

在钢平台过桁架层时，钢平台的自有构件与伸臂桁架之间的关系错综复杂，难以用二维图纸表达清晰，通过三维模型能够清晰了解到构件之间的关系，在钢平台爬升的动态过程中这些问题则更为突出；因此基于BIM技术，对跨桁架层的钢平台爬升过程进行模拟，便于管理人员进行深度分析，发掘可能存在的问题，支持优化爬升方案。

3. 基于监测信息的BIM模型动态更新技术

根据监测获得的钢平台四个角点与中心点相对变形信息动态更新BIM模型中四个角点的位置，然后根据钢平台理论的变形形态计算其他关键点的相对变形，最后基于此更新BIM模型中各个构件的空间位置，探索根据实时监测信息动态更新BIM模型的方法和技术，从而构建真正意义上的施工BIM模型，为后续基于BIM的施工过程分析和管理提供最准确的模型。

4. 基于BIM的钢平台工作过程动态结构分析

在钢平台无堆载（刚提升完成）时选择风速较小的时刻，获得钢平台的变形监测信息，更新钢平台BIM模型，假定为自重作用下钢平台的真实几何形态；然后基于APDL等开放格式通过Revit次开发，自动根据BIM模型导出为结构计算模型，用于分析钢平台工作过程中的支持施工过程的钢平台安全控制和管理。该研究可实现BIM、监测系统和安全分析的三方面信息共享，提升施工过程中BIM应用水平，提高施工监测和分析的效率和作用。

5. 基于BIM技术的整体钢平台监测信息远程

基于WebGL和Html5技术，在浏览器端显示钢平台和监测系统的BIM模型，支持管理人员随时随地查看钢平台的结构体系，并在任意视角选择查看各个测点的监测数据，便于进行分析和管理工作。通过连接监测数据库，支持在BIM模型中显示各个测点的实时监测，直观形象。

4.4.5 经济效益和环境效果分析

整体钢平台模块化技术比传统模板施工技术的施工速度提高一倍以上，可缩短工期，从而减少工期成本。

由于不使用传统的脚手架，摒除了钢管、扣件等周转材料的使用，大大降低了周转材料的租赁费用，同时减少了塔式起重机的吊次，在很大程度上缓解了垂直运输的压力。

减少了钢材、木材等资源的耗用量，各构件均能工厂化加工，批量生产，有利于集成和规模化应用。

4.5　预制混凝土构件数字化加工与拼装技术

4.5.1　可扩展式模台的预制构件数字化加工技术

1. 生产线布局

可扩展式模台的预制构件数字化生产线具有布局灵活、适应性强的特点，生产线可按产能需求逐条投入。预制构件数字化加工生产线主要以智能化设备为主，在预制构件实际生产过程中，各种设备之间协同作用，控制预制构件的整个生产过程（图 4-49）。

图 4-49　预制构件数字化生产线

2. 数字化生产线设备

基于固定模台生产方式，结合流水线中高效的单元设备，通过在轨道自行移动，使得这些设备在固定模台上进行工作，这样就形成了一种全新的生产方式：模台不动（但可侧翻），清扫划线机、物料输送平台小车、混凝土布料机、移动式振动及侧翻小车在轨道上往复直线移动，生产线与线之间有中央行走平台装置将各个移动设备进行转运，实现构件在生产线上柔性生产。

（1）生产轨道及固定模台

生产轨道在非固定生产模台上完成，铺设于固定模台底部及两侧，每条纵向生产线总共六排轨道，用于运输主要生产设备及辅助装置。生产模台固定于支撑脚上，生产模台处于非固定状态（无焊接固定），在可运行的翻转支架上进行翻转。

（2）清扫划线机

清扫划线机由龙门式结构拓展单元、纵向行走机构、安全装置、布模区划线装置、划线装置电控单元、无线电控制单元、双集电器单元、识别单元等组成（图 4-50）。预制构件模具在固定模台上拼装前，可利用清扫划线装置对底模进行清扫处理，保证底模干净无垃圾残留。

图 4-50　清扫划线机

（3）物料输送平台小车

物料输送平台小车由小车、龙门式结构、行走运行机构、安全装置、电控单元等组成。龙门式结构是管型钢焊接的坚固结构，可在其上安装行走装置、带制动功能的安全装置。桥式结构带升降装置，可移动边模，升降装置的吊钩可起吊边模，用电线盒手动控制。悬臂吊可旋转 180°。

（4）中央行走平台装置

中央行走平台装置又称摆渡装置（图 4-51），包括平台和运行导轨，通过电动凸缘轮驱动，集成的锁定装置可固定在传送装置上的准确位置。手动遥控操作，用于连接两条纵向轨道，把设备通过一条轨道运输到另一条轨道，此装置只可横向移动，达到指定轨道时，两侧通过液压油泵锁定，防止设备发生错位沉降。

图 4-51　中央行走平台装置

（5）桥式混凝土料罐

桥式混凝土料罐是轧制钢材制成的坚固焊接结构，带活动底板的料仓，可用液压缸装置将其打开。其主要由桥式结构、横向驱动锁定装置、纵向行走机构、横向行走机构、光栅发射器、集电轨、进给导轨、双集电器单元、料罐电控单元、导轨轧制钢材托梁等组成，直接连接混凝土搅拌楼，通过无线控制系统进行发料，启动此装置将运输混凝土至指定的模台。

（6）混凝土布料机

混凝土布料机根据制作预制构件强度等方面的需要，在钢筋笼绑扎、预埋件安装及验收完成后，通过桥式混凝土料罐将混凝土运输至指定模台倒入混凝土布料机，把混凝土均匀地浇洒在底模板上由边模构成的预制混凝土构件位置内，过程可控。该混凝土布料机为数控型布料机，可通过重量和路径测量系统布料，由纵向行走系统、龙门架结构、横向行走系统、料罐、料罐提升单元等组成（图 4-52）。

图 4-52　混凝土布料机

（7）移动式侧翻及振动设备

模台侧翻和振动装置是集模台侧翻装置和模台振动装置于一体的移动式设备，并采用无线控制形式，当混凝土浇筑和构件脱模起吊时，该装置移动到模台下面使模台进行振动和侧翻。侧翻模台装置是在预制构件脱模起吊时，采用液压顶升侧立模台方式脱模，将载有预制构件成品的模台翻转一定角度，使得预制构件成品可以非常方便地被起吊设备竖直吊起并运输到指定区域，大幅提高了起吊效率。

（8）旋翼式抹平设备

为了让预制构件加工制作后的表面光滑平整，需采用旋翼式抹平设备，该设备配有垂直升降机精细抹平装置，该装置配有一个整平圆盘（用于粗略抹平）和一个翼型抹平器（用于精细抹平），并自带水平矫正板精细抹平装置，其作用为配合外部振动，在生产中会根据需要将混凝土层振动，再进行精细化抹平。旋翼式抹平设备采用无线电控制系统，由可在 x、r、z 三个方向上移动的电机传动装置驱动。

3. 预制构件数字化加工及无线控制

预制构件生产时，通过各设备之间的联动性及无线控制，数字化加工步骤如下：操作人员将生产图纸导入控制系统→操作人员向清扫划线装置中输入目标模台编号，中央行走平台装置将物料输送小车移动至目标轨道→隐蔽工程验收→中央行走平台装置将移动式侧翻及振动设备移动至目标轨道→通过旋翼式抹平装置对预制构件的上表面进行抹面→物料输送平台装置将拆除的模具吊放至下一目标模台。

4.5.2 移动式模台的预制构件数字化加工技术

随着建筑科技的不断推进，预制构件工业走向自动化，移动式模台逐渐取代了传统固定式模台。

数字化移动式模台预制构件加工系统是一个由多个数控单元构成的数控系统集合，一个成熟的数字化移动式模台预制构件加工系统包括数字化构件成型加工系统、数字化钢筋加工系统、数字化模板加工系统。数字化构件成型加工系统是整个系统的核心板块，移动模台又是实现构件流水线加工成型的关键技术，工位系统、模具机器人、绘图仪、中央移动车、混凝土运输配料系统、托盘转向器、表面处理技术、蒸养加热设备、卸载臂和运输架及出库系统是构件实现数字化生产管理的重要设备构成。

1. 移动式模台生产线结构形式与数字化系统架构

（1）系统架构

移动模台由钢平台、移动轨道、支撑钢柱、主动轮装置和从动轮装置构成，钢平台由钢板和框架角钢焊接制成，在矩形的钢板底部设有四根框架角钢组成的矩形框架，在框架角钢和钢板形成的敞开空间内，沿横向焊接有支撑角钢，沿纵向焊防变形角钢；端部的支撑钢柱分别处于行车的作业范围内。

移动轨道装置包括电动机、减速器和动力滚轮。电动机和减速器连接在一起布置在支撑钢柱的内侧边靠近顶部的位置，连接减速器的动力滚轮设在支撑钢柱的顶部，动力滚轮的边缘与移动轨道的底部接触，动力滚轮由橡胶材质制成。位于端部的装有主动轮装置的支撑钢柱底部均设有防振弹簧。主动轮装置分别设置在两侧对应的两个支撑钢柱上，被动轮同样装置在支撑钢柱上；钢模台卡在钢柱上的主动轮装置和从动轮装置上。

移动式模台生产线采用平模传送流水法进行生产，由水平钢平台和钢轮滚动系统构成，同时配有其他数字化操作设备协同工作。PC 流水线为多功能 PC 构件生产线，必须能同时生产内墙板、外墙板、叠合楼板等板类构件（厚度 40mm）。PC 流水线集 PC 专用搅拌站、钢筋加工两大原材料加工中心于一体，主要由中央控制系统、模台循环系统、模台预处理系统、布料系统、养护系统、脱模系统六大系统组成。

在生产双层墙时，有必要将被硬化的上表面旋转 180°，通过新浇筑的下表面进行定位和下沉。托盘换向器是实现墙体构件表面旋转的设备，通过转向器专用伸臂梁锁定并运送托盘实现其换向。托盘换向器分为定托盘换向器和吊顶式托盘换向器两种。

（2）分项工序

预制混凝土构件自动化生产线还需必备以下分项程序生产线：模板加工生产线、钢筋加工生产线，预制构件全自动化流水生产线的钢筋生产线设备包括数控钢筋切割机、弯箍机、焊网机、数控钢筋调直机，切割机主要对钢筋进行规定的尺寸切割，弯箍机用于制作梁柱板等箍筋，结构紧凑并且功率强劲，用于生产直径在 5 ~ 16mm 的钢筋弯箍和板材操作简单，具备集成的高级控制系统，性能和精度较高。

2. 移动式模台数字化制造工艺

（1）外墙板生产工艺流程

台模清扫→自动喷洒隔离剂→标线→安装边模→安装底层钢筋网片→安放预留预埋件→检查复查→第一次浇筑、振捣→安装保温板→安装上层钢筋网→安装连接件→第二次浇筑→振动赶平→进入预养护窑（预养护 2h）→抹光作业→送入立体养护窑（养护 8h）→拆除边模→立起脱模、吊装→运输到成品堆放区→修饰并标注编码。

（2）内墙板生产工艺流程

台模清扫→自动喷洒隔离剂→标线→安装边模→安装钢筋网片→安放预留预埋件→检查复查→浇筑、振捣→振动赶平→进预养护窑（预养护 2h）→抹光作业→送入立体养护窑（养护 8h）→拆除边模→立起脱模、吊装→运输到成品堆放区→修饰并标注编码。

（3）叠合楼板生产工艺流程

台模清扫→自动喷洒隔离剂→标线→安装边模→安装钢筋网片→安放预留预埋件→检查复查→浇筑、振捣→静停→拉毛作业→送入立体养护窑（养护 8h）→拆除边模→吊装→运输到成品堆放区→修饰并标注编码。

4.5.3 长线台的预制构件数字化加工技术

目前，长线台的预制构件数字化加工技术主要用来生产预应力空心板（SP 板），在生产 SP 板的实践中充分体现了长线台法（图 4-53）的灵活性，不像传统预制板受建筑模数限制，可任意切割。在生产预应力空心板的长线台座上，通常使用的成型机械有挤压机和行模机两种。挤压机是通过机器中的若干个螺旋杆将混凝土拌合料均匀地输送到空心板的每个部位，在芯管振动器、螺旋挤压及表面振动器的联合作用下，使空心板密实成型，效果显著。行模机是通过液压电动机驱动而自行运动实物，由上、中、下三层储料斗构成，每层分别采用偏心捣实杆或振动靴子进行混凝土密实，芯模一般分成两组，相对相互搓动，最后利用表面振动器将表面振实、抹平。挤压法与行模法相比是一种投资较省、资金回收快的生产方式。

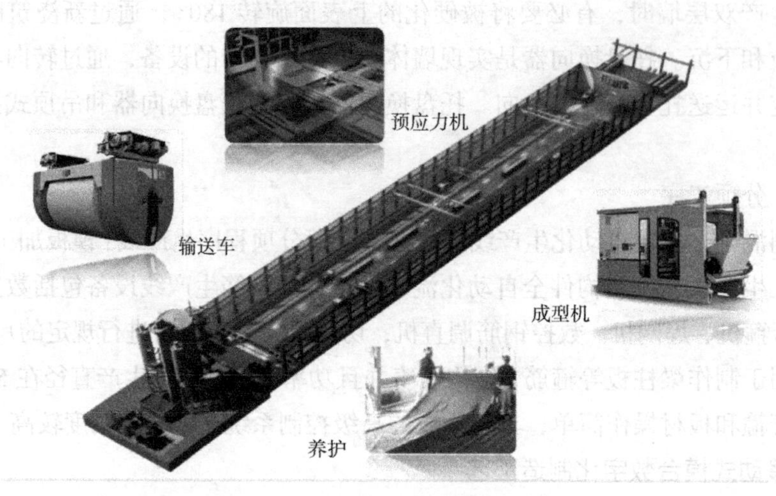

图 4-53　长线台生产线结构示意图

1. 工艺流程

长线台生产预应力空心板的主要流程为：预应力钢绞线布置在台座上按规定进行张拉→ SP 板挤压成型机就位→挤压出底板、板肋和面板，捣实混凝土空心板成型→板边嵌锁式键槽成型→抹平，挤压成型机退出作业。浇筑好后的空心板在生产台座上保持养护段时间，当达到一定的程度后，即可进行叠层生产，或进行切割，后将空心板移出台座。

2. 应用现状

自 20 世纪 50 年代开始，美国 SPANCRETE 机械就不断实践和创新，研制出世界先进的空心板生产工艺和生产线——干硬性混凝土冲捣挤压成型生产工艺。该生产线可长达数百米，生产线依次配备放线设备、挤压成型设备、切割设备、吊装设备、牵引小车、张拉机、桥式起重机、搅拌站、叉车、装卸机、平板车、龙门吊（架），该生产线可连续大批量生产 SP 板，无需模板，不需蒸汽养护，一次成型。同样，芬兰的 X-TEC 公司生产线自动化程度高，损件少，成型速度快，维修保养方便，生产工艺配置先进，拥有最新的多项专有技术，其技术也在国际处于领先水平。该生产技术钢筋采用低松弛、高强度钢绞线，使用坍落度为零的干硬性混凝土拌合料，所生产不同厚度的空心板其水泥用量仅为 12% ~ 15%，水灰比为 0.3，无需任何外加剂，具有密实度高、强度好、混凝土对钢绞线的握裹力强、负载能力强等优点。

目前，我国的建筑工业化正在蓬勃发展，预应力空心板的应用无论从结构强度方面还是从施工便利角度都符合现代建筑发展的趋势，即快速、美观、节能、环保。采用长线台法生产制作预应力空心板技术成熟，板的整体质量可得到较好的保证。为响应国家发展建筑工业化的号召，上海部分企业采用国际先进设备生产 SP 板，其优势得到较好的体现。图 4-54 所示为预应力混凝土空心板生产线。

图 4-54　预应力混凝土空心板生产线

4.5.4　预制构件数字化拼装技术

1. 数字化拼装技术发展现状

数字化拼装技术在我国的研究应用起步较晚，且大多针对单个工程进行应用，基本的应用思路也较为相似，一般是先基于图纸设计建立模型实体，通过测量实际构件的控制点获得实测模型，然后在局部坐标系下对实测模型与实体模型进行对比，检查并修正其制造精度，最终对组装匹配实测模型，获得实测模型整体坐标系下各控制点的坐标并与理论值进行对比，用以判别构件是否可以拼装以及是否需要对其进行修改调整。这种预拼装思路主要存在的缺陷为：①通常测量采用全站仪，精度较低，自动化程度有限；②现阶段国内工程设计领域的设计成果主要采用二维 CAD 图纸，需另外建立预制构件的三维模型，增加了数字模拟预拼装的工作量；③由于可能存在的制作误差，导致测量得到的构件特征点一般不能与理论值完全对应；④一个工程中，构件可能有成千上万个，特征点数量巨大；⑤对于预拼装结果不能够可视化显示，直观度较差；⑥目前的数字化应用通常是基于物理测量数据输入计算机后进行的，还未形成真正意义上的配套数字化测量方法及相应软件。

2. 数字化拼装应用技术

数字化拼装应用技术通常需应用 BIM 技术、RFID 芯片技术、ERP 系统以及 MES 系统这四种信息化技术，基于 BIM 模型的准确性，通过 ERP 系统实现预制构件生产信息的集成，通过 MES 系统实现向上对接工厂生产车间，同时利用芯片共享信息的优势，将信息化管理向施工现场延伸，甚至实现全生命周期的信息化管理，可有效提升工程建设工业化建造及管理水平。

（1）建筑信息模型（BIM）技术

以建筑工程项目的各项相关信息数据作为模型的基础进行建筑模型的建立方式称为建筑信息模型（Building Information Modeling，BIM）技术，该技术具有模拟性、协调性、可视化等优点。在预制混凝土构件厂进行预制构件加工制作时，利用 BIM 技术对构件所具有的真实信息进行虚拟仿真三维可视化设计，对各类构件进行三维建模、翻样、碰撞检查等工作。

构件深化设计时，运用 BIM 技术进行构件编号、节点细化、信息模型制作、钢筋翻样、加工图信息表达等工作。由于 BIM 具有关联实时更新性，当对模型之中的数据进行修改时，相应的整体建筑预制关联的其他信息都会同步修改，这样可避免传统手工绘图时因修改出现错误、遗漏的问题。当 BIM 建成后，操作人员根据实际需要导出构件剖面图、深化详图以及各类统计报表等，使用方便。此外，在构件深化设计中，还可利用 BIM 技术对构件进行配筋碰撞、预制件碰撞等检查。

构件模具设计时，运用 BIM 技术进行钢模模型制作、钢模编号、加工图信息表达等工作。BIM 三维可视化技术模型能够显示预制构件模具设计所需要的三维几何数据以及相关辅助数据，为实现模具的自动化设计提供便利；此外，基于预制构件的自动化生产线还能实现自动化拼模。

当进行预制构件下料加工时，应用 BIM 技术把三维数字化语音转换成加工机器语言文件进行数字化生产，可实现构件无纸化制造。将 BIM 中的构建信息导入服务器，生成自动化生产线能识别的文件格式进行生产，并利用模型信息，可实现拼模的自动化。

通过 BIM 技术，使不同专业的设计模型在同一平台上交互，实现不同专业、不同参与方的协同，大大提高了预制构件加工效率。

（2）RFID 芯片技术

射频识别技术简称为 RFID（Radio Frequency IDentification）技术，是一种无线电波通信技术，其特点为通过无线电波不需要识别系统与特定目标之间建立接触就可以识别特定目标并显示相关信息。

传统形式的 RFID 芯片，通过预埋基座，后插入芯片封装，价格较高，安装时比较麻烦；目前常用的信息卡类似于“身份证”，是比较实用的一种 RFID 芯片形式，信息卡在构件加工任务单形成时即可制作打印，卡面包含构件加工单位、加工类型、时间及所在项目等信息，便于工人操作，价格低廉。

混凝土预制构件生产企业生产的每一片预制构件都可通过 RFID 芯片追溯其生产时间、生产单位、库存管理、质量控制等信息。另外，还可把在 RFID 芯片中记录的信息同步到 BIM 中，以方便操作者通过手机等设备实现预制构件生产各环节的数据采集与传输。

（3）ERP 系统

企业资源计划简称为 ERP（Enterprise Resource Planning）系统，是指基于信息技术，通过 BIM、计划管理系统及芯片内集成数据的结合，实现混凝土预制构件生产企业整条生产链（包括项目信息、生产管理、库存管理、供货管理、运维管理）的预制构件信息化集成管理。

（4）MES 系统

制造执行系统（Manufacturing Execution System）简称为 MES 系统，该系统面向制造企业车间执行层。利用 RFID 芯片技术，混凝土构件生产企业可以把 MES 系统与 ERP 系统连接，记录每一块 PC 构件基本信息，并在平台上实现信息查询与质量追溯，提高平台自身在 PC 产业的权威性和专业性，为政府监管单位提供实际抓手。

利用 MES 系统按照公司 ERP 系统反馈的生产计划，完成每日生产计划安排，包括每日从系统内调取当日生产计划，打印对应编号的 RFID 芯片，准备生产备料。在预制构件加工过程中，通过登录 MES 系统进行各生产环节的信息记录，并与 ERP 系统进行联动，实现数据信息共享。在预制构件存储管理过程中，按照 ERP 系统制订的库存管理信息进行构件堆放，出库时扫描芯片，并将信息同步录入两个系统中。

3. 数字化拼装工艺流程

（1）预制构件生产阶段

在预制构件生产时，将 RFID 标签安置于构件上，具体步骤为先将 RFID 标签用耐腐蚀的塑料盒包裹好，再将其绑扎于构件保护层钢筋之上，最后随混凝土的浇筑永久埋设于预制构件产品内，其埋设深度即为混凝土保护层厚度。生产日期、生产厂家和产品检查记录等基本信息录入 RFID 标签中。在标签信息录入时，根据预制构件生产过程分阶段（混凝土浇筑前、检验阶段、成品检查阶段、出货阶段）导入标签信息，后上传到服务器，完成录入。

（2）预制构件运输阶段

混凝土预制构件运输过程是工厂生产的构件运送到施工现场进行装配的过程。管理人员利用装有 RFID 读写器和 WLAN 接收器的 PDA 终端，读取 RFID 中预制构件基本出厂信息，以便核实配送单与构件是否一致，编写运输信息，生成运输线路，并连同安装 GPS 接收器和 RFID 阅读器的运输车辆信息一并上传至数据库中，以便构件与运输车辆相对应，通过 GPS 网络定位车辆，便可同时获得构件的即时位置信息。

（3）预制构件进场堆放阶段

在堆场中设置 RFID 固定阅读器，当构件卸放至堆场后，读取每个构件信息，将构件与 GPS 坐标相对应。在规划阅读器安装位置时，应考虑阅读器的读取半径，以保证堆场内没有信号盲区，实现构件位置的可视化管理。

（4）预制构件安装阶段

在预制构件安装时，因每个构件都同时携带与其对应的技术信息和 RFID 标签，安装工程师可依据技术信息和 RFID 标签信息，将构件与安装施工图一一对应。在每道工序节点完成后，通过读写器将安装进度和安装质量信息写入 RFID 标签，并通过网络上传至数据库中。

质量检查人员和安装工程师也可利用PDA及时掌握RFID标签中的进度和质量信息，当工人完成构件安装后，工程师将构件的实际安装情况与技术图纸相对比，重点确认构件的浇筑情况、临时支撑情况、连接节点处情况等，以便对构件安装进度、安装质量进行评估。

构件管理方面结合BIM技术和物流管理理念，针对现场施工进度情况，对预制构件的信息化管理进行探索，搭建一条看不见的生产线。

4.5.5 经济效益和环境效果分析

1. 成本分析

装配式建筑和传统现浇建筑相比，两者在全生命周期成本中会有所差异。在建筑安装成本中，因为当前装配式建筑构件生产、运输、安装成本相对较高，使得装配式建筑建造成本投入多。使用成本包含物业管理成本、能源消耗成本和维护成本，其中，在物业管理成本上两者之间差异并不明显；在能源消耗成本上，装配式建筑作为能源节约型建筑，能源消耗量相对较低；在维护成本中，由于装配式建筑采用一体化设计理念，能够有效减少运维成本。

2. 工期对比分析

和传统现浇建筑相比，装配式建筑构件一般采取的是工厂流水线生产模式，经过工程高效率生产，能够减少现场操作人员数量，保证施工效率，特别是在一体化建造背景下，通过使用BIM技术和EPC总承包管理模式，能够对建筑工程施工成本、施工质量、施工期限等进行科学把控。

3. 质量对比分析

和传统现浇建筑相比，装配式建筑结构部件通常由工厂直接生产，并在现代化生产设备作用下，生产部件精度比较高，现场装配施工均采取机械化手段，能够有效减少人工作业，保证操作质量，施工过程更加安全。装配式建筑质量控制通常以预制偏差、节点控制为主，随着科技水平的不断提高，在一体化建造模式下，装配式建筑质量能够实现全过程控制，并且有效避免不必要的质量问题出现。

4.6 复杂曲面幕墙安装虚拟仿真技术

复杂曲面幕墙安装时需要重点关注施工精度和施工方法。施工精度包括幕墙板块的前道工序的施工精度和工厂制作的单元板精度；施工方法包括施工流程和施工工艺，其合理性将直接影响工期和质量。

4.6.1 基于精度控制的安装虚拟仿真技术

在幕墙安装施工时，重点解决两个方面的问题：①对幕墙板块安装的前道工序的施工精度进行测控，确保其达到幕墙板块的精度要求；②幕墙板块的加工制作精度需严格控制，并达到相应设计标准。对第 1 个方面，需要在幕墙板块施工前对前道工序进行跟踪测量和过程中移交，前道工序可能是土建埋件或者是钢结构系统。同时，需要在幕墙挂板前对所有控制点进行再次测量，并将实测数据与理论数据进行静态模拟，并找出局部超差的点位，在幕墙转接件设计时进行提前消化处理。对第 2 个方面，在幕墙数字化加工环节已得到有效控制，出厂幕墙板块是精度合格产品。

钢支撑属于柔性悬挂体系，在超高层的外幕墙钢结构施工过程中，具有变形控制难度大的特点和施工精度高的要求，常规的钢结构施工方法较难达到幕墙挂板的施工精确度。为了达到理想的施工精度，BIM 方法目前成为钢结构幕墙系统从设计到施工一体化管理平台，对幕墙板块批量制作质量起到了强有力的控制作用。

利用信息化模型预拼装技术，技术人员可以在工厂加工阶段就发现加工质量不合格的钢支撑构件并给出整改建议。借助基于 BIM 的变形预先判断技术控制钢支撑施工质量。施工过程中，技术人员将对转接件控制点处的实测结果与 BIM 系统计算结果进行比对，使得幕墙挂板施工前将连接件调试到位（图 4-55）。

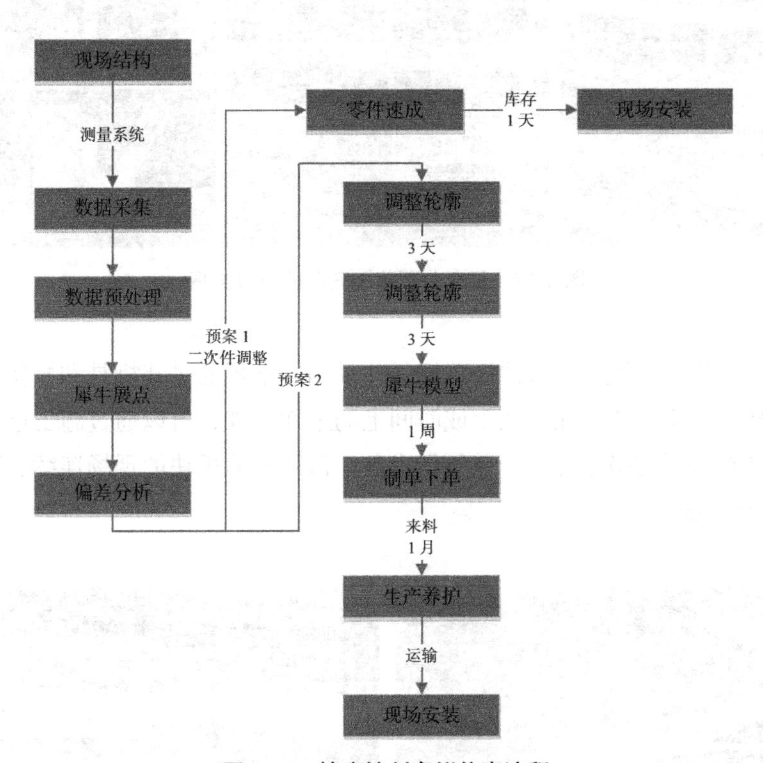

图 4-55　精度控制虚拟仿真流程

4.6.2　基于流程工艺的安装虚拟仿真技术

复杂曲面幕墙安装的流程和工艺非常复杂，需要从施工流程、工艺选择、施工措施、安全生产等多个方面进行一体化管控，在施工流程和工艺选择上，可以通过基于数字化的施工过程仿真模拟，提前展示现场施工的各项工作，对流程安排的合理性和工艺选择的正确性进行预先判定。图 4-56 所示为某超高层建筑标准结构分区幕墙安装流程虚拟仿真，图 4-57 所示为复杂曲面幕墙安装工艺的安装虚拟仿真。

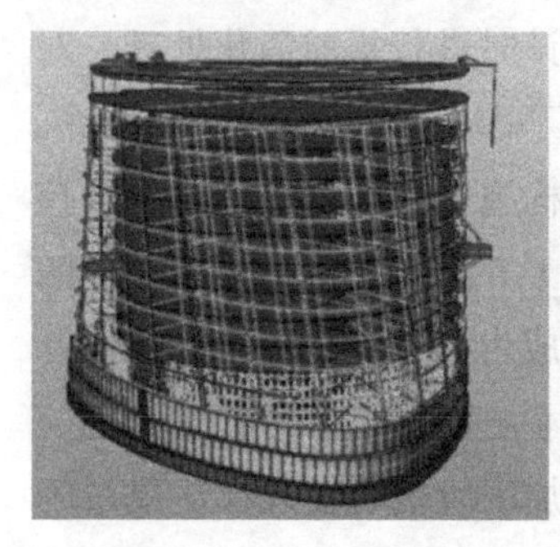

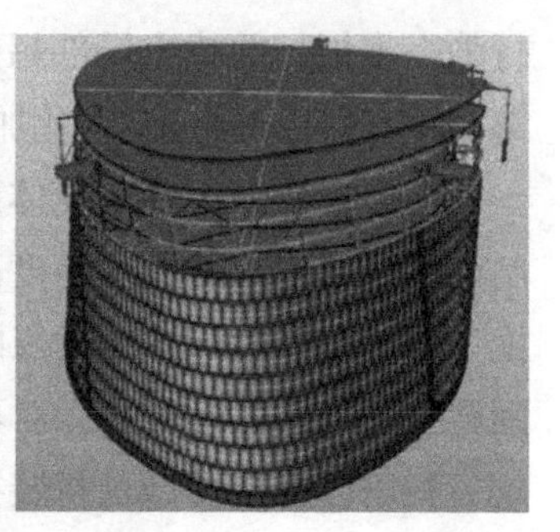

图 4-56　某超高层建筑分区幕墙安装流程虚拟仿真

图 4-57　复杂曲面幕墙安装的虚拟仿真

对于施工措施来说，复杂曲面幕墙往往采用非常规的吊装机具和操作平台，且与主体结构、幕墙板块存在空间上或时间上的未知干涉，可以通过施工过程的仿真模拟提前选择合适的措施方案，并早做准备，保障幕墙板块的现场连续、高效施工（图 4-58、图 4-59）。

图 4-58　施工操作平台仿真模拟

图 4-59　施工卸料平台的仿真模拟

4.6.3　基于角度可调节半抱箍转接件的大曲面幕墙结构施工技术

对幕墙龙骨进行创新，采用可适用于平面和曲面的角度可调节半抱箍幕墙转接件的幕墙结构体系（图 4-60）。内容主要为：①抱箍材料为 6063-T5 铝合金；②抱箍宽 100mm，抱箍内径根据幕墙龙骨圆管外径确定；③抱箍侧面留设通长的螺丝槽，便于放置 M6 不锈钢螺栓；④材料表面采用阳极氧化处理。

将单向抱箍安装在镀锌圆管上，可满足 180° 以内任意角度偏转，该抱箍系统既适用于普通平面，又适用于相邻板块出现折角的区域。此外，排水沟通过副框加工时预留挂钩，排水沟与下部主框的连接采用橡胶垫块粘结，而橡胶垫块的高度调整相对便捷。

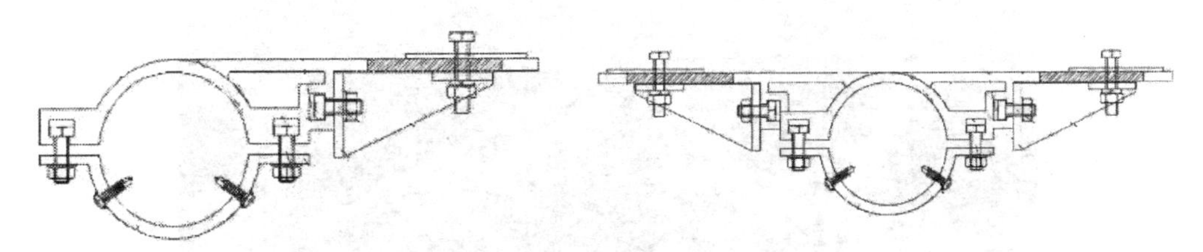

图 4-60　可调节半抱箍幕墙转接件图

为了更进一步保证现场质量，我们加强幕墙龙骨的空间定位复核，偏差较大的部位及时调整避免返工；在龙骨的焊接质量方面，加强岗前培训和技术交底，使施工人员操作规范化。项目部还成立质量小组，对壳形屋面幕墙的方管支座和抱箍圆管的焊接进行分区域验收，通过验收后方可进行下道工序的施工，从而保证工程质量（图 4-61、图 4-62）。

图 4-61　可调节半抱箍幕墙转接件实景图

图 4-62　可调节半抱箍幕墙转接件安装在龙骨上

4.6.4　经济效益和环境效果分析

通过本技术的综合应用，降低了施工难度，节约了施工周期，施工速度提高一倍以上，从而减少工期成本，同时保证了施工质量，满足了施工要求。

4.7　基于大型公共建筑异形复杂饰面的装配化与绿色化协同建造技术

4.7.1　基于个性化设计、数字化建模与模块化拼装的大型公共建筑复杂饰面装配化建造成套技术

针对装饰单元复合材料、干式构造连接节点，研发了大跨度悬索网状吊顶结构系统、单元式复合墙地面材料及安装系统、几何艺术镶嵌石材饰面安装系统、大面积造型铝格栅整体安装技术、超大幅石材墙面整体干挂技术、石材地面预注浆铺贴技术等系列专属技术。成果涵盖了异形复杂空间六面体，实现了现场全干法作业，内装装配率达 90% 以上，与传统工艺相比缩短工期 1/3。

基于装饰装修工程装配化建造和绿色施工发展需求，针对近年来大型公共建筑装饰工程呈现大跨度空间、多曲面饰面、异形层次变体等特点对工程实践提出的挑战，研发形成了基于个性化设计、数字化建模与模块化拼装的大型公共建筑复杂饰面装配化建造成套技术，与装饰工程封闭作业环境相适应的装配化绿色施工新装备，基于 BIM 和 5D 可视化技术的异形复杂饰面数字化施工运维全过程管理系统，创建了大型公共建筑的异形复杂饰面装配化绿色建造核心技术体系并进行工程实践和推广应用，主要技术路线如图 4-63 所示。

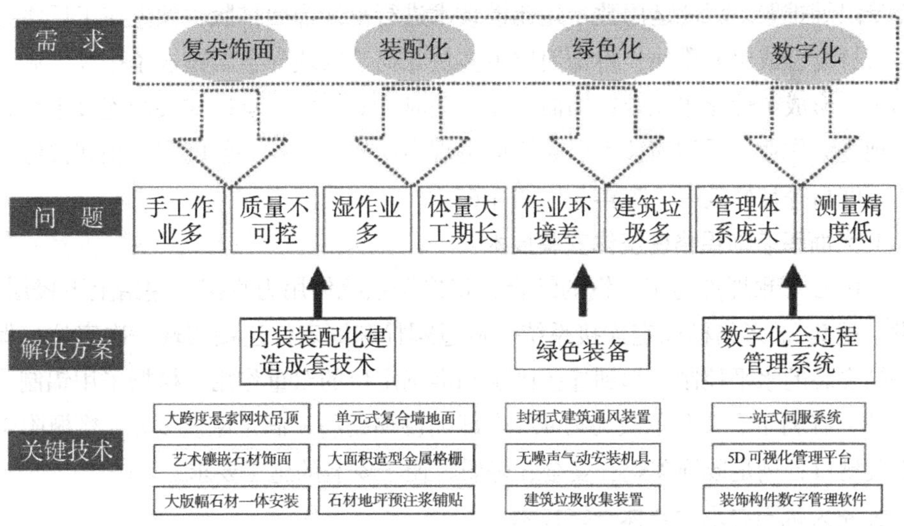

图 4-63　项目研究技术路线图

1. 大跨度悬索网状吊顶结构系统

（1）大跨度悬挑吊顶受力体系：索网结构将吊顶重量转移到结构环梁上形成受力结构，保证屋架不受力。现场不设转换层，简化了施工步序。

（2）装饰网状吊顶结构：中空网片形成装饰吊顶，使用轻质材质，自重轻，可组成任意形状，应用广泛，造型美观，满足设计师的创作要求。

（3）配套连接系统与安装技术：建立了专用卡片连接系统，将网状吊顶安装于水平的索网结构下方，简化了安装难度，保证了安装质量，同时避免了高空焊接操作，提高了网状吊顶安装的安全性。

2. 单元式复合墙地面材料及安装系统

（1）墙地砖饰面复合技术：采用冷 / 热压成型、光固化等多种成型方式，通过工厂自动化生产线，将小块马赛克、墙地砖、陶瓷板、艺术饰面等多种复杂饰面与硅酸钙板、蜂窝铝板、金属瓦楞板等基层复合成 $2m^2$ 以上的单元板块，其基层复合弥补了墙地砖饰面材料尺寸小、强度低、现场施工平整度难以把控的缺陷。

（2）墙地砖单元饰面工厂化制备方法和连接系统：表层饰面采用十字分隔件等措施保证嵌缝宽度一致且平整，设计配套连接码件预埋于复合层内，现场安装整体式挂条形成干挂体系，操作简单且牢固，现场完全取消湿作业。

（3）标准化模块设计与生产方法：复合饰面可制作成阴角、阳角、标准块、异形块等多种单元板块，适用范围广泛，饰面平整度、嵌缝宽度与饰面质量可控。现场劳动率大幅度降低，模块化施工程度提升 30%。

3. 几何艺术镶嵌石材饰面安装系统与复杂艺术饰面工业化单元式生产模式与施工方法

几何艺术镶嵌石材属于复杂饰面，普遍存在金属与饰面镶拼平整度不佳、施工操作受限等难题。因此运用数字化建模技术进行复杂饰面排版，预先在工厂将金属条与石材复合成单元模块，将饰面层由多块几何装饰块和金属镶嵌条按预定版型排布固定，形成个性化单元装饰饰面产品。同时配套开发了承插式装配连接系统，避免了现场湿作业。采用该技术后装饰面呈现出结构稳定、平整度高、相邻接缝易拼接、精度高等良好效果（图 4-64、图 4-65）。

4. 大面积装饰铝格栅整体安装技术

采用 L 形预埋件与工字钢的结合，将格栅系统作用力直接传递给上下楼层梁。研发了配套 π 形格栅固定连接系统，通过螺栓和固定件连接实现一次定位，保证了格栅安装的水平控制，起到连接固定和准确定位的双重作用。格栅采用铝制，梯形设计，有利于安全和承载力要求；内部加设加劲肋，满足刚度要求；格栅附带螺栓安装槽口，满足装饰美观、安全、轻质、便于安装的施工要求。

5. 超大幅石材墙面整体干挂技术

一种超大板幅石材墙面干挂方法，通过平头螺栓连接角码连墙件的连接孔，实现了垂直于石材面工作面可调，保证了石材面平整度的效果。研发了带卡钩的整体式超大板幅石材及连接、调平系统，将小块石材背复背板及钢框，并设置专用卡钩，基层墙面安装卡槽，大板幅石材可直接固定于墙体并有效调整石材墙面的平整度。解决了超大板幅石材自重大、连接件易变形、安装不稳固、影响石材墙面施工效果

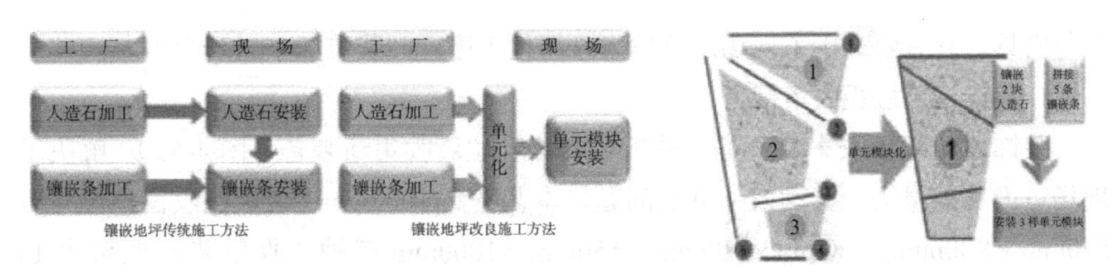

图 4-64　工艺流程分析及单元式艺术镶拼石材分析

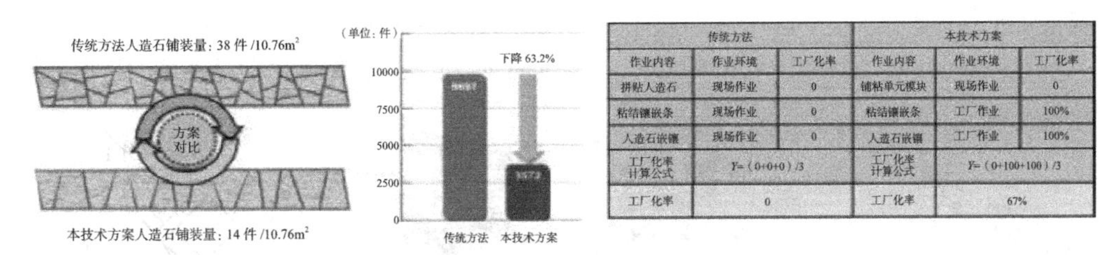

传统方法			本技术方案		
作业内容	作业环境	工厂化率	作业内容	作业环境	工厂化率
拼贴人造石	现场作业	0	铺粘单元模块	现场作业	0
粘结镶嵌条	现场作业	0	粘结镶嵌条	工厂作业	100%
人造石嵌镶	现场作业	0	人造石嵌镶	工厂作业	100%
工厂化率计算公式	$Y=(0+0+0)/3$		工厂化率计算公式	$Y=(0+100+100)/3$	
工厂化率	0		工厂化率	67%	

图 4-65　几何艺术石材饰面安装技术与传统工艺对比分析

和安全的难题。

6. 石材地面预注浆铺贴技术

石材地面架空预注浆固化结构设计及施工技术和配套石材预注浆固化地面调平系统，使用不同高度的垫块组合，使石材面层的高度和水平度可以反复调节。实现了石材地面直接现场整场预排后，直接进行注入水泥砂浆的施工，省去了传统工艺中需要收起石材地面后再分块施工的繁复工序。且地面不再需要找平层，有效减少工作面高度，石材铺贴对混凝土基层的要求不再严格，石材铺贴在金属楼梯台阶也成为可能，既满足了脚感不虚的要求，也大大缩短了工期，实现了预排和实际施工一体化操作。

4.7.2　装饰工程封闭作业环境相适应的装配化绿色施工新装备

绿色施工代表了建筑行业发展的新趋势，研发绿色施工新装备是实现绿色环保施工的重要保障。我国规范规定，当室外日平均气温连续 5 天稳定低于 5℃或低于 0℃下的施工过程为冬期施工。为保证环境温度恒温且作业环境舒适，开发了一种防尘、防潮、保温、通风的脚手架保护罩装备，解决了冬期施工的环境影响。在公共建筑中存在大量高层幕墙建筑，特别是夏季内装施工时作业环境闷热，严重影响了作业人员的身体健康并降低了劳动效率，为此开发了适用于封闭作业环境的通风和降温装置，保障了室内空气洁净，大幅降低了室内温度，改善了施工作业条件。装配式气动手持施工机具是建筑装饰工程装配化绿色施工装备的重要组成部分，与传统施工机具相比具有改善施工安全性、环境舒适性与安装便捷性的关键作用，亟待基于典型工程应用进行技术改进和推广示范。其主要包括：装饰建筑垃圾收集装备、高层封闭式建筑通风降温装备、无噪声气动手持安装机具等一系列绿色施工装备与机具。它有效减少了现场建筑垃圾，简化工序，内装装配率提升 30%。

1. 装饰建筑垃圾收集装备

装饰建筑垃圾收集装备是一种折叠式移动垃圾收集新装备（图 4-66），解决了现场垃圾堆放量大、劳动效率低的问题。本装备高 1000mm，垃圾回收窗口尺寸有 550mm × 800mm、550mm × 900mm、550mm × 1000mm 三种。收集装置框架由 14 根圆形铝合金空心管和 1 套卡条组合通过连接件组成。该装置适用于各类公共建筑的垃圾收集，可直接在脚手架内搬运，且操作简单、可收可放，满足绿色环保施工要求。

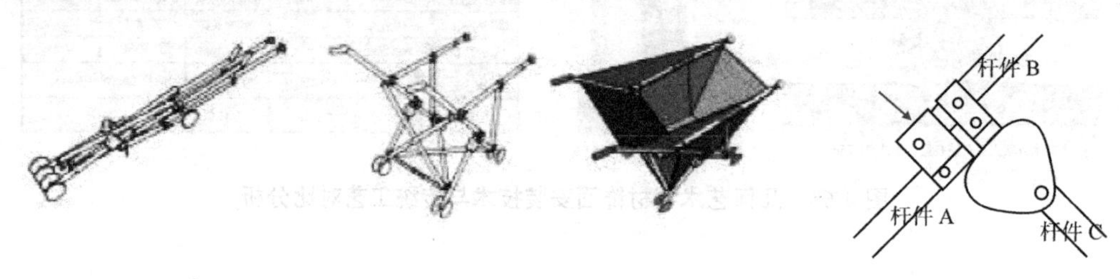

图 4-66　垃圾收集装备

2. 高层封闭式建筑通风降温装备

高层封闭式建筑通风降温装备是一套在封闭作业环境下的施工劳动保护简拆装通风雾化降温新装备，改善了超高层建筑幕墙全封闭状态下的施工环境，实现了施工作业层正压通风、负压换气、循环空间气流，雾化湿润了环境空气，改善了施工作业面空气质量，降低了幕墙玻璃反射温度对楼层的聚热影响，同时具有简易拆装、适合移动的特点（图 4-67、图 4-68）。

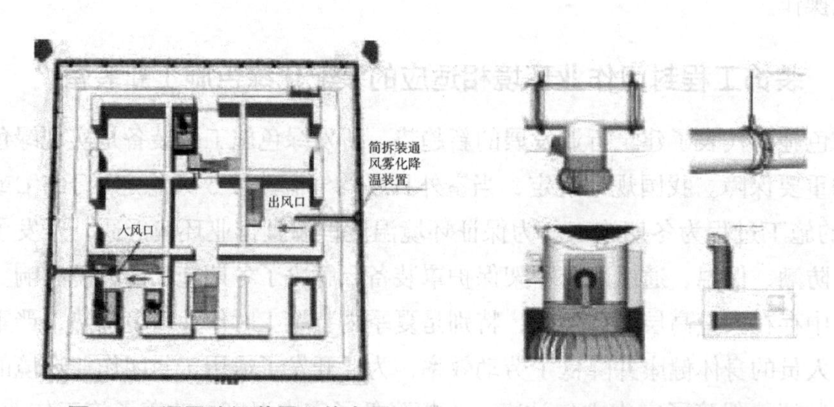

图 4-67　通风降温装置总体布置　　图 4-68　结构分析图

3. 无噪声气动手持安装机具

推广和优选国际先进的气动型手持机具，针对装饰工程各类分项与建筑结构装配结合的紧固类工具及专用耗材系统进行技术改进研发，主要技术创新内容如下：

（1）通用型紧固配件技术改进研发：传统工具用于龙骨与混凝土墙的连接步骤烦琐，需用冲击钻钻孔，打膨胀螺栓定位加固，构件与基层对齐打孔，最后螺栓旋紧。使用该机具仅需将构件安置于基层并加以固定，稳定而高效。

（2）打磨类工具及耗材技术改进研发：可应用于天地 / 竖向龙骨与墙、地面、天花板的紧固；天地 / 竖向龙骨与槽钢、角铁的紧固；天地 / 竖向龙骨与砌块墙面的紧固；竖向龙骨与天地龙骨的紧固；石膏板与竖向龙骨的紧固等，使用范围广泛。

气动型手持工具使用专用气枪及钢钉替代普通工艺的冲击钻打孔、安装膨胀螺栓、紧固膨胀螺栓等工艺。该机具具有移动方便、操作简单、降低噪声、改变墙面连接形式、取消电焊作业、保障安全施工、装配化程度高等优点。

4. 绿色环境检测措施

绿色环境检测措施涵盖材料控制、基材除味、过程控制和综合治理的全方位室内空气污染物控制工艺，改善了室内空气质量，营造了绿色环保使用环境。

4.7.3　基于 BIM 和 5D 可视化技术的异形复杂饰面数字化施工运维全过程管理系统

针对大型公共建筑顶面高、跨度大的特点，应用数字化设备进行三维测量、逆向建模的测量模式；建立了以装饰工程技术理论、方法和过程模型为指导的正向设计模式，研发了建筑装饰可视化交互平台，通过 BIM 模型实现各专业之间设计过程中的高度协调；形成了基于 BIM 模型的智能施工放样技术，高效完成不规则特征点的放样工作；自主研发了建筑装饰可视化工程进度预览软件与可视化工序模拟软件，对工程进度及工程质量进行有效监控。

1. 基于 BIM 技术测量放样一站式伺服系统

采用本伺服系统能够深入任何复杂的现场环境及空间中进行扫描操作，并直接将各种大型、复杂、不规则、标准或非标准等实体或实景的三维数据完整采集到计算机系统，进而快速重构目标的三维模型及线、面、体、空间等各种制图数据。应用本系统所采集的三维激光点云数据还可进行测绘、计量、分析、仿真、模拟、展示、监测、虚拟现实等后处理工作（图 4-69）。

2. 5D 可视化施工管理平台

以 BIM 平台为核心，以集成模型为载体，关联施工过程中的进度、合同、成本、质量、安全、图纸、物料等信息，利用 BIM 模型的形象直观、可计算分析的特性，为项目的进度、成本管控、物料管理等提供数据支撑，协助管理人员有效决策和精细管理，从而达到减少施工变更、缩短工期、控制成本、提升质量的目的。图 4-70 所示为可视化模型与实际效果对比。

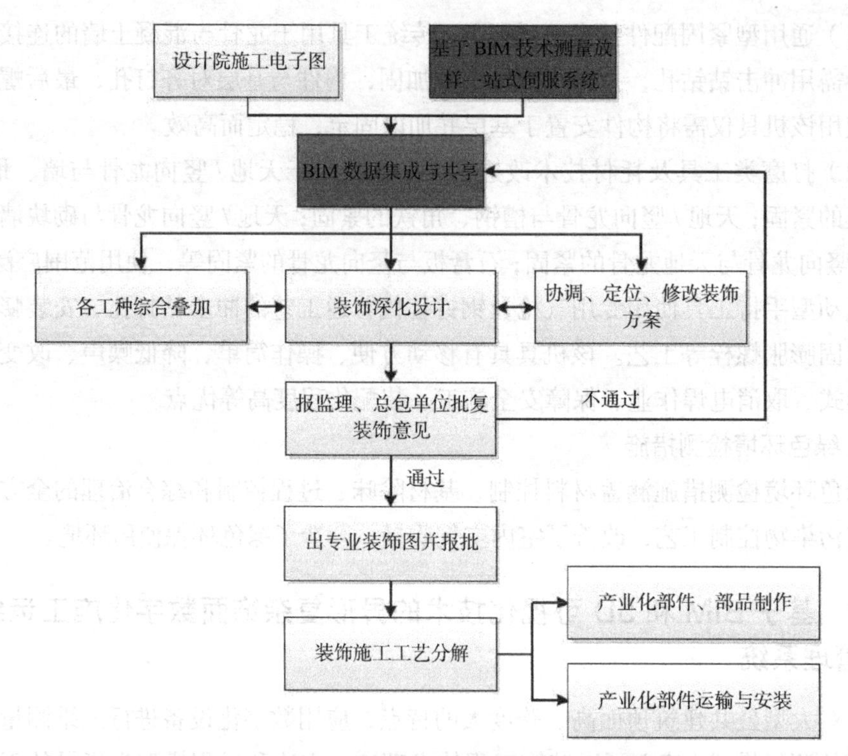

图 4-69　测量放样一站式伺服系统工作流程

图 4-70　可视化模型与实际效果对比

4.7.4　经济效益和环境效果分析

本技术应用于上海中心和深圳平安金融中心（超高层建筑）、上海国际舞蹈中心（异形曲面建筑）、浦东第一八佰伴和上海新世界商城（城市更新），虹桥机场航站楼和上海轨道指挥总部（交通枢纽）等项目，提高了大型公共建筑异形建筑装饰工程装配化施工技术水平，促进了我国建筑装饰行业施工技术的发展，迎合了建筑装饰工程装配化、绿色化的新趋势。

相比传统工艺，该成果应用后节约了施工成本 40%，缩短总体工期 1/3，提高现场劳动率 50%，绿色化施工程度提升 45%，为城市建设作出了贡献。

4.8　装配式组合钢管桩施工技术

装配式组合钢管桩是一种新型围护桩工艺，是将拉森桩与钢管、型钢等材料结合使用，形成各种截面的组合桩，用于挡土和止水。作为一种可重复利用的绿色环保建材，装配式组合钢管桩以其高强、轻型、材质稳定、质量可靠、耐久性好、耐候性好、止水及使用全过程无污染施工、检查便利、验收环节简便、可重复使用、经济性好等优点，受到基坑行业的重视和青睐。

4.8.1　装配式组合钢管桩工艺原理及适用范围

（1）工艺原理

装配式组合钢管桩通过钢管桩与拉森钢板桩之间的连接形成一个整体的钢质连续墙体，体系包括多根圆形钢管桩与钢板桩，并在其两侧对称设置止水锁扣，止水锁扣采用钢材轧制成型的钩状结构，便于钢管植入，且在回收时结构基本保持植入前的结构形状，可直接再利用。钢管板与钢板桩之间通过上述止水锁扣相互配合咬合连接。钢管桩具有较强的抗弯性和抗断性，桩长、半径间距可根据基坑设计要求布置。

（2）适用范围

装配式组合钢管桩是通过设置连接小企口将钢管桩与拉森钢板桩企口连接的组合式围护桩，适用于各种复杂地质，尤其适合土质差、需要支撑围护的深基坑工程围护结构。

4.8.2　装配式组合钢管桩施工与操作要点

（1）施工工序。

装配式组合钢管桩施工可按如图 4-71 所示顺序进行，保证围护桩连续性和接头施工质量，钢管桩的搭接依靠拉森钢板桩小企口施工保证，以达到止水作用。

（2）装配式组合钢管桩施工主要采用振动法。

施工前根据待建工程情况、地质条件、周边环境条件、桩径等，选择合适的沉桩机械。钢管桩施工前，根据桩位布置图进行测量放样并复核验收。根据确定的施工顺序安排钢管桩、拉森钢板桩等物资的放置位置。3 支点桩基底盘应保持水平，平面允许偏差为 ±20mm，立柱导向架垂直度偏差不应大于 1/250。

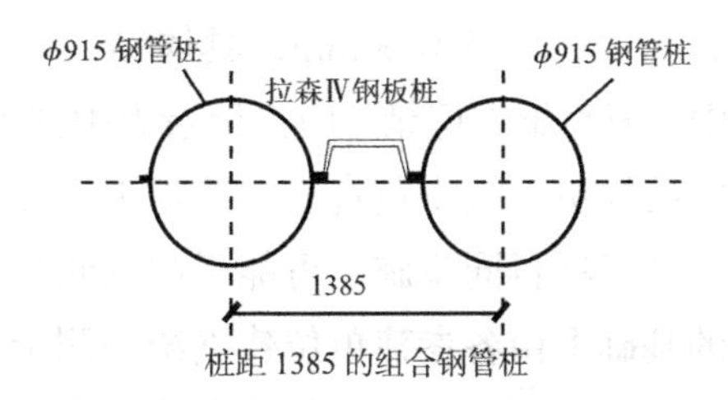

图 4-71　装配式组合钢管桩施工工序

（3）装配式组合钢管桩沉桩时，钢管桩和拉森钢板桩应交替沉桩，以保证钢管桩与拉森钢板桩企口搭接质量。装配式组合钢管桩应均匀控制沉桩速度，一般控制下沉速度为1m/min。装配式组合钢管桩在下沉过程中应采用措施保证桩的垂直度，确保水平偏差不大于10mm，标高偏差不大于100mm。图4-72所示为装配式组合钢管桩完成实例图。

图4-72 装配式组合钢管桩完成实例图

（4）在工程施工至±0.000m且装配式组合钢管桩与地下室外墙之间空隙回填密实后，方可对装配式组合钢管桩进行回收。装配式组合钢管桩起拔宜采用专用液压起拔机，起拔前制订相应的起拔专项组织方案，按顺序分别起拔钢管桩和拉森钢板桩，起拔后的钢管桩和拉森钢板桩宜放置于指定位置，并尽快运离施工现场。起拔过程中，应避免撞击建筑主体结构。

（5）装配式组合钢管桩的质量检查与验收应分为施工期间过程控制、成墙质量验收和基坑开挖期检查3个阶段。施工期间过程控制内容包括：验证施工机械性能，材料质量，检查钢管桩和拉森钢板桩的定位、长度、标高、垂直度，钢管桩和拉森钢板桩下沉速度，钢管桩和拉森钢板桩的规格，拼接焊缝质量等；装配式组合钢管桩的成墙质量验收包括钢管桩和拉森钢板桩的企口搭接状况、位置偏差等；基坑开挖期间检查包括钢管桩和拉森钢板桩的企口搭接状况、垂直度及渗透水等情况。

（6）装配式组合钢管桩的质量保证措施。①钢管焊接宜采用坡口焊接，质量要求不低于二级。单根钢管中焊接接头不宜超过2个，焊接接头位置应避开钢管弯矩最大处。所有焊缝应连续饱满，焊缝高8 mm，具体参数可根据设计及现场情况作适当调整。②施工过程中，填写施工记录，施工记录表中详细记录桩位编号、桩长、时间及深度，施工过程中质检员、技术负责人、监理工程师等各级管理人员组织架构，还需完善制度保障。针对项目同步施工可能引起的测量、机电、交叉施工等风险，本项目在组织保障的基础上由各参建单位建立统一测量控制网、交界面施工配合、地上地下联动调试、安全界面管理、应急预案协同配合等统一认可的协调保障方案，确保项目顺利开展。

4.8.3　施工技术要求及控制措施

（1）装配式组合钢管桩的钢管桩与拉森钢板桩之间通过 U 形锁扣（连接小齿口）连接，各钢管宜采用无接头整长钢管。

（2）装配式组合钢管桩的钢管及连接小齿口材质均为 Q355 钢，其钢材质量应符合《碳素结构钢》GB/T 700—2006、《低合金高强度结构钢》GB/T 1591—2018、《焊接结构用铸钢件》GB/T 7659—2010 的有关规定。装配式组合钢管桩进场前应进行质量检验。

（3）围檩应与围护桩墙体可靠连接，钢围檩腰梁高度范围内钢板桩的空隙内采用 C30 快硬细石混凝土填实，并应在其底部采取可靠措施封堵以防混凝土坍塌。

（4）装配式组合钢管桩打拔设备拟采用高频免共振液压锤（ICE），减少施工对周边环境的影响。起吊和打拔施工时应确保邻近架空高压电线及钢管桩等自身安全。

（5）成桩试验。

①装配式组合钢管桩施工前应进行非原位成桩打拔试验，通过试验了解装配式组合钢管桩在不同施工参数下插入及拔除时对邻近土体的影响，并通过试验优化施工参数，以减少施工影响，确保对周边环境的保护。

②试验过程中应对桩体及周边土体进行监测。在距装配式组合钢管桩试验桩 24m 内布设土体测斜管、分层沉降管、孔隙水压力计（选测）。

③成桩试验过程中，在距基坑 2 倍开挖深度范围内对噪声及振动进行测试及记录。试验桩及监测点布置如图 4-73 所示。

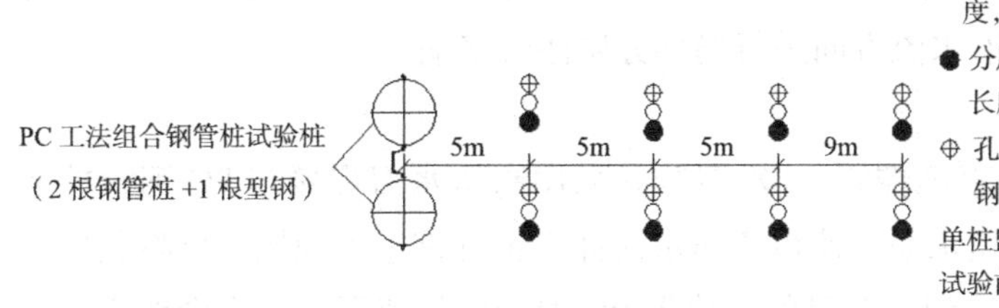

图 4-73　试验桩及监测点布置示意图

（6）沉桩要求：

①沉桩顺序宜为：从环境保护较严格一侧的基坑转角桩开始，按顺序向环境保护较宽松的方向沿基坑边线依次插入（先施工转角桩，后施工其他桩）。

②沉桩施工主要为振动法施工，施工前根据工程情况、周边环境、地质条件等选择合适的沉桩机械，三支点桩基底盘应保持水平，平面允许偏差为 ±20mm，立柱导向架垂直度偏差不应大于 1/250。

③沉桩前应根据桩位布置图进行测量放样并复核验收，并根据确定的施工顺序安排钢管桩、拉森钢板桩等物资的放置位置。

④根据装配式组合钢管桩的轴线开挖导向沟，在沟槽边设置定位型钢，并应在定位型钢上标出钢管桩和拉森钢板桩的插入位置。

⑤钢管桩要确保平整度和垂直度，不允许有扭曲现象，插入时要保证垂直度，每根钢管桩各项允许偏差如下：顶标高 ±50.0mm、平面位置 50.0mm（平行基坑方向）/10.0mm（垂直基坑方向）、桩身垂直度≤ 1/250、桩身扰度为 2°。

⑥装配式组合钢管桩应均匀控制好下沉速度，钢管桩下沉速度不宜大于 1m/min。

⑦应做好信息化措施，必要时调整施工参数、减小沉桩速度，避免对周边环境产生影响。

⑧沉桩时若出现桩身倾斜、位移、破损或沉桩困难等异常情况时，应停止沉桩，待查明原因并进行必要处理后方可继续施工。

（7）抗渗控制

①钢管桩采用机械振动沉桩工艺，沉桩时，须控制垂直度，避免 U 形锁扣的损坏、损量及疲劳变形等，避免造成锁扣咬合不严而产生渗漏水现象。因此沉桩施工时，必须严格按顺序施工，专人指挥控制双向垂直度。

②钢管桩和拉森桩进场后，需有专人进行检查验收，特别是 U 形锁扣部位，在沉桩前必须做到 100% 过目检查，发现有缺陷，立即修复或更换，确保锁扣完好。

③沉桩前应在锁扣内嵌填黄油、沥青或其他密封止水材料。

④出现渗漏水的补救措施：若围护墙体出现渗漏水现象，一般情况下可以在锁扣接缝处塞填油质麻丝或棉织物，也可安插导向引流管，进行有效止水堵漏；情况较严重时，可在基坑外侧沿水流方向进行局部分层注浆堵漏。

（8）垂直度控制

利用水刀引孔进行垂直度控制。“水刀”是采用高压水刀焊接与 PC 钢管桩上一起插打，插打时打开高压水泵，使得高压水流冲击钢管桩进入地层，可将黏性土层、粉、砂质土层冲开，达到引孔目的，使得 PC 钢管桩匀速下沉，更少地扰动土层；控制桩身的垂直度更有效果。由当班班长统一指挥桩机就位，移动前看清上、下、左、右各方面的情况，发现障碍物应及时清除，桩机移动结束后认真检查定位情况并及时纠正。桩机应平稳、平正，并用经纬仪校正钢管桩垂直度。装配式组合钢管桩为定位后再进行定位复核。

4.8.4 经济效益和环境效果分析

装配式组合钢管桩桩身强度高、刚度大，可以有效解决软土地区以及周边堆载区域易造成基坑变形过大的问题，确保基坑的安全性。其施工速度快，通过企口有效连接，可以同时兼做挡土结构以及止水帷幕，最大限度地节约施工工期。施工过程中不产生泥浆、渣土等建筑垃圾，无任何地下遗留障碍物，满足基坑支护对于环保方面的要求。同时装配式组合钢管桩在基坑回填后，可全部拔除回收循环利用，达到更加经济合理的效果。该技术成功在黄家花园项目中应用，预计节约了施工成本 30%，缩短总体工期 1/3，减少建筑垃圾 90%，绿色化施工程度提升 50%，促进了绿色低碳发展。

4.9 地源热泵与绿色节能技术

近年来，随着常规能源的日益短缺和环境污染的日益严重，可再生能源作为建筑节能、绿色建筑和低碳建筑的重要组成内容，越来越受到人们的重视。其中，地源热泵系统利用浅层地热能作为冷热交换源，通过能量转换实现夏季制冷、冬季供暖，具有高效节能、清洁环保的优势。

4.9.1 地源热泵系统组成

地源热泵系统是一套复杂的制冷供暖系统，一般由 5 个主要部分组成：室外地能换热系统、一次侧水循环系统、地源热泵机组、二次侧水循环系统、建筑内空调系统。

（1）室外地能换热系统主要是由深埋地下的 U 形换热管组成，换热管的材质一般采用 HDPE，管径 *DN*25 或者 *DN*32，管径间距在 4 ~ 6m，浅层地源热泵的埋管深度在 60 ~ 200m，深层地源热泵的埋管深度大于 1000m。地能换热系统的埋管设计是地源热泵的核心设计内容，通常会根据施工地的地理环境、不同深度土壤的物性参数、U 形管的信息、钻孔信息、循环液参数、供暖建筑负荷等信息综合设计。一次侧循环水进入 U 形换热管，与深层土壤换热，实现地热资源与一次侧循环水的换热过程。

（2）一次侧水循环系统作为热量传递的载体，实现热泵与地能换热系统的能量交换。冬季供暖工况，一次侧水循环从温度较高的地下土壤中吸收热量，然后搬运到热泵的蒸发器内，热量释放给温度较低的制冷剂内，温度降低后的循环水再回流到地下从土壤中吸热，完成热量从地下向热泵蒸发器内制冷剂的搬运过程。夏季制冷工况，一次侧水循环从温度较高的热泵冷凝器内吸收热量，然后流到地下向温度较低的地下土壤释放热量，降温后的循环水再流到热泵冷凝器内吸热，完成热量从热泵冷凝器内制冷剂向地下土壤的搬运过程。

（3）热泵机组是由蒸发器、冷凝器、压缩机、膨胀阀、四通换向阀组成的循环系统，通过四通换向阀的换向功能，实现机组制冷与供暖的功能切换。①冬季供暖工况：从压缩机排出的高温制冷剂进入冷凝器向二次侧循环水传热，冷却后的制冷剂经过膨胀阀变为低温制冷剂进入蒸发器，从一次侧循环水中吸热，然后经过压缩机的压缩变为高温制冷剂进入冷凝器，实现热量从一次侧循环水向二次侧循环水的搬运过程。②夏季制冷工况：从压缩机排出的高温制冷剂进入冷凝器向一次侧循环水传热，冷却后的制冷剂经过膨胀阀变为低温制冷剂进入蒸发器，从二次侧循环水中吸热，然后经过压缩机的压缩变为高温制冷剂进入冷凝器，实现热量从二次侧循环水向一次侧循环水的搬运过程。

（4）二次侧水循环系统作为热量传递的载体，实现热泵与室内环境的热量交换。①冬季供暖工况：二次侧水循环从温度较高的热泵冷凝器内吸收热量，温度升高后，进入室内供暖末端加热室内环境，降温后的二次水循环再回流到热泵冷凝器吸热，完成热量从热泵向室内环境的搬运过程。②夏季制冷工况：二次侧水循环从温度较高的室内环境吸热，温度升高后，进入热泵的蒸发器散热，温度降低后的循环水再回流到室内吸热，完成热量从室内向热泵的搬运过程。

（5）建筑内空调系统形式多种多样，主要有换热片、地暖盘管系统、空调末端处理单元等，实现对室内温度的调节作用，满足人们的生活所需。

4.9.2 地源热泵施工工艺流程

地埋管井开钻→垂直双U形管水压试验并封堵管口→垂直双U形管插入井内→细砂回填→水平地埋管安装→水平地埋管水压试验→水平、垂直地埋管热熔连接→地埋管换热器与环路管装配→地埋管换热器与环路管水压试验→环路管与分集水器热熔连接并进行水压试验→地埋管换热系统全部安装完毕，冲洗并进行水压试验。

4.9.3 地源热泵主要施工方法

（1）放线、泥浆坑开挖

建议总方单位土方挖到围护桩支撑梁标高后，配合清理施工场地内与施工无关的一切材料与设备，口头或书面形式交付我方后，我方将根据地热换热系统设计图纸上的孔位（坐标）进行GPS定位，并将孔位用小彩旗标注孔号，钻孔的排列、位置根据工地现场情况分块逐一落实到施工现场。在每条水平管位置开挖长200cm、宽80cm、深度120cm的坑作为钻孔工程中的泥浆循环。埋管钻孔孔径不小于120mm，地下室内有效深度为120m，地下室外为130m。

（2）泥浆处理

当钻机循环的小泥浆坑多余时，需集中抽到大泥浆池中，统一现场进行干化处理。换热孔146眼，钻孔总循环量约为300m³，按照1∶2的比例估算，本工程将产生泥浆约600m³。根据相关规定，市区内工程施工所产生的泥浆必须外运，禁止在施工场地内处置，所有泥浆必须外运至处置场集中进行处理。在成孔施工中将泥浆排入循环池，部分泥浆循环利用，废弃泥浆通过泥浆泵从循环池抽入储浆池存放（图 4-74）、干化处理后统一外运处置。本标段泥浆运输将严格按照有关泥浆运输的有关规定，选用性能优良的干化设备，对池内泥浆进行干化处理；选用性能良好、全封闭式、证件齐全的专用车辆运输干化后的泥浆，车厢全面封闭后，方可驶出工地，运输车进出工地时由专职安全员负责指挥。运输严格按照指定的航线行驶，做到不超载、不污染道路沿线环境。在运输途中，严禁将泥浆偷排。为防止干化泥浆在运输过程中的乱倒、乱弃问题，在施工过程中采用现场与处置场双向签票的办法，坚决杜绝泥浆偷排现象。

图 4-74　泥浆坑

（3）U 形管一次试压

根据工程实际埋管深度直接从厂方定制已经成品的 PE 盘管，管子运至现场后应对管子进行第一次水压试验，水压试验压力为 1.6MPa，以检测运输过程中是否有损坏，压力降是否符合规定要求，并将其记录下来。钻孔完成后，24h 后将 PE 管两个端口密封，以防杂物进入（图 4-75）。

（4）钻孔

钻机就位调平，要保证钻机钻杆垂直度，随时用水平尺来进行调整，钻井时防止损坏周边已施工的垂直埋管。在钻孔过程中为避免钻孔塌方，应该根据地质块的不同灌入浓度不一的泥浆对钻井井壁进行泥浆凝固护壁，防止塌方。如在打孔即将完成时发生塌方造成打孔深度不够，应灌入浓度较大的泥浆进行回避。若地质条件有较大的沉淀，打孔深度应略大于设计深度 1.5m 左右，以确保下管能达到设计有效深度 120 ~ 130m。

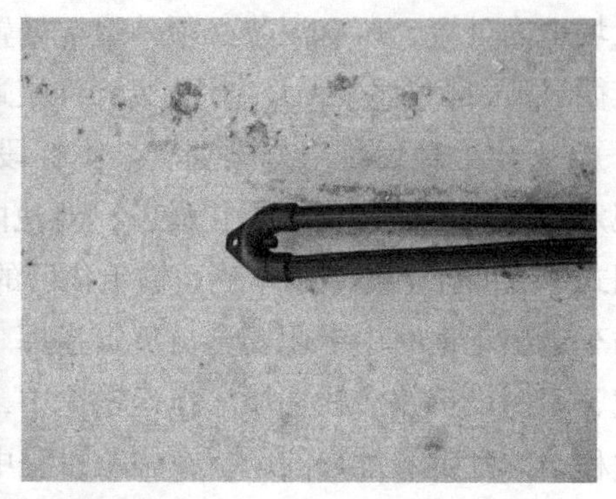

图 4-75　U 形地埋管焊接照片

以钻孔点定位塔架底盘，采用水平尺对底盘横向、纵向进行找平，水平度≤0.5mm/m。底盘定位后，安装塔架竖杆，利用铅锤和直尺测量塔架的垂直度，保证塔架竖杆垂直。安装钻机头、钻机提升装置和钻头充水（泥浆）等附属装置。按要求挖好沉淀池及泥水沟，并使其畅通。对钻机及附属装置接电、接水管，对每台设备进行点试，确定转向。根据工程实际情况，随时填写记录表并及时分析土壤实际状况。无特殊情况，每钻孔 5m 深度必须填写记录表。钻孔内埋设地源热泵专用单 U 管。确保钻孔深度。钻孔深度以设计为准，并做好记录。施工时，可根据工程需要和土壤情况，钻孔深度可适当增加，并做好记录便于埋设相应的管道。施钻过程中应速度适宜，密切注意钻机及附属设备的运行情况，发现异常应及时处理，防止拉断钻杆和接头丝扣、跌落钻头等现象发生，并时刻注意地层地质变化，做好记录。施钻过程中钻机长和操作手应定时对钻机及附属设备进行巡回检查，及时做好维护和保养工作，提高工作效率。钻孔完毕后，应及时埋设管道并灌浆。

（5）下管、垂直管保护

本工程采用的是人工加机械下管的方法。U 形管内充满水并保压，增加自重，减少下管过程中的浮力。钻完一个孔，应立即下管。因为钻好的孔搁置时间过长，有可能出现局部的缩孔或塌孔现象，这将导致下管困难。下管是将两盘带压 0.6MPa 左右的聚乙烯管放在专用转盘上，并将 U 形头、灌浆管 D32 塑料管（30m）、钻杆一起插入孔中，直至设计深度。管材在搬运过程中不应该出现拖拉现象，在下管前通知监理工程师在下管过程中旁站监督，并进行拍照留底，附在报验资料上。下管时，应及时将灌浆管（长度为 30m）绑扎在 PE 垂直管上，用灌浆材料（膨润土 + 水泥）进行灌浆，等浆液溢出孔口后，上部用水沉沙法作业对垂直孔进行回填，向管孔附近多次加入粗砂，使沙子和水泥浆液混合物填充管子与土壤空隙，直到密实。沙子倒入 24h 后，管孔附近不再出现凹坑即可视为作业完成。

（6）水平挖槽、埋管

当挖土开挖到基层标高后，地下室水平埋管连接之前需进行水平挖槽，依据设计沟深初步暂定为 0.2m，回砂土保护管道。地下室外挖槽深度根据室外综合管网图纸会审的深度确定，依据设计沟深初步暂定为 1.5m。在垂直管与环路集管连接之前进行第二次试压，试压压力 0.6MPa，以保证连接到环路集管上的每个垂直管是好的。试压合格后，槽底若为原土层可以直接敷设水平管道，不是原土层应在沟槽底部铺设上下 200mm 厚黄砂保护层。将已经预置好的水平管抬入水平槽内，开始垂直管和水平管连接。垂直管通过自然弯曲后与水平连接。每组连接完成后做第三次水压试验，试压压力 0.6MPa，压力试验合格 24h 后，在管网系统带压情况下回填管沟。水平沟槽所用回填土应细小、松散、均匀，剔除回填材料中边角锋利的石头，以防损伤管材。回填土应逐层均匀压实，每层厚度不宜大于 0.2m。每区连接完成后进行第四次水压试验，压力试验合格后，在管网系统带压情况下回填管沟，回填方式与水平沟槽回填方式相同。图 4-76 所示为室外水平集管与地埋管换热器连接图。

图 4-76　室外水平集管与地埋管换热器连接图

（7）连接分、集水器

主管穿入地下室剪力墙后，应进行第五次试压，在分、集水器的最高端或最低端宜设置排气装置或除污排水装置。在系统全部安装完毕后，进行冲洗、排气，完成后进入设备调试阶段。

4.9.4　经济效益和环境效果分析

地源热泵系统具有高效、节能、环保、绿色等优点。黄家花园项目地源热泵系统应用了地埋管地源热泵，地源热泵系统承担全部热负荷，由冷水机组、风冷热泵作为辅助冷源，并配以冷却塔达到热平衡。据估算地源热泵系统节能量占空调系统能耗的百分比在 35% ~ 50%，约占建筑总能耗的 25%，节能效果显著。

第 5 章　绿色施工案例

5.1　长三角一体化绿色科技示范楼项目

5.1.1　工程概况

1. 项目概况

本项目建设地点为上海市普陀区真南路 822 弄与武威东路交汇处西南侧。项目总建筑面积约 11782m²，占地面积 3422m²，基坑面积 2969m²，地上 5 层（含夹层）。地下两层结构形式为框架结构，地上为钢结构（图 5-1）。本工程于 2021 年 3 月 31 日开工，计划于 2022 年 12 月 31 日竣工。

本工程合同造价 15372.0408 万元，由上海建工全产业链打造，定位为世界领先的绿色节能办公建筑。上海建工将绿色理念和技术贯穿于该项目建筑的设计、建造、运维的全生命周期，打造成为可感知、可触摸、具有世界影响力的绿色建筑示范工程。项目定位高决定了对绿色施工的高要求、高标准。

图 5-1　项目效果图

2. 周边环境

基坑东侧为地块围墙，围墙东侧为真南路，距基坑边线最近约 15.3m；真南路以东为三千里花苑小区，距基坑边线约 35.3m。东侧真南路距基坑边线 15m 位置下有一根给水管线，14.5m 处有架空电线，距基坑 19m 处有电信管线及非开挖移动管线。南侧、北侧基坑边线与用地红线最小间距为 2.2m；基坑其余各侧除西南角距离基坑边线 23.3m 有 1 栋地上 2 层的待拆厂房外，其余各侧均为空地，且空地为本工程业主自有的绿化用地。

据本项目管线协调会议交底，基坑西、南、北侧无管线分布或距离较远，对其无影响。基坑东侧真南路距基坑边线 15m 位置下有一根 *DN*300 给水管线，距基坑边线 15m 处有架空电线，电压等级 10kVA，安全操作距离 6m；距基坑 19m 处有电信管线（已计划改迁）及非开挖移动管线；距基坑约 30m 位置处分布有燃气管线（图 5-2）。

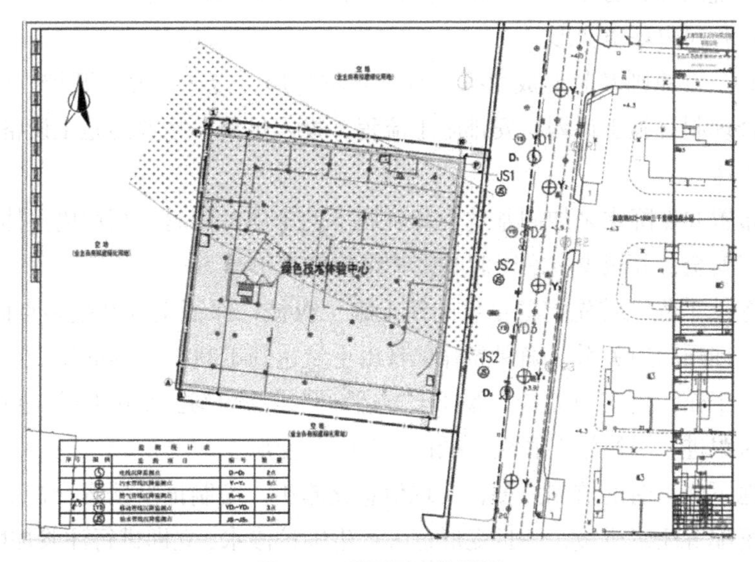

图 5-2　项目周边管线图

本项目场地北侧临近武威东路；东侧与三千里花苑小区居民楼隔真南路相望；南侧有一既有旧厂房。基坑安全等级为二级，基坑环境保护等级为三级。基坑采用 PC 工法组合钢管桩加竖向两道预应力型钢组合支撑支护形式。本项目临近居民区，安全文明施工要求高，本项目制订了绿色施工方案及相关周边环境影响、周边关系处理的专题策划和预案，保证施工不扰民，最大限度地减少对周边环境的影响。施工现场按照市文明工地和集团标准设置安全文明标化设施。

3. 创建绿色施工工程中的难点及对策

难点 1：交通组织与场地限制影响大

本项目基坑覆盖率达 80% 以上，且围护桩几乎紧贴用地红线，导致基坑开挖以后，局部仅可布置排水沟、人行道路等设施，限制了场内道路的环通；同时纵观整个施工现场，几乎没有一块充裕的场地布置临时设施。

针对措施：施工时合理、动态、系统地规划现场总平面布置，见缝插针地布置各类施工场地和临时设施，实现场地的优化利用，确保人、材、物的安全有序、高效流动。

地下结构施工阶段根据围护图纸，采用分区施工，利用未施工区域空地、基坑周边场地作为材料加工及堆放场地。

加大机械投入，塔式起重机布置以全覆盖为原则，加强垂直运输和水平驳运能力，尽可能将施工材料直接吊运至施工面，减少场内堆放。

编制详尽的材料进出场计划，做到材料有序供应，又不致现场出现窝工。

难点 2：本工程基坑普遍挖深超 10m，属于深基坑工程，基坑变形控制要求高。

针对措施：在整个基坑施工过程中，做到精细化施工管理，从施工一开始就策划对周边环境的保护方案，严格控制围护工程的施工质量，避免因围护工程渗漏造成基坑风险和周边环境变形。

根据时空效原则及时形成角撑，减少基坑变形，遵循“分层开挖、严禁超挖”的原则。合理制订施工计划、安排施工流程，投入足量、高效的施工设备，确保挖土高效、快速。

通过布置井点降水来加固基坑内和坑底下的土体，同时提高坑内土体抗力，从而确保施工安全，并减少坑底隆起和围护结构的变形量。

针对挖土工程，首先配备足量的挖土施工机械，保证土方开挖多点同时展开，加强协调，理顺周边关系，确保高峰单日出土量达到 1500 ~ 2000m^3；做好事前申报和运输管理工作，落实卸土点，保证土方运输路线的顺畅。基坑开挖至坑底后，后续工程及时跟进，尽快施工底板，抵抗坑底隆起变形。

加强地下施工时的监测力度，实现信息化施工。编制抢险预案，在基坑施工全过程中现场配置注浆机械，一旦变形过大产生围护渗水，立即进行注浆加固施工。

难点 3：据地勘报告及我方定点挖勘得知现场地下存在大量建筑垃圾、生活垃圾及一游泳池，其中回填建筑垃圾包含红砖、钢筋混凝土块、石块等。

针对措施：针对地下障碍物，我方编制专项地下障碍物清理方案，对建筑垃圾、生活垃圾采取挖除并联系正规土方单位进行外运处理，对游泳池采取液压破碎锤（镐头机）破碎、钢筋切除并外运，清理之后对场地进行素土按比例掺水泥土回填进行加固处理。具体见清障方案。

4. 施工阶段场地布置

按照不同施工阶段分别策划施工总平面布置（图 5-3 ~ 图 5-5）。

5. 工期及形象进度

本工程于 2021 年 3 月 31 日开工，计划于 2022 年 12 月 31 日竣工，图 5-6 所示为施工总进度计划。

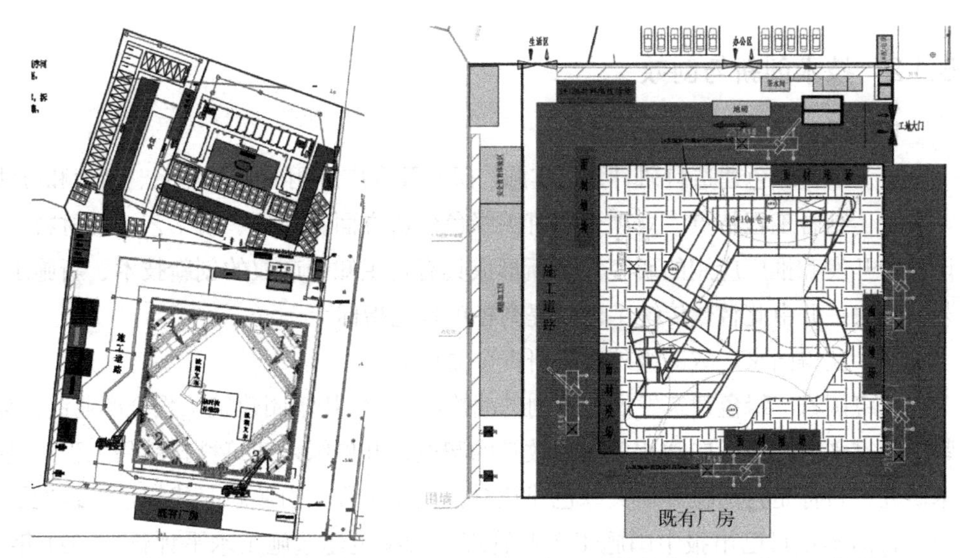

图 5-3　地基与基础施工阶段平面布置图　　图 5-4　主体结构施工阶段平面布置图

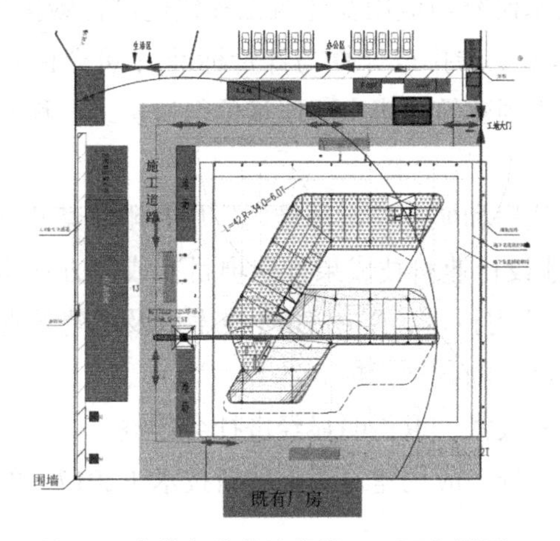

图 5-5　安装与装修阶段施工平面布置图

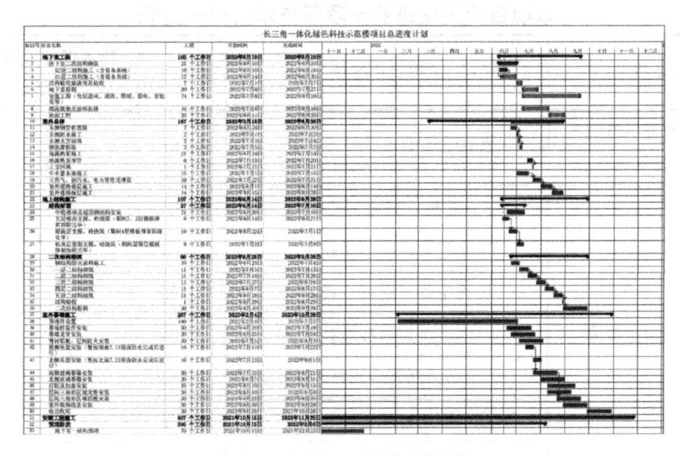

图 5-6　施工总进度计划

5.1.2 技术创新与创效

1. 科研管理

（1）制订绿色建造科研计划，实施、研究及推广应用的管理体系、制度和方法。

（2）结合工程特点，立项开展有关绿色建造方面新技术、新工艺、新材料、新设备的开发和推广应用的研究。不断形成具有自主知识产权的创新技术、新施工工艺、工法，并由此替代传统工艺，提高各项量化指标。

（3）获得国家、省部级外部科研资金立项。

围绕国家“绿色建筑发展”规划的战略部署，依托集团建筑工程全产业链优势，紧抓国家现行政策导向和相关能源政策的契机，开展绿色建筑科技精品工程关键技术研究，目标是打造世界顶尖绿色建筑科技精品工程，引领新时代绿色建筑发展方向。目前本项目已申报中国施工企业管理协会绿色建造施工水平评价，2021 年 11 月立项上海市住房和城乡建设委员会科技示范工程；已立项课题：上海建工绿色建筑科技示范楼关键技术研究与应用及建筑工程建造过程碳排放核算研究；参与编制国家标准《建筑工程施工碳排放计算与计量标准》；可全回收型钢组合支撑施工班组于 2021 年 10 月获中国建筑业协会“质量信得过班组”称号。

2. 推广技术应用

（1）通过采用“住房和城乡建设部推广应用和限制禁止使用技术公告”中的推广应用技术、“全国建设行业科技成果推广项目”或地方住房和城乡建设行政主管部门发布推广的先进适用技术，采用 BIM 技术以及“建筑业 10 项新技术”，实现并提高绿色建造过程施工的各项指标。

（2）推广自研专利技术，取得明显经济社会效益。

工程实施过程中，推广应用建筑业十项新技术（2017）的 10 大项、30 个子项，见表 5-1。

本项目应用建筑业十项新技术情况一览表 **表 5-1**

序号	十项新技术	工程运用子项	推广率	技术进度经济效益（万元）	社会效益	环保效益
1	地基基础和地下空间工程技术	装配式支护结构施工技术	100%	20	√	√
2	钢筋与混凝土技术	自密实混凝土技术	100%	/	√	
		高耐久性混凝土技术	100%	/	√	
		再生骨料混凝土技术	100%	5	√	
		混凝土裂缝控制技术	100%	/	√	
		高强钢筋应用技术	100%	2	√	
		高强钢筋直螺纹连接技术	100%	5	√	
		钢筋焊接网应用技术	100%	/	√	

续表

序号	十项新技术	工程运用子项	推广率	技术进度经济效益（万元）	社会效益	环保效益
2	钢筋与混凝土技术	钢筋机械锚固技术	100%	/	√	
3	模板及脚手架技术	销键型钢管脚手架及支撑架	100%	3	√	
		清水混凝土模板技术	100%	/	√	
4	装配式混凝土结构技术	混凝土叠合楼板技术	100%	/	√	
		装配式混凝土结构建筑信息模型应用技术	100%	/	√	
		预制构件工厂化生产加工技术	100%	/	√	√
5	钢结构技术	钢结构深化设计与物联网应用技术	100%	/	√	
		钢结构防腐防火技术	100%	/	√	√
		钢与混凝土组合结构应用技术	100%	/	√	
6	机电安装工程技术	基于 BIM 的管线综合技术	100%	20	√	
		机电消声减振综合施工技术	100%	/	√	
7	绿色施工技术	封闭降水及水收集综合利用技术	100%	3	√	√
		建筑垃圾减量化与资源化利用技术	100%	/	√	√
		施工现场太阳能、空气能利用技术	100%	2	√	√
		施工扬尘控制技术	100%	/	√	√
		施工噪声控制技术	100%	/	√	√
		绿色施工在线监测评价技术	100%	/	√	√
		工具式定型化临时设施技术	100%	/	√	√
8	抗震、加固与改造技术	深基坑施工监测技术	100%	/	√	
		受周边施工影响的建（构）筑物检测、监测技术	100%	2	√	
9	信息化用技术	基于 BIM 的现场施工管理信息技术	100%	10	√	
		基于互联网的项目多方协同管理技术	100%	/	√	
合计				72		

1）装配式支护结构施工技术

装配式支护结构是以成型的预制构件为主体，通过各种技术手段在现场装配成为支护结构。与常规支护手段相比，该支护技术具有造价低、工期短、质量易于控制等特点，从而大大降低了能耗、减少了建筑垃圾，有较高的社会、经济效益与环保作用。本工程采用 PC 工法组合钢管桩的装配式组合围护结构体系，是一个整体式、可回收的全钢式围护结构。具有无泥浆排放、无大噪声、施工速度快、抗渗性好、可全回收并重复利用等优点。

2）自密实混凝土技术

自密实混凝土具有高流动性、均匀性和稳定性，浇筑时无须或仅需轻微外力振捣，能够在自重作用下流动并能充满模板空间，属于高性能混凝土的一种。自密实混凝土技术主要包括：自密实混凝土的流动性、填充性、保塑性控制技术，自密实混凝土配合比设计，自密实混凝土早期收缩控制技术。

3）高耐久性混凝土技术

高耐久性混凝土是通过对原材料的质量控制、优选及施工工艺的优化控制，合理掺加优质矿物掺合料或复合掺合料，采用高效（高性能）减水剂制成的具有良好工作性、满足结构要求的各项力学性能且耐久性优异的混凝土。

4）再生骨料混凝土技术

掺用再生骨料配制而成的混凝土称为再生骨料混凝土，简称再生混凝土。科学合理地利用建筑废弃物回收生产的再生骨料以制备再生骨料混凝土，一直是世界各国致力研究的方向，日本等国家已经基本形成完备的产业链。随着我国环境压力严峻、建材资源面临日益紧张的局势，如何寻求可用的非常规骨料作为工程建设混凝土用骨料的有效补充已迫在眉睫，再生骨料成为可行选择之一。

5）混凝土裂缝控制技术

混凝土裂缝控制与结构设计、材料选择和施工工艺等多个环节相关。结构设计主要涉及结构形式、配筋、构造措施及超长混凝土结构的裂缝控制技术等；材料方面主要涉及混凝土原材料控制和优选、配合比设计优化；施工方面主要涉及施工缝与后浇带、混凝土浇筑、水化热温升控制、综合养护技术等。

在大体积混凝土工程施工时，为避免结构在施工后出现裂缝，本工程主要对原材料、混凝土配合比、混凝土浇筑工艺、混凝土浇筑速度、温度监控及养护等几方面进行了防治，有效地控制了混凝土裂缝的产生。

6）高强钢筋应用技术

高强钢筋强度高、安全储备大，利用提高钢筋设计强度而不是增加用钢量来提高建筑结构的安全可靠度。为有效降低造价，同时提高结构的抗震性能，本工程主要的受力钢筋均采用HRB400级钢筋。HRB400级钢筋的设计强度为360MPa，屈服强度为400MPa，抗拉强度为570MPa，比HRB335级钢筋的强度高16%。

①机械性能好，HRB400级钢筋显著改善了其他类型钢筋力学性能方面的不足，避免了尺寸较大以及变时延伸率下降20%～29%的弊病；

②焊接性能好，HRB400级钢筋采用微合金化工艺，碳当量较低，且微合金元素能够阻止焊接后晶粒的长大，焊接性能良好，电弧焊、闪光对焊及电渣压力焊的合格率均为100%。

③抗震性能良好，HRB400级钢筋伸长率≥14%，均匀伸长率为14%左右，屈强比$\sigma_b/\sigma_s \geq 1.25$，屈服强度与强度标准值之比≤1.3。

7）高强钢筋直螺纹连接技术

在热轧带肋钢筋的端部制作出直螺纹，利用带内螺纹的连接套筒对接钢筋，达到传递钢筋拉力和压力的目的。

大直径钢筋直螺纹连接，其性能可靠，接头质量稳定，连接速度快捷方便，操作简单，加快了施工进度，比其他连接方式工效均有所提高，而且与搭接相比可节约钢材，具有较高的经济效益。

8）钢筋焊接网应用技术

本工程屋面采用 ϕ8@200 双向钢筋网，地下室车库采用 ϕ8@200 双向钢筋网，楼层内部分地坪采用 ϕ8@200 双向钢筋网，焊接网的长度为 4m，宽度为 2.2m。该项新技术显著提高钢筋工程质量，大量降低了钢筋安装工时，缩短工期，适当节省钢材，使地坪浇筑工程变得简洁、迅速。

9）钢筋机械锚固技术

钢筋机械锚固技术是将螺帽与垫板合二为一的锚固板通过螺纹与钢筋端部相连形成的锚固装置。其作用机理为：钢筋的锚固力全部由锚固板承担或由锚固板和钢筋的粘结力共同承担，从而减少钢筋的锚固长度，节省钢筋用量。在复杂节点采用钢筋机械锚固技术还可简化钢筋工程施工，减少钢筋密集拥堵绑扎困难，改善节点受力性能，提高混凝土浇筑质量。

10）销键型钢管脚手架及支撑架

为确保工人在室外施工的安全性，本工程外立面的脚手架采用了销键型钢管脚手架（盘扣式）。销键型钢管脚手架（盘扣式）具有承载力大、稳定性好、零部件安装便捷、安全性好、耐久性好、可适用变化复杂的截面以及可使用吊车整体吊装施工等特点。在本工程中的应用，不但降低了施工成本，大量缩短了搭设脚手架的时间，施工人员在操作时更加安全、便捷，加快了施工工期，从而取得良好的经济效益和社会效益（图 5-7、图 5-8）。

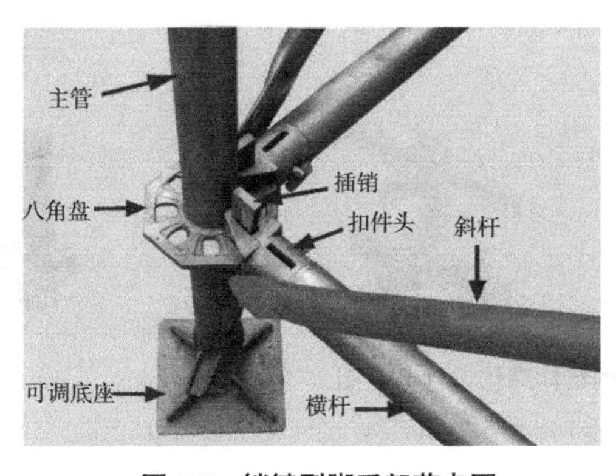

图 5-7　销键型脚手架节点图

图 5-8　现场实际应用情况

11）清水混凝土模板技术

清水混凝土是直接利用混凝土成型后的自然质感作为饰面效果的混凝土，清水混凝土模板是按照清水混凝土要求进行设计加工的模板技术。根据结构外形尺寸要求及外观质量要求，清水混凝土模板可采用大钢模板、钢木模板、组合式带肋塑料模板、铝合金模板及聚氨酯内衬模板技术等。

12）混凝土叠合楼板技术

混凝土叠合楼板技术是指将楼板沿厚度方向分成两部分，底部是预制底板，上部后浇混凝土叠合层。配置底部钢筋的预制底板作为楼板的一部分，在施工阶段作为后浇混凝土叠合层的模板承受荷载，与后浇混凝土层形成整体的叠合混凝土构件。

13）装配式混凝土结构建筑信息模型应用技术

利用建筑信息模型（BIM）技术，实现装配式混凝土结构的设计、生产、运输、装配、运维的信息交互和共享，实现装配式建筑全过程一体化协同工作。应用BIM技术，装配式建筑、结构、机电、装饰装修全专业协同设计，实现建筑、结构、机电、装修一体化；设计BIM模型直接对接生产、施工，实现设计、生产、施工一体化。

14）预制构件工厂化生产加工技术

预制构件工厂化生产加工技术，指采用自动化流水线、机组流水线、长线台座生产线生产标准定型预制构件并兼顾异形预制构件，采用固定台模线生产房屋建筑预制构件，满足预制构件的批量生产加工和集中供应要求的技术。

15）钢结构深化设计与物联网应用技术

为了保证本工程钢结构整体质量及施工效率，并体现出本企业创新能力、企业管理的信息化管理水平，本工程钢结构采用了钢结构深化设计与互联网应用技术（图5-9）。

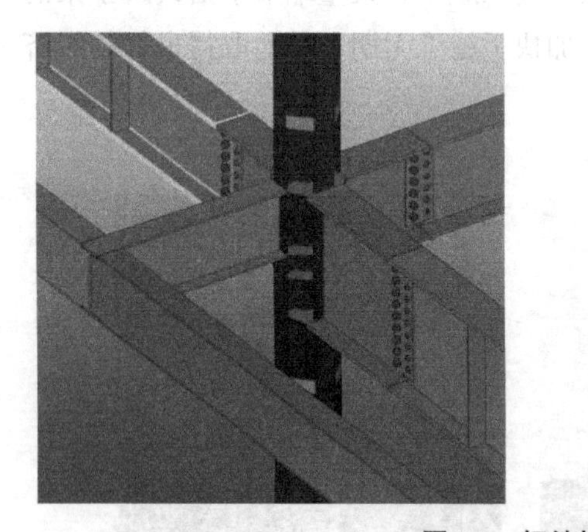
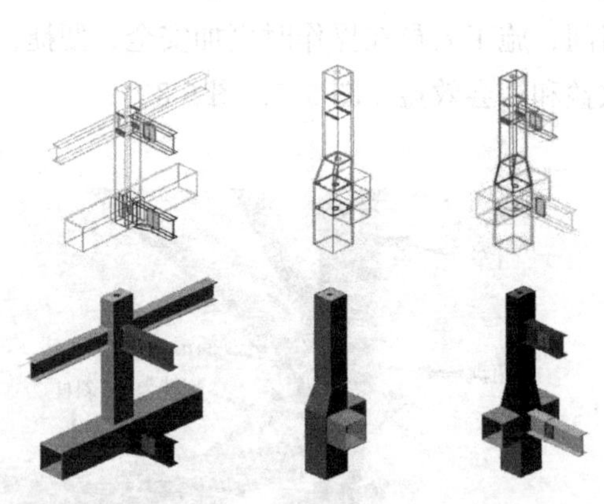

图5-9　钢结构深化设计节点图

①按照深化设计标准、要求等统一产品编码，采用专业软件开展深化设计工作。

②按照企业自身管理规章等要求统一施工要素编码。

③采用三维计算机辅助设计（CAD）、计算机辅助工艺规划（CAPP）、计算机辅助制造（CAM）、工艺路线仿真等工具和手段，提高数字化施工水平。

④充分利用工业以太网，建立企业资源计划管理系统（ERP）、制造执行系统（MES）、供链管理系统（SCM）、客户管理系统（CRM）、仓储管理系统（WMS）

等信息化管理系统或相关功能模块，进行产品全生命期管理。

⑤钢结构制造过程中可搭建自动化、柔性化、智能化的生产线，通过工业通信网络实现系统、设备、零部件以及人员之间的信息互联互通和有效集成。

⑥基于物联网技术的应用，进一步建立信息与 BIM 模型有效整合的施工管理模式和协同工作机制，明确施工阶段各参与方的协同工作流程和成果提交内容，明确人员职责，制定管理制度。

16）钢结构防腐防火技术

本工程主楼采用内筒外钢框结构，总体量达 1 万 t 钢结构。在防腐防火涂料喷涂前，钢结构表面必须进行除锈，除锈完后按照规定喷涂三道防锈漆，之后采用厚涂型防火涂料，使用压送式喷涂机进行喷涂。厚涂型防火涂料施工时分遍喷涂，每遍喷涂厚度为 5 ~ 10mm，在前一遍基本干燥或固化后，再喷涂下一遍，喷涂 2 遍，涂层厚度为 30mm（图 5-10）。

图 5-10　现场钢结构防腐涂料应用情况

17）钢与混凝土组合结构应用技术

本工程主楼区域采用劲性柱，用钢量大幅度减小，在承载相当的情况下一般可节省钢材 50% 左右，造价可降低 10% ~ 40%：与钢筋混凝土结构相比，可节省 60% 左右的混凝土，并减小了构件的截面尺寸，增加了使用面积和层高，避免形成肥梁胖柱，减轻地基荷载，降低基础费用，因此具有可观的经济效益。

本工程大部分柱子为组合型钢混凝土柱，可显著提升承载力与稳定性，且减少截面尺寸及空间，对空间利用提升十分显著。2 ~ 17 层（除屋面）采用了 120mm 压型钢板混凝土现浇组合楼板，以压型钢板代替模板，节省大量排架搭设及支模、拆模的复杂工序，且大量节约了钢筋用量，十分环保，无需再进行涂料施工，在本项目取得了很好的实效。

本工程钢结构的用量约 8000t，深化设计图纸达 2000 余张，主要包括地下室劲芯柱、框架梁、框架柱及楼层板的节点优化。

18）基于 BIM 的管线综合技术

本工程除了常规的强弱电、给水排水、通风管线外，还有大量专用管线，管线交错复杂，密如蛛网。

根据以往的施工经验，由于各专业之间的管线碰撞而造成的材料损失、工期损失和经济损失相当巨大，并且返工也会造成大量的能源浪费。

为此，我们采用 BIM 技术，首先在计算机中对管线进行模拟建造，建造完成后，由计算机自动进行碰撞检查，提前发现问题，提前解决，有效避免返工和材料浪费（图 5-11）。

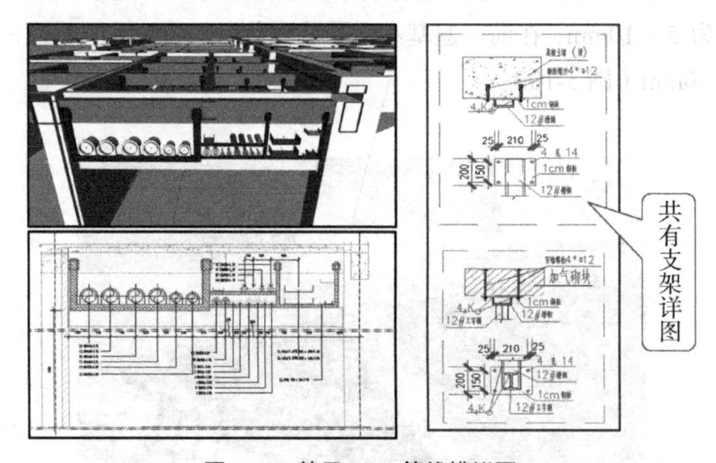

图 5-11　基于 BIM 管线模拟图

19）机电消声减振综合施工技术

屋面、楼层及地下室机房布置有风冷热泵机组、空调机组、水泵等振动设备，均采用减振承台及弹簧减振器等多种减振措施来降低噪声，从而实现办公室、会议室等区域噪声值控制在 45dB 以下（图 5-12）。

图 5-12　机电消声减振设备

20）封闭降水及水收集综合利用技术

采用封闭式基坑降水。A 区坑内共布置疏干井 16 口（含 2 口观测井兼备用井），其中 15 口井深 25m，其中 1 口位于暗墩加固区，井深 16m。坑内共布置减压井 4 口，3 口观测兼备用井，井深 41m。坑外布置 3 口潜水观测井，井深 25m，坑外布置 3 口承压水观测井，井深 41m。降水回收利用主要是周边绿化、车辆冲洗以及场地洒水，为确保水质达到绿化水要求，项目部定期对地下水进行检测。现场制作循环水箱，将降水集中存放于水箱，用于现场洒水控制扬尘和车辆冲洗，引入施工现场的水可用于结构养护用水、喷射混凝土用水等（图 5-13）。

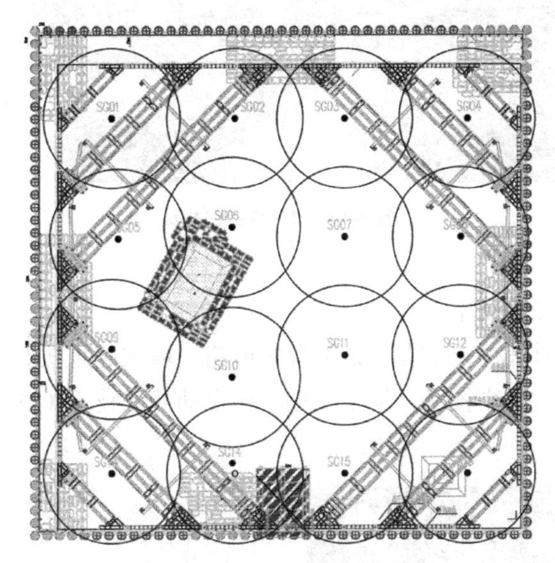

图 5-13　降水井平面布置图

21）建筑垃圾减量化与资源化利用技术

①制订建筑垃圾减量化、资源化计划，减少施工固体废弃物的产生。工程结束后，对施工中产生的固体废弃物必须全部清除。

②加强建筑垃圾的回收再利用，力争建筑垃圾的再利用和回收率达到 60%。

③施工现场生活区设置封闭式垃圾容器，施工场地生活垃圾实行袋装化。

④对建筑垃圾进行分类，收集到现场固定的并加罩棚或其他形式进行封闭的垃圾站，集中运出。施工期间的工程废弃物及时清运，要求按规定路线运输，运输车辆必须按有关要求配装密闭装置。

⑤建筑垃圾根据上海市的有关规定，施工中的废渣土按市政市容管理委员会的要求进行处理。

22）施工现场太阳能、空气能利用技术

太阳能光伏板可以将光能转化为电能，本工程在施工现场、生活区均有配备太阳能光伏板，主要用于宿舍食堂用电、标养室用电，同时安装电表，统计发电量。

利用太阳能光伏板把太阳能转化成电能，首先它节约资金，相比较价格昂贵的柴油发电再加上高昂的运费，太阳能发电无疑最节约成本，且安全无风险和使用寿命长（图 5-14）。

图 5-14　太阳能光伏板

23）施工扬尘控制技术

施工扬尘控制技术主要包括：施工现场道路、塔式起重机、脚手架等部位采用自动喷淋降尘和雾炮降尘技术，施工现场车辆自动冲洗技术（图 5-15、图 5-16）。

图 5-15　新能源洒水车

图 5-16　雾炮降尘技术

自动喷淋降尘系统由蓄水系统、自动控制系统、语音报警系统、变频水泵、主管、三通阀、支管、微雾喷头连接而成，主要安装在临时施工道路、脚手架上。

①塔式起重机自动喷淋降尘系统是指在塔式起重机安装完成后通过塔式起重机旋转臂安装的喷水设施，用于塔臂覆盖范围内的降尘、混凝土养护等。喷淋系统由加压泵、塔式起重机、喷淋主管、万向旋转接头、喷淋头、卡扣、扬尘监测设备、视频监控设备等组成。

②雾炮降尘系统主要有电机、高压风机、水平旋转装置、仰角控制装置、导流

筒、雾化喷嘴、高压泵、储水箱等装置，其特点为风力强劲、射程高（远）、穿透性好，可以实现精量喷雾，雾粒细小，能快速将尘埃抑制降沉，工作效率高、速度快，覆盖面积大。

③施工现场车辆自动冲洗系统由供水系统、循环用水处理系统、冲洗系统、承重系统、自动控制系统组成。采用红外、位置传感器启动自动清洗及运行指示的智能化控制技术。水池采用四级沉淀分离、处理水质，确保水循环使用；清洗系统由冲洗槽、两侧挡板、高压喷嘴装置、控制装置和沉淀循环水池组成；喷嘴沿多个方向布置，无死角。

24）施工噪声控制技术

施工噪声控制技术是通过选用低噪声设备、先进施工工艺或采用隔声屏、隔声罩等措施有效降低施工现场及施工过程噪声的控制技术。

①施工现场优先选用低噪声机械设备，优先选用能够减少或避免噪声的先进施工工艺。

②合理安排施工机械作业，高噪声作业活动尽可能安排在不影响社会正常生活的时段下进行。

③风动钻机要装配消声器，压缩机要性能良好，尽可能低声运转，尽可能减少设备噪声对周围环境的影响。

④离高噪声设备近距离操作的施工人员佩戴耳塞，以降低高机械噪声对人耳造成的伤害。

⑤混凝土浇筑时，每次浇筑时间尽量安排在白天进行，并使用低噪声的振动棒。

⑥在整个建设工地用 2.5m 高的围墙全部封闭，减少场地噪声，便于控制场地内的噪声。

25）绿色施工在线监测评价技术

绿色施工在线监测评价技术是根据绿色施工评价标准，通过在施工现场安装智能仪表并借助 GPRS 通信和计算机软件技术，随时随地以数字化的方式对施工现场能耗、水耗、施工噪声、施工扬尘、大型施工设备安全运行状况等各项绿色施工指标数据进行实时监测、记录、统计、分析、评价和预警的监测系统和评价体系（图 5-17）。

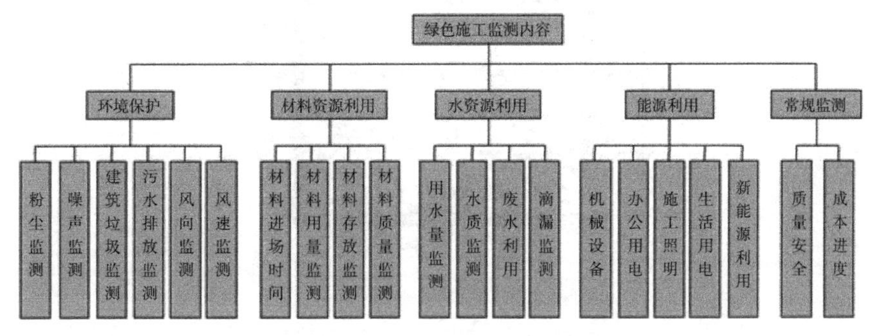

图 5-17　绿色施工在线监测系统

26）工具式定型化临时设施技术

本工程对工具化、定型化、标准化的推广尤为重视，施工现场使用定型化围挡、灯架、楼梯扶手等一系列“三化”产品，不仅能起到美化、统一的作用，并且能达到一次性投入、在今后工程中可翻新再利用的目的，更达到了节能降耗的目的。

①标准化箱式施工现场用房包括办公室用房，会议室、接待室、资料室、活动室、阅读室、卫生间。标准化箱式附属用房包括食堂、门卫房、设备房、试验用房。按照标准尺寸和符合要求的材质制作和使用。

②定型化临边洞口防护、加工棚定型化、可周转的基坑、楼层临边防护、水平洞口防护，可选用网片式、格栅式或组装式。

③楼梯扶手栏杆采用工具式短钢管接头，立杆采用膨胀螺栓与结构固定，内插钢管栏杆，使用结束后可拆卸周转重复使用。

27）深基坑施工监测技术

本工程通过对周边环境的分析，对监测计划共提出三条针对性意见：

①监测内容全面，重点突出。在全面进行监测项目外，对重点项目进行侧重监测。就本项目而言，监测重点为北侧内环高架。

②跟踪监测，有轻有重。监测要随施工过程进行跟踪监测，施工到哪监测到哪，做到监测不留死角。同时对发生预警或接近预警的项目进行加强监测，提高监测频率，并及时分析，做到指导信息化施工。

③资源保证，做好预案。本项目将从人员、仪器设备及应急方面做好各类资源保证，对监测过程中可能出现的抢险情况做好预案。

利用深基坑施工监测技术，主要监测如下内容：

①基坑监测。基坑阶段的监测，主要包括基坑及周边建筑物的监测（图 5-18、图 5-19）。

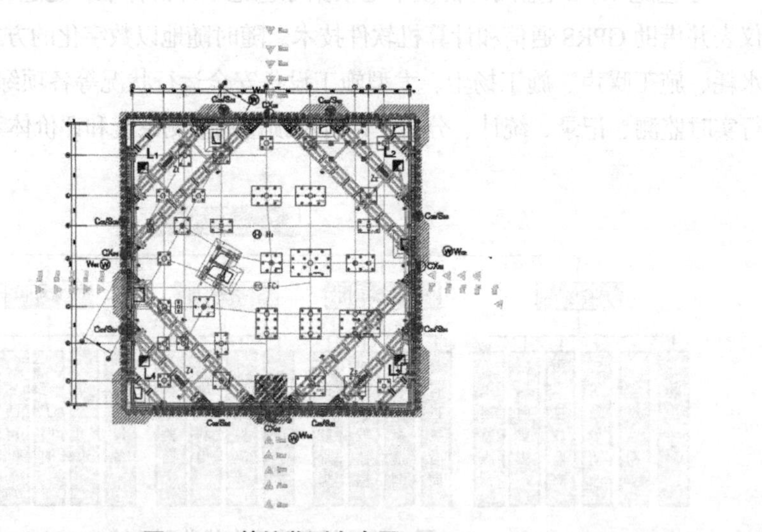

图 5-18　基坑监测布点图

监 测 统 计 表				
序 号	图 例	监 测 项 目	编 号	数 量
1		基坑内（外）潜水水位监测点	W_{01} ~ W_{04}	4 孔
2		围护墙（边坡）顶部水平位移监测点	S_{01} ~ S_{08}	8 点
3		围护墙（边坡）顶部垂直位移监测点	C_{01} ~ C_{8}	8 点
4		地表垂直位移监测点	$B_{1\text{-}1}$ ~ $B_{4\text{-}5}$	20 点
5		支撑轴力监测点	Z_{01} ~ Z_{04}	两层共 8 组
6		立柱沉降监测点	L_{01} ~ L_{04}	4 点
7		围护体测斜监测点	CX_{01} ~ CX_{04}	4 点
8		坑底隆起（回弹）监测点	H_{01}	1 点
9		土体深层垂直位移（分层沉降）监测点	FC_{01}	1 点

图 5-19 基坑监测点统计表

监测警戒值满足表 5-2 所示要求。

监测警戒值要求 **表 5-2**

序号	项目	警戒值	
		日变化量（mm）	累计变化量（mm）
1	围护顶垂直、水平位移	3	45
2	围护桩测斜	3	45
3	立柱垂直位移	2	35
4	坑外水位	300	1000
5	周边地表位移	2	35
6	建筑物垂直位移	2（连续 2 天）	20
7	分层沉降	80%	
8	孔隙水压力	80%	
9	支撑轴力	设计值 80%	

监测频次满足表 5-3 所示要求。

监测频次要求 **表 5-3**

序号	施工阶段	监测项目	监测频率	备注
1	围护结构施工前	周边环境	3 次	取初值
2	围护结构施工至围护结构施工结束前	周边建（构）筑物	1 次 /3 天	
3	围护结构施工结束后至基坑开挖前	周边建（构）筑物	1 次 /7 天	
4	基坑开挖至底板浇筑完成	周边环境	1 次 /1 天	
		基坑围护结构		
5	支撑拆除期间	周边环境	1 次 /1 天	
		基坑围护结构		
6	结构至 ±0.00	周边环境	1 次 /7 天	
		基坑围护结构		

②周边建筑及管线检测。相对较为复杂的周边环境，有针对性地进行周边建筑物及管线的监控。

管线监测警戒值满足表 5-4 所示要求。

管线监测警戒值要求 **表 5-4**

监测项目	速率（mm/d）	累计值（mm）
地下管线位移	2（刚性）/5（柔性）	10

管线监测频次满足表 5-5 所示要求。

管线监测频次要求 **表 5-5**

监测内容	监测频率					
	桩基施工	围护施工	坑内降水	基坑挖土期间	支撑拆除及底板施工	地下室结构施工
地下管线变形监测	1 次 /3 天	1 次 /3 天	1 次 /3 天	1 次 /1 天	1 次 /1 天	1 次 /3 天

28）受周边施工影响的建（构）筑物检测、监测技术

本工程施工期间根据工程需要对附近道路、地下管线进行跟踪变形监测，及时监测及时反馈，对变形量超出规范范围的，相关工序马上停止施工，采取措施阻止变形扩大。在整个施工过程中，变形监测是整个防护措施中最重要的一环。

监测点布设：监测点的布设能反映变形体的变形特征，根据基坑设计相关资料及行业主管部门的相关要求，结合现场实际踏勘情况，本次基坑影响范围内需监测内容主要是围墙、东侧道路、地下管线，共布置监测点 8 个，每日监测 1 次（图 5-20）。

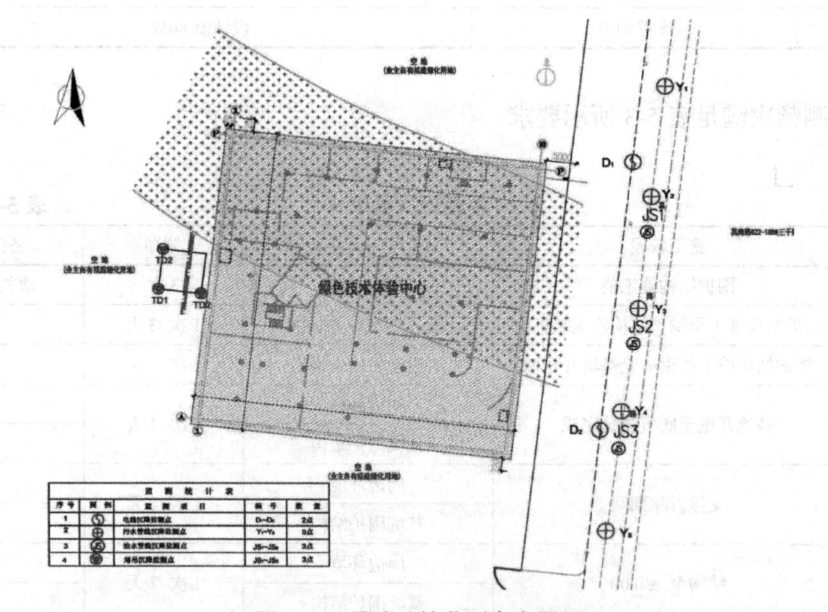

图 5-20　周边环境监测点布置图

29）基于 BIM 的现场施工管理信息技术

搭建所有参建方 BIM 协同管理平台，实施项目设计、施工、运维等建设项目全生命期的 BIM 技术应用，实现对质量、安全、进度和成本等全方位进行高效、精细管理。

该平台融合了“BIM+ 物联网”技术。通过协同平台准确安排每一层钢构件的吊装进度及相对的供货计划；通过 RFID 芯片实施追踪和反馈构件状态信息；该平台可辅助甲方和总包方实现工业化建筑建造全过程的高效精准管理。

除实施常规土建主体的 BIM 应用以外，还有多专业碰撞检查，管线综合与净高优化，场布与施工模拟等，对施工可能遇到的棘手问题，利用 BIM 可视化、信息化的优势，提高解决问题的效率，实现大型商办综合体建筑群智能化运维技术应用（图 5-21）。

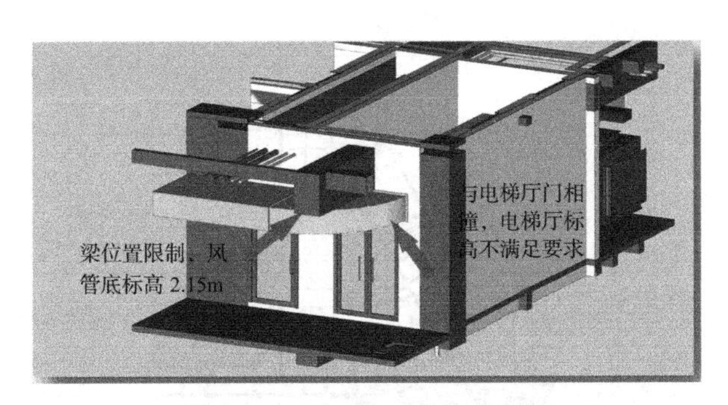

图 5-21　现场 BIM 施工效果图

30）基于互联网的项目多方协同管理技术

本项目在人员出入口设置了人脸识别系统，通过提前采集管理及施工人员的面部信息与身份证信息，基于资料库大数据比对，实现实名制管理、考勤管理、用工管理等多项合一的管理系统，提高了现场用工管理效率及管理质量。项目各个相关部门均可通过互联网连接本地数据库，查询相关资料，提高了工作效率，使用工数据更加准确，依据性更强。

同时，在施工现场、生活区和办公区均设置了远程可遥控高清监控设备，利用无线网络传输，通过电脑或移动设备等多终端进行查看，参与施工的各方实行协同管理，实现施工现场的安全、质量、进度等综合管控。

3. 技术创新点

①积极采用信息化施工技术提升绿色建造施工的技术水平。

②积极采用预制装配技术等提升绿色建造施工的工业化水平。

③以人为本，建造智能、健康、绿色建筑。

④不断革新传统工艺，提高绿色建造过程施工的各项指标。

⑤自主创新形成具有自主知识产权、工法等，项目研究获得国家、省部级科技奖项。

⑥智慧化、信息化创新和应用。

⑦精益化施工管理成效评价。

（1）不出筋开槽型预制楼板

本工程地上 2 ~ 5 层楼面设计有 98 块不出筋开槽型预制楼板。该楼板为研究总院与清华大学联合研究的课题，行业并无成熟规范，项目部针对此难题多次会同设计方、构件厂方研究讨论，并参与新技术论证。通过分析专家论证意见，参考同类工程施工经验，最终成功应用并总结该种新工艺施工技术。

①传统预制板端部伸出胡子筋，施工时常出现钢筋打架的情况，且加工制作不便。开槽型预制板端部不出筋，便于工厂全自动流水线生产，以提高生产效率，同时在运输和吊装过程中也具有更好的便利性（图 5-22、图 5-23）。

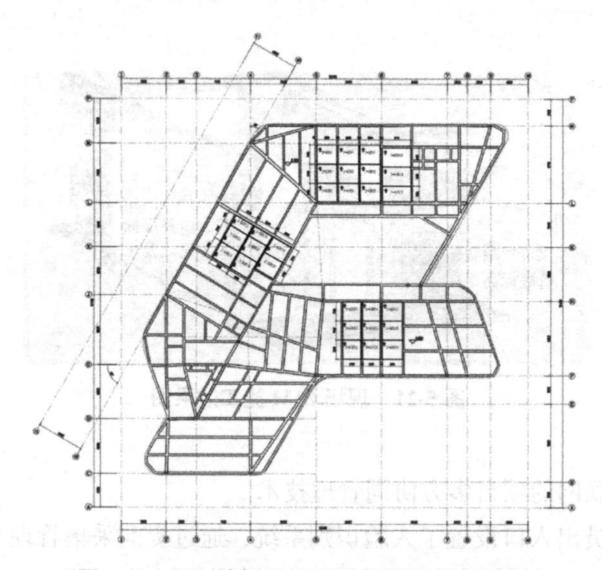

图 5-22　预制楼板层间平面布置图（3F 示例）

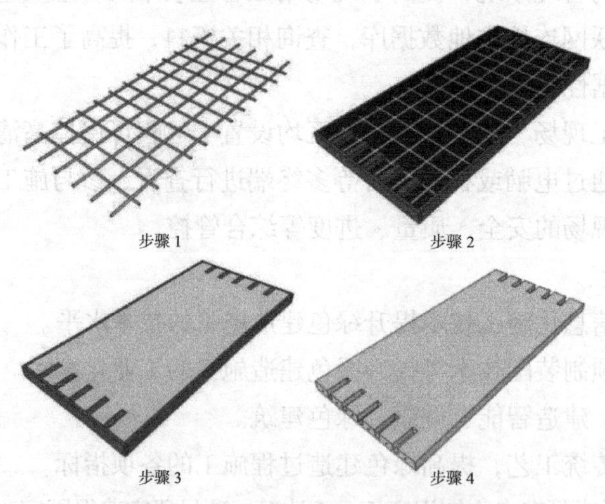

图 5-23　开槽预制板加工步骤示意图

通过在间隔设置的凹槽内附加钢筋满足组合梁纵向抗剪的要求，开槽型预制板叠合楼板相对传统的组合楼板具有基本相同的力学性能，在保证了承载力前提下，大幅度简化了组合楼盖的现场安装难度，提高了施工效率。同时该项目运用的不出筋开槽型预制楼板因采用后置连接钢筋代替胡子筋进行预制构件连接，解决了一个在预制板端表面放置附加连接做法的天然缺陷：钢筋的位置靠近楼板的中和轴，导致钢筋对结点受力的贡献较小，如果在板间拼缝时使用该构造，则削弱更显著，达到了“等同现浇”的目的（图 5-24）。

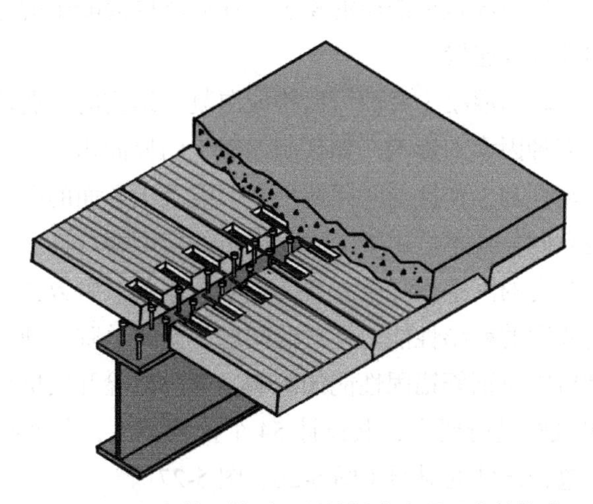

图 5-24　不出筋开槽型预制楼板在本项目中的构造

②开槽型叠合板及其钢筋锚固性能研究

在装配整体式结构中，为了实现“等同现浇”的目的，预制构件间通过设置后浇段实现连接，连接节点和接缝构造形式多参考传统的现浇混凝土结构做法，预制构件多伸出钢筋锚固于后浇段内，连接构造比较复杂，甚至导致不同预制构件的钢筋之间出现复杂的连接结构或空间冲突。以预制板和预制梁的连接为例，从图 5-25 中可以清楚地看到，在装配时，预制梁的纵筋和板的胡子筋之间存在明显冲突，对施工带来了诸多不便。

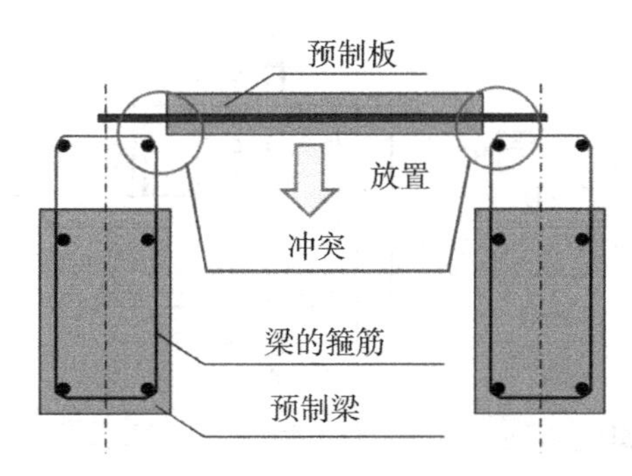

图 5-25　装配时钢筋冲突

在装配时遇到钢筋冲突，通常需将连梁开口箍筋向两侧弯折后再放入连梁纵筋或水平后浇带内附加纵筋。在组合楼盖中，使用胡子筋预制板同样可能出现钢筋位置冲突的情况。装配中的钢筋冲突问题通常使得楼板的施工工期延长，所以研究板端不出筋预制板，简化装配式叠合板的施工步骤，提高施工速度，是非常迫切与必要的。

基于此，本项目用的不出筋开槽型预制楼板提出一种新的叠合板支座构造：预制构件端部不伸出钢筋以避免钢筋冲突，采用后置连接钢筋代替胡子筋进行预制构件的连接。在预制构件的端部开槽提供连接钢筋的放置空间。构件安装就位后在槽口内放置连接钢筋，然后浇筑后浇层混凝土。在后浇层混凝土的作用下，连接钢筋可以使两个预制构件有效连接。

许多研究表明，新旧混凝土界面可以构成混凝土结构的薄弱环节。新旧混凝土之间的结合强度受多种因素的影响，如预制混凝土的界面粗糙度、混凝土强度，以及后浇混凝土的流动性和工作性等。因此，新旧混凝土界面的存在可能会影响钢筋的锚固，这使得现有的公式不适用于本研究提出的新型槽口连接方法。影响钢筋在新旧混凝土界面的结合的因素很复杂。需要更多的相关试验数据来进一步量化新旧混凝土界面的钢筋锚固的粘结性能。针对此问题，研究总院与项目部联合开创课题研究钢筋锚固在槽口中对钢筋锚固性能的影响，通过试验开展槽口中钢筋的粘结强度研究。采用拔出试验进行研究，共设计 54 个拉拔试件，分两批次进行测试。设计的整浇试件作为叠合试件的对照（图 5-26、图 5-27）。

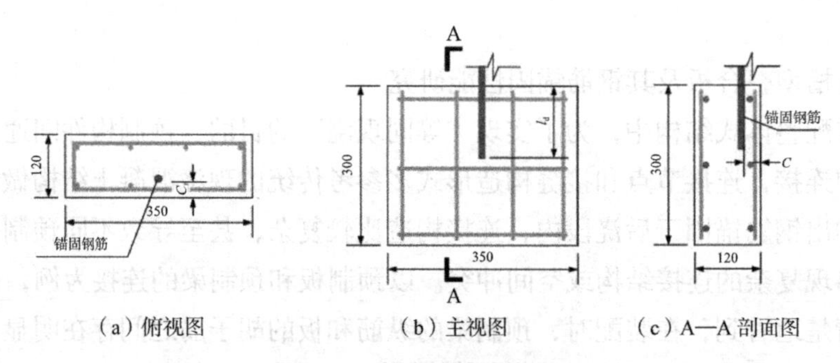

（a）俯视图　（b）主视图　（c）A—A 剖面图

图 5-26　整浇试件结构图

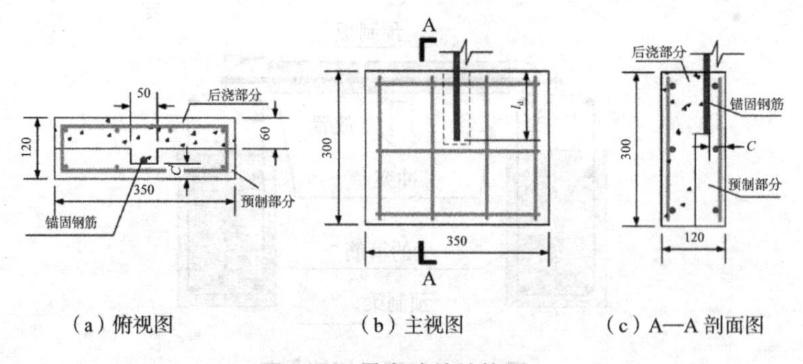

（a）俯视图　（b）主视图　（c）A—A 剖面图

图 5-27　叠合试件结构图

经一系列试验表明，锚固在新旧混凝土界面的钢筋的粘结强度主要受有效承压面积、后浇混凝土强度等级、锚固长度等影响，槽口中钢筋的锚固长度基于受力需求确定，当要求连接钢筋能达到受拉屈服时，应该具有足够的锚固长度，当不要求钢筋能屈服时，锚固长度可以适当缩短。槽口连接中合理的锚固长度可以根据“等强设计”的概念制定。商用变形钢筋在传统混凝土结构中的锚固长度在各个设计规范、规程中均已有明确规定。基于本研究对试验值和模型预测值的对比发现，叠合试件的 τ_{exp}/τ_{cal} 均值要略大于整浇试件，同时，变异系数与整浇试件持平。因此，基于可靠度理论，在新旧混凝土界面中锚固长度 l_d/η 的钢筋和在普通混凝土中锚固长度 l_d 的钢筋具有相同的可靠度。对于月牙肋钢筋，η 取 0.74，即受新旧混凝土界面影响的钢筋锚固长度应该是正常锚固长度的 1.35 倍。

③施工。首先将预制板吊装到钢梁上，并调整就位；之后，在预制的板槽内放置横跨钢梁的抗剪钢筋，并铺纵横向板顶钢筋；最后浇筑混凝土，整个预制叠合板组合梁形成整体、共同工作。槽内放置的抗剪钢筋与栓钉和后浇混凝土成为一体后可以提供有效的纵向抗剪作用，防止组合楼盖在竖向荷载作用下发生沿着栓钉的纵向劈裂破坏（图 5-28 ~ 图 5-30）。

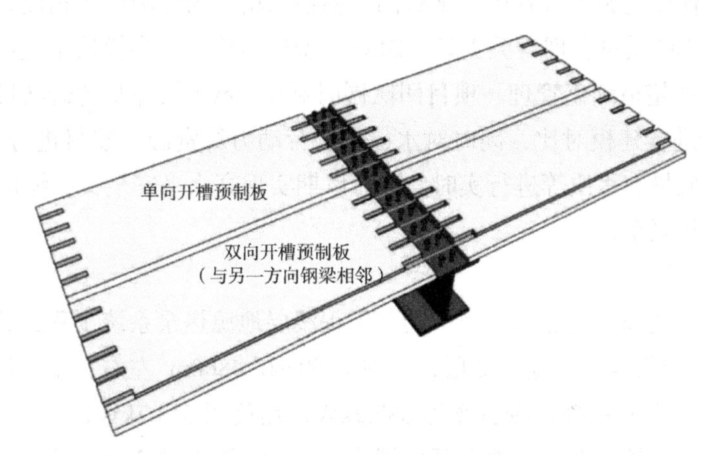

图 5-28　叠合板安装示意图

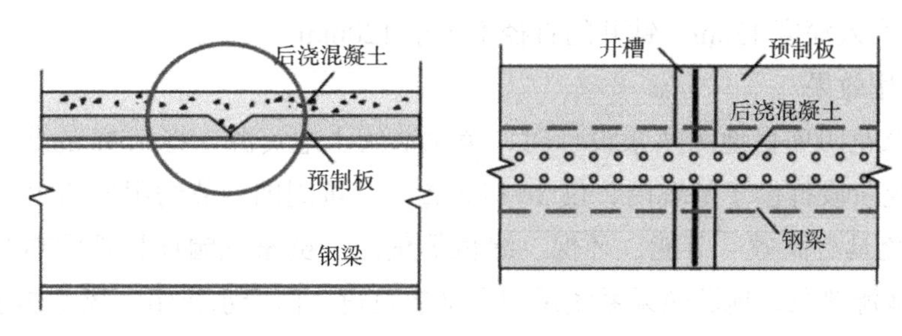

图 5-29　纵向剖面及顶面示意图

图 5-30 实际效果图

④效益。本工程使用了新型预制混凝土叠合楼板。新型预制板端部不出筋，便于工厂全自动流水线生产提高生产效率，施工现场无钢筋打架的问题，施工效率提高约 30%。通过在间隔设置的凹槽内附加钢筋满足组合梁纵向抗剪的要求。使用新型叠合楼板，大幅提升了主体结构施工效率。

同时在主体结构施工过程中，项目团队精益求精，为保障施工精度，利用多种技术措施，如 QC 质量管理有关工具、BIM 模型碰撞检查、多模块集成项目管理平台等，力求实现超精细化管理。项目团队同时利用 Revit 软件及自研项目管理平台对照设计图纸进行建模对比，同时对水、电、劳动力等资源、建材进行节超分析，对噪声、空气质量、水质等进行实时监测，以期实现高水平安全文明绿色施工。

（2）地源热泵系统

1）工程概况

项目为黄家花园绿色建筑（第一期）工程浅层地源热泵系统工程，总建筑面积 12000m^2，地上建筑 4 层，地下 2 层，其中空调面积 4800m^2 左右，本项目空调冷热源采用地源热泵空调系统，冷负额为 687.2kW，热负额 514.7kW，设计地源井 146 口（其中地下室布置 110 口，地上基坑周边 36 口），测温井 2 口（地下室 1 口，绿地上一口），单 U 形 De32，地下室钻孔 132m，下管有效深度 120m，地上绿带处钻孔 132m，有效深度 130m。钻井的直径不小于 120mm。

2）使用效果

在黄家花园项目地源热泵设计时，考虑节约土地资源，将 75% 的地源热泵井于土方开挖阶段打设于基坑内，仅 36 口布置在基坑周围，节约用地约 3000m^2。地源热泵系统具有高效、节能、环保、绿色等优点。黄家花园项目地源热泵系统用了地埋管地源热泵，地源热泵系统承担全部热负荷，由冷水机组、风冷热泵作为辅助冷源，以达到热平衡。据估算，地源热泵系统节能量占空调系统能耗的百分比在 35% ~ 50%，约占建筑总能耗的 25%，节能效果显著。

在上海地区地源热泵使用寿命较短，主要原因在于上海地区夏季与冬季周期不平衡，夏季周期长而冬季周期短。单靠地源热泵自身热交换难以达到热平衡。本项目光伏板发电在满足自身需求的同时，余量用作干预地源热泵热交换，作为储能。

（3）幕墙光伏一体化施工技术

幕墙光伏一体化是指将太阳能光伏发电技术与幕墙工程融为一体的技术，不仅可以作为建筑工程的围护结构，还可以将太阳能转化为电能，供建筑物加以利用，富余的电能还可以输送到城市电网（图 5-31）。

光伏建筑一体化的优点有：①清洁绿色。与传统化石能源不同，太阳能利用可以做到无污染、零排放，是一种真正意义上的环境友好型能源。②节约用地。随着城镇化进程加快，土地资源越来越紧缺，而光伏系统与建筑物结合，实现土地资源利用最大化，尤其适合在大中型城市推广。③调峰填谷。夏季炎热高温，城市热岛效应严重，如果将光伏技术引入城市建筑体系，不仅可以缓解城市热岛效应，而且可以给城市电网提供补给。④造型新颖。光伏建筑一体化可以给建筑工程设计提供一种全新的表皮艺术效果，丰富城市建筑的外观造型。

光伏幕墙的使用不仅可以让建筑物拥有美丽的“外衣”，使建筑物给人们以眼前一亮的效果，也让建筑与城市环境相得益彰，还可以缓解不可再生能源的消耗，从整体上改善城市环境，做到节能环保。本书基于光伏建筑一体化理论，总结了光伏幕墙在建筑工程中用的可行性评价体系，对光伏幕墙太阳能电池类型进行了简单介绍，并着重分析了光伏幕墙的构造方式，为光伏幕墙在建筑工程中的进一步推广提供了技术支持和工程借鉴。

图 5-31　光伏幕墙效果图

在长三角一体化绿色科技示范楼项目中，在外立面由高效的预制光伏板与透明的太阳能薄膜技术融合而成，采用了三层中空玻璃的被动式节能兼容的单元。每一个单元形状和方向通过计算以最大限度地利用太阳能，减少眩光，并将自然光引入建筑内部。利用建筑外表进行光伏发电，并根据太阳辐射角为每个光伏玻璃定制专属倾斜度，以提高发电效率（图 5-32）。同时项目将大量的光伏板安装在与之相配套的李子公园内，在建筑物屋顶、停车场上方都设置了光伏发电板，基本可以满足园内 3 幢建筑的日常运营，余量还可以供给园内路灯、智慧合杆、智能化设施等其他设施的用电，实现了发电量和用电量的“自给自足”。同时将多余的发电量并入市政电网。

图 5-32 项目应用的太阳能光伏板

长三角一体化绿色科技示范楼光伏总装机容量为 492.63kW，其中：①设备房屋顶安装 600Wp 单晶硅组件 132 块，79.2kW；②中庭屋顶安装 600Wp 单晶硅组件 39 块，23.4kW；③层间 12° 倾角安装 105W 定制化单晶硅组件 286 块，30.03kW；④北侧停车棚安装 600Wp 单晶硅组件 291 块，174.6kW；⑤南侧停车棚安装 600Wp 单晶硅组件 309 块，185.4kW。首年发电量预估为 480465kW · h，25 年年平均发电量约为 43.4 万 kW · h，相当于年均减少二氧化碳排放量约 182.5t，节约标煤 139.05t。

（4）低能耗节能临时设施设计施工技术

1）背景及概况

本项目在临时设施策划及设计时参照德国被动式建筑建设标准，该技术已经有着近 25 年的发展历史，并已积累了相对成熟的建筑经验。从已经建设完成并投入使用的被动式房屋中可以看出，较之传统的建筑，被动房的整体建筑质量有极大的提高。被动式房屋能够改善城市环境，而这也是目前中国城市面临的重要课题。在我国，住房和城乡建设部于 2015 年颁布了《被动式超低能耗绿色建筑技术导则（试行）（居住建筑）》，对指导我国被动式超低能耗建筑实际落地具有重要意义。2019 年实施的《近零能耗建筑技术标准》GB/T 51350—2019 从技术指标、建筑设计、施工、运营管理等内容对超低能耗建筑进行了详细的规定。本项目计划将临设办公室、宿舍参照被动式节能建筑进行改造。

其中，被动式节能建筑是指通过建筑自身的空间形式、围护结构、建筑材料与独特的构造设计，仅凭卓越的保温隔热性能和高效热回收系统，保持室内恒温、恒氧、恒湿的居住环境（图 5-33）。

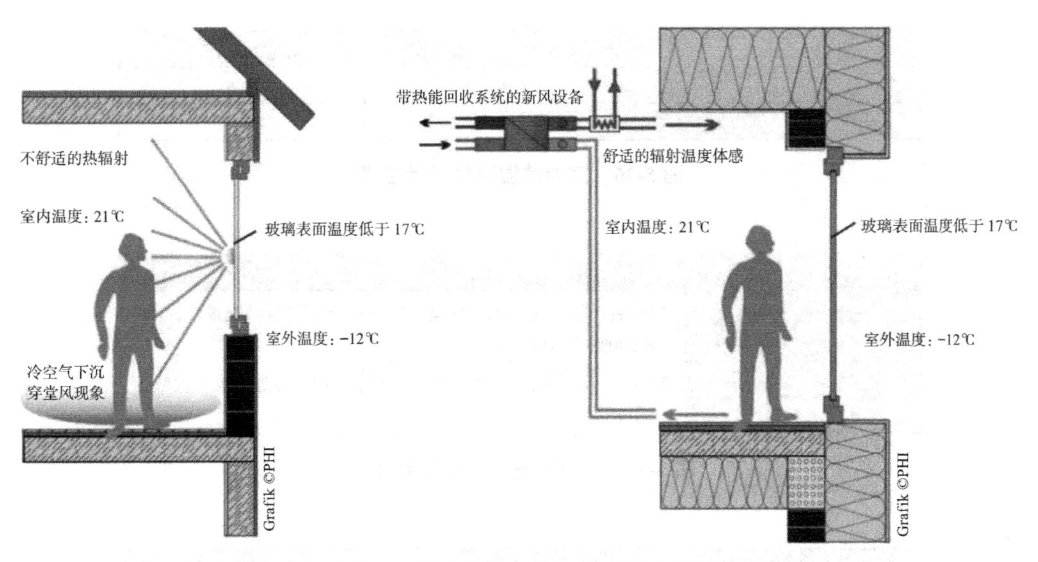

图 5-33　被动节能建筑与普通建筑对比

2）前期准备

基于上海气候特征的气象热工参数，项目部邀请顾问方初步测算临设办公室作为被动式建筑整体能耗参数、自然采光与通风设计指标、建筑外围护结构热工参数界定等（图 5-34 ~ 图 5-38）。

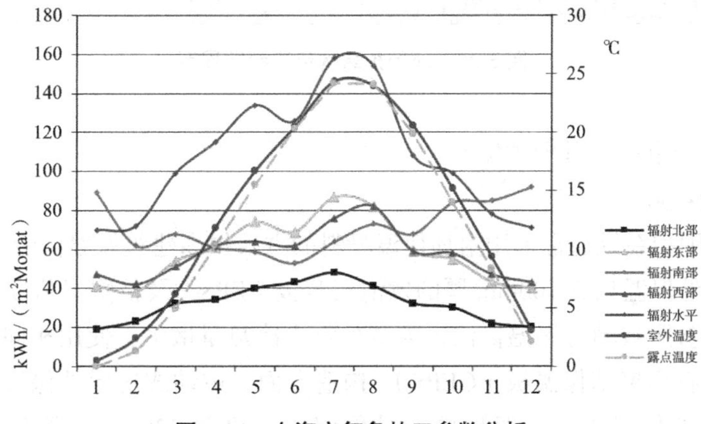

图 5-34　上海市气象热工参数分析

	单位	指标
供暖年耗热量	kW·h/（m²·a）	≤ 15
供冷年耗冷量	kW·h/（m²·a）	≤ 25
年供暖空调、照明、生活热水、电梯一次能源消耗量	kW·h/（m²·a）	≤ 120

图 5-35　整体能耗设计参数

室内热湿环境参数	制冷	供热
温度（℃）	≤ 26	≥ 20
相对湿度（%）	≤ 60	≥ 30

图 5-36　室内热湿环境设计参数

	设计指标
自然采光	75% 的功能空间采光系数满足国家标准《建筑采光设计标准》GB 50033—2013 要求
自然通风	75% 的功能空间在过渡季典型工况下室内自然通风换气次数达到 2 次 /h

图 5-37　自然采光与通风设计指标

类别	热工约束值 U[W/（m^2·K）]
屋顶	≤ 0.15
外墙	≤ 0.15
地面	≤ 0.15
外窗	$U \leq 0.8$，$g \geq 0.5$
入户门	$U \leq 1.0$
新风机组的热回收效率	焓效率：制冷 >65%，制热 >70%； 温度效率：制冷 >70%，制热 >75%
建筑气密性 n^{50}	≤ 0.6

图 5-38　外围护结构热工参数界定

3）技术创新——外围护保温

①结构保温。

建筑外围护系统通常采用附加保温材料的方式提高建筑保温性能。材料方面，普通建筑的外保温只有 100mm 厚的发泡聚苯板（EPS）及挤塑聚苯板（XPS），而本项目临设参照被动房保温做法，为减少室内冷热量散失，使用相同厚度但保温性能更好的石墨聚苯保温板（GEPS）。构造方面，被动式房屋外保温厚度达到了普通建筑的 2 倍以上，一般地区的外保温层厚度为 220mm，严寒地区可达近 300mm 厚。

但本项目限于集装箱式临时用房，不便于增大外墙厚度，为同时满足保温及防火要求，填充 100mm 厚防火性能与保温性能均较为突出的石墨聚苯保温板作为保温层。空气是很好的保温隔热层，在临设设计上设置屋顶隔热层和中间玻璃走道，利用空气较好的保温性能提高临设的保温节能效果。施工工艺方面，保温板分 2 层错缝铺贴，铺贴面连续不出现通缝；墙体、窗户转角处采用整体保温构件；使用带有隔热垫片的断热桥锚栓固定（图 5-39、图 5-40）。同时基础、屋面保温层与外墙

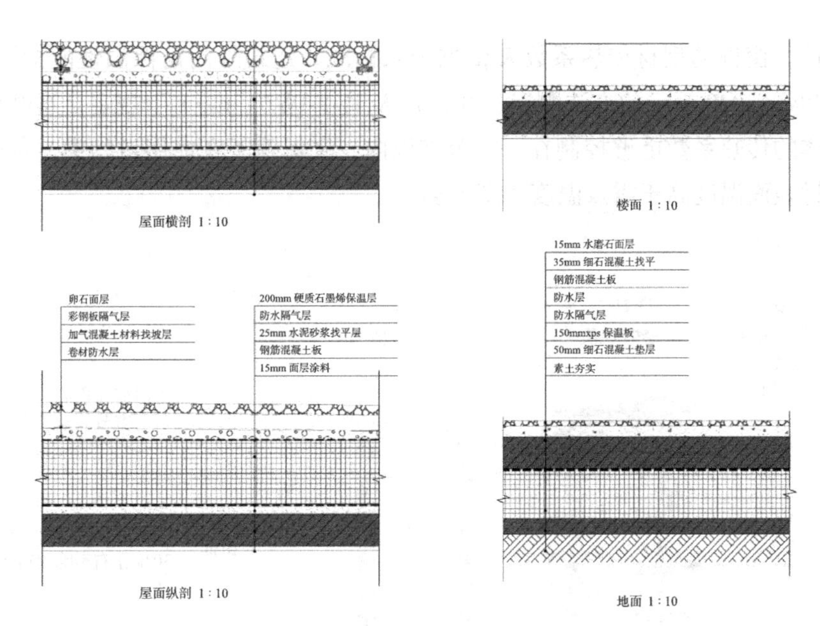

图 5-39　屋、地面详图

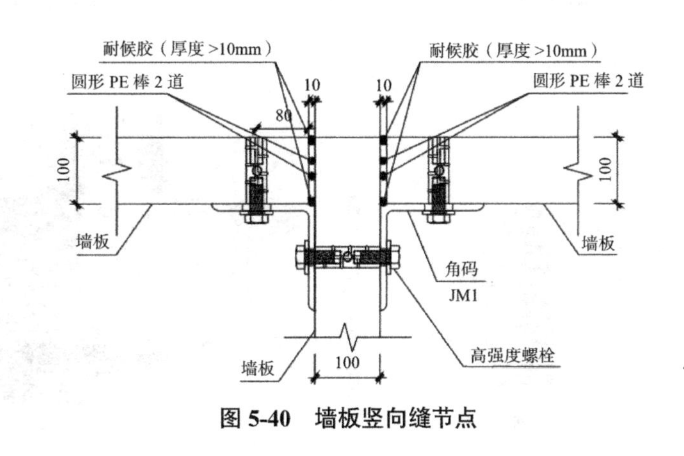

图 5-40　墙板竖向缝节点

保温层保持连续，且完全覆盖地下基础部分。同时考虑周边环境对局部气温的影响，设置水池，种植绿化，降低周边环境温度。

②高性能节能门窗。

外窗是建筑围护结构热工性能最为薄弱的部件，极易产生热量传递。普通窗户热阻低，窗框与洞口、窗框与玻璃槽口的缝隙成为热量和声音传递的通道，导致整窗的保温、隔声等性能下降。被动式建筑的门窗为提高隔热性和气密性，考虑了玻璃层数、Low-E 膜层、玻璃夹层填充惰性气体、型材材质、截面设计及开启方式等因素，以保证整窗的保温性、气密性及无热桥设计。

本项目临设办公室外窗参照被动式节能建筑门窗做法构造，采用断桥铝合金门窗，玻璃使用低太阳辐射吸收率的 Low-E 镀膜玻璃，并在玻璃空腔内注入惰性气体（氩气），型材隔断材料使用聚丙烯等塑料制暖边条，有效阻隔了热传递并增加了气密性。窗框的型材传热系数 K 依据国家标准《建筑外门窗保温性能检测方法》GB/T 8484—2020 规定的方法测定，并符合 $K \leqslant 1.3\text{W}/(\text{m}^2 \cdot \text{K})$ 规定。这既保障了外窗整体的传热系数能够控制在一定范围以内，又保障了在使用过程中，冬季室内一侧型材表面温度高于露点温度（图 5-41）。

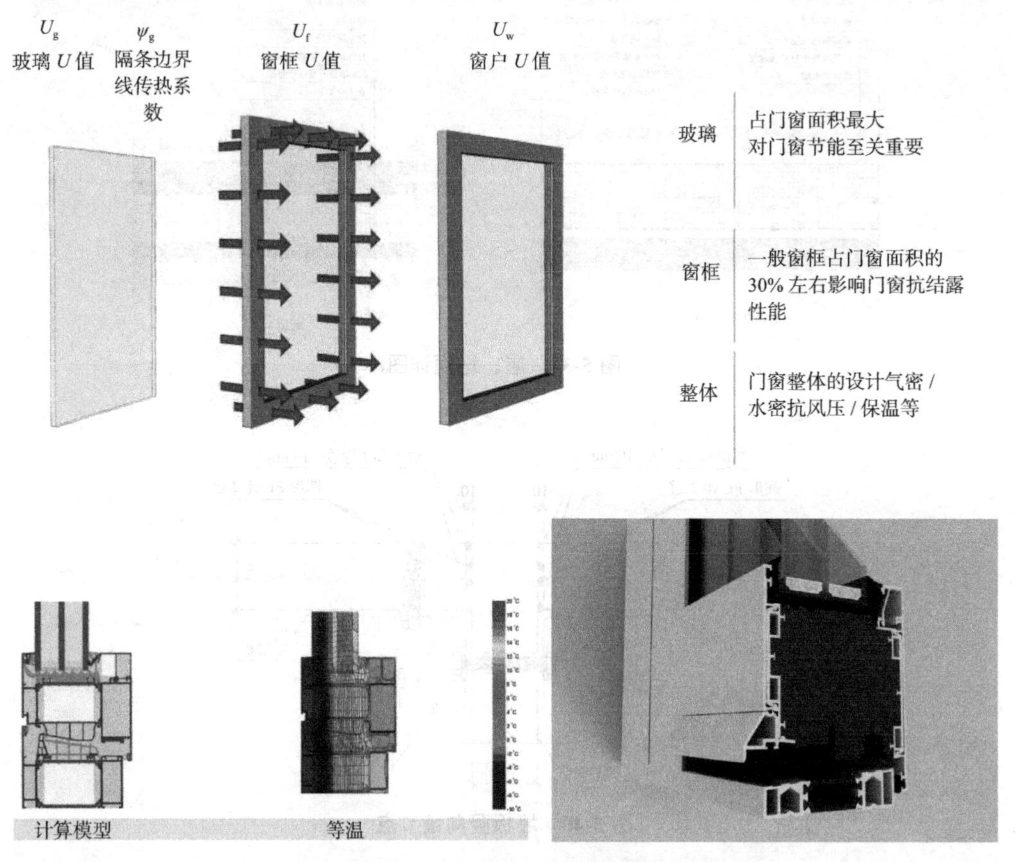

图 5-41 断桥铝合金门窗隔热性能示意图及窗框断面

4）效益分析

本项目节能临设自建成至今，在保证室内环境舒适的前提下，大幅降低了不可再生能源的消耗与碳排放，经综合测算，相较传统普通集装箱式临时设施，节约电量约 40%，积极助力本项目高质量绿色施工。

（5）土壤修复

本项目基坑开挖后，一部分预留土方用于日后室外总体回填，以减少土方外运与土地资源浪费，由于本项目建筑周边设计有大量绿植，故对土壤质量要求较高，而项目部对场地原有土体进行调查后发现项目地块在 2009 年至今曾用于农田、苗圃、农贸市场、工矿企业等用途，根据《土壤环境质量 建设用地土壤污染风险管控标准（试行）》GB 36600—2018，地块属于第一类用地（图 5-42）。

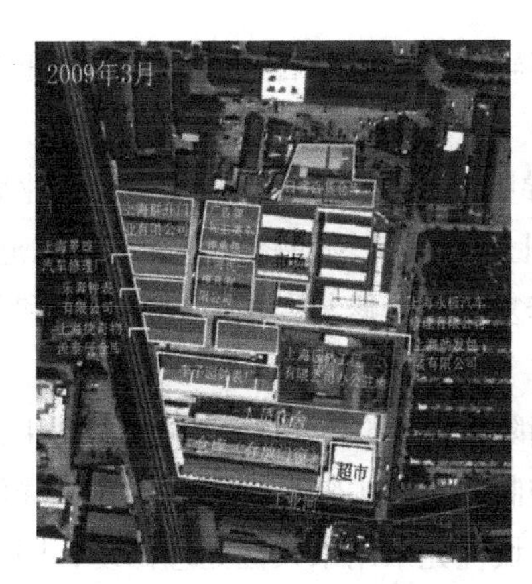

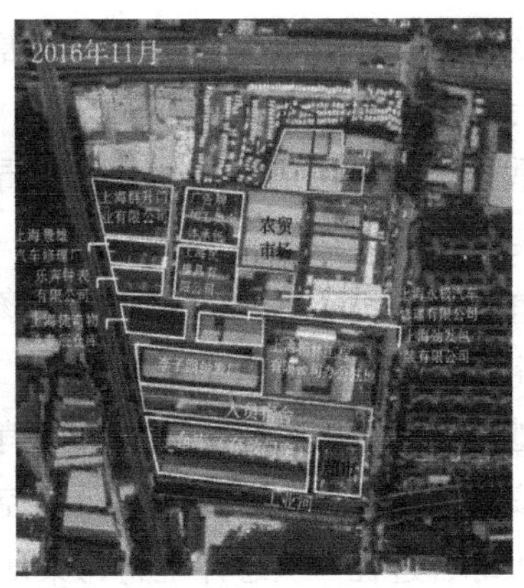

图 5-42　项目地块历史卫星图

后项目部对土体样本进行详细调查，结果显示该地块土壤存在重金属镍与铅超过相关标准限值的情况，地下水个别点位 pH 偏高（最大检出值 9.1），未发现污染物超标的情况，其中部分采样点重金属铅含量约 400mg/kg，经项目部评估结论如下：①暴露受体。本地块规划作为公共绿地，涉及社区公园，暴露受体为将来在该地块上活动的人群，包含儿童及成人。②关注污染物。土壤中关注污染物为重金属镍（最大检出值 286mg/kg）与铅（最大检出值 6730mg/kg），污染深度均小于 2.5m，根据现场钻探结果显示，均属于浅层杂填土污染（图 5-43）。③暴露途径。表层土壤污染物镍与铅涉及的暴露途径有经口摄入土壤、皮肤接触土壤以及吸入土壤颗粒物三

基质	超标因子	超标点位	超标样品	采集深度（m）	检出值（mg/kg）	筛选值（mg/kg）	超标倍数
详调土壤	铅	JM2	JM2-1	0.2 ~ 0.5	1400	400	2.50
			JM2-2	0.5 ~ 0.8	1560		2.90
			JM2-3	1.5 ~ 1.8	632		0.58
		JM4	JM4-1	0.3 ~ 0.6	5880		13.70
			JM4-2	0.6 ~ 0.9	3960		8.90
		JM7	JM7-1	0.7 ~ 1.0	1570		2.93
		JM8	JM8-1	0.2 ~ 0.5	6730		15.83
			JM8-2	0.5 ~ 0.8	4580		10.45
		JM9	JM9-2	1.5 ~ 1.8	979		1.45
		JM11	JM11-1	0.2 ~ 0.5	440		0.10

基质	超标因子	超标点位	超标样品	采集深度（m）	检出值（mg/kg）	筛选值（mg/kg）	超标倍数
详调土壤	铅	YM2	YM2-1	0.6 ~ 0.9	1650	400	3.13
		YM5	YM5-1	0.6 ~ 0.9	504		0.26
			YM5-2	1.2 ~ 1.5	2340		4.85
			YM5-3	1.5 ~ 1.8	513		0.28

基质	超标因子	超标点位	超标样品	采集深度（m）	检出值（mg/kg）	筛选值（mg/kg）	超标倍数
初调土壤	铅	S21	S21-1	0.2 ~ 0.5	4170	400	9.43

图 5-43　土壤取样检测

条暴露途径，对人体健康及绿植生长危害较大，故经综合考量，决定对重金属铅超标土体进行修复，总体积约为300m^3。

根据我国《建设用地土壤修复技术导则》HJ 25.4—2019、《工业企业场地环境调查评估与修复工作指南（试行）》和《上海市污染场地修复方案编制规范》，修复模式的选择结合场地条件、污染类型、修复范围、修复要求、处置方式和业主要求等综合确定。

污染地块修复的目的是去除污染、消除污染风险，保证地块的再利用，确保环境与健康安全，因此地块修复包括污染控制、污染去除、污染物降解、降低环境与健康风险等综合过程。从总体上将污染地块优先采用永久性处理修复，即显著地减少污染物数量、毒性和迁移性，在适当的条件下有限度地采用安全处置的修复方法；优先采用绿色、可持续和资源化的修复方法，有限度地采用高耗能、低资源利用率的修复方法；综合平衡考虑修复时间、修复成本、地块利用等因素，尽量降低修复成本；选用的修复处置方法要确保在修复过程中将二次污染降低到最低程度，确保不对周围环境和敏感区民众产生不可接受的负面影响。

根据以上要求与总体思路，该地块的修复将从满足地块尽快再开发利用为优先条件来考量原位与异位修复的选择，尽量选择在人工干预下有相对较快的修复速度的永久性处理修复方法；以节能、减排、降低成本为优先条件，在可能的条件下尽量考虑能耗低、成本小的方法；以防止二次污染和减少对居民的影响为优先条件，在可能的条件下着重考虑绿色修复的方法。

修复技术选择：修复技术的选择需要考虑场地现状、开发计划、处置成本等客观因素，本次修复目标污染物为重金属铅，适用于污染土壤中重金属铅修复技术有挖掘—填埋技术、异位固化或稳定化技术、异位土壤淋洗技术、植物修复技术等（表5-6、表5-7）。

修复技术比选 **表5-6**

序号	技术名称	技术简介	主要应用参考因素			技术应用的适应性	技术应用的不适用性
			成熟性	时间条件	资金水平		
1	异位土壤淋洗技术	用水或添加表面活性剂、螯合剂的水溶液来淋洗土壤，将土壤中污染物淋洗到溶液中。被清洗后的土壤经检测合格后可以回收利用。淋洗土壤的溶液需要收集起来进行无害化处理	技术成熟，国内应用报道	需要时间较短，如3～12个月	较低到较高	适用于污染土壤。可处理重金属及半挥发性有机污染物、难挥发性有机污染物	不宜用于土壤细粒（黏/粉粒）含量高于25%的土壤，后续的泥水分离困难
2	异位固化或稳定化技术	通过一定的机械力在原位向污染介质中添加固化剂/稳定化剂，在充分混合的基础上，使其与污染介质、污染物发生物理、化学作用，将污染土壤固封为结构完整的具有低渗透系数的固化体，或将污染物转化成化学性质不活泼形态，降低污染物在环境中的迁移和扩散	国外已经形成了较完善的技术体系，应用广泛，国内有应用实例	需要时间较短，处理周期3～6个月	较低	适用于污染土壤，可处理金属类、石棉、放射性物质、腐蚀性无机物、氰化物以及砷化合物等无机物；农药/除草剂、石油或多环芳烃类、多氯联苯类以及二噁英等有机化合物	不宜用于挥发性有机化合物，不适用于以污染物总量为验收目标的项目。受目前政策要求需要长期监测

续表

序号	技术名称	技术简介	主要应用参考因素			技术应用的适应性	技术应用的不适用性
			成熟性	时间条件	资金水平		
3	挖掘—填埋技术	将污染土壤通过挖掘、运输置于防渗阻隔填埋场内	技术成熟且国内有正在实施的工程案例	需要时间较短	较高	适用于重金属、有机物及重金属有机物复合污染土壤	需找到合适填埋场接收污染土壤，且需要对进入填埋场的污染土壤进行预处理，达到填埋场填埋要求
4	植物修复技术	通过在污染土上种植物控制、除去降解污染	技术成熟且有多个案例	需要时间非常长，为 3 ~ 8 年	较便宜	重金属以及特定的有机污染物（如石油烃、五氯酚、多环芳烃等）	修复周期长，妨碍本工程建设和后续项目的开发

修复技术适用性评价 **表 5-7**

评价项目		修复技术			
		异位土壤淋洗	异位固化或稳定化	挖掘—填埋	植物修复
技术	成熟度	高	高	高	中
	适应性	低渗透率的土壤修复效果不佳	各类重金属污染土壤，处理后土壤去向受限，需要长期监控	适用于重金属、有机物及重金属有机物复合污染土壤	重金属以及特定的有机污染物（如石油烃、五氯酚、多环芳烃等）
	修复效果	较好	较好	较好	一般
	修复时间	2 ~ 4 个月	1 ~ 3 个月	1 ~ 3 个月	3 ~ 8 年
经济	修复费用	一般（600 ~ 3000 元 /m^3）	较便宜（500 ~ 1500 元 /m^3）	一般（800 ~ 1500 元 /t）	较便宜（100 ~ 400 元 /t）
环境和安全	二次污染	一般，需要配套废水处理设施处理淋洗废水	一般，处理后的土壤外运，需要长期监控，可能造成二次污染	一般，需处理后的土壤外运，可能造成二次污染	二次污染小
	施工和周边人员安全和健康影响	较小	较小	较小	较小
适用性评价		适用于本项目	对土壤去向不作要求时适用，需长期监控不能满足地块后期开发利用，不适合本项目	找到可接收填埋场时适用，上海区域内难以找到合适填埋场。不建设采用	修复周期长，可能妨碍土地开发建设进度，不适合本项目

由表 5-7 可知，重金属污染土壤经过异位稳定化修复技术处理，处理后土壤去处受限，根据现行的法律法规需长期监控。综合技术和经济可行性、环境和安全因素等考虑，本方案采用异位土壤淋洗技术对重金属污染土壤进行修复。

技术原理：重金属洗脱技术，污染物主要集中分布于较小的土壤颗粒上，异位土壤洗脱是采用物理分离或增效洗脱等手段，通过添加水或合适的增效剂，分离重污染土壤组分或使污染物从土壤相转移到液相的技术。经过洗脱处理，可以有效地减少污染土壤的处理量，实现减量化。异位土壤洗涤修复技术是利用洗涤液去除土壤污染物的过程，通过水力学方式机械地悬浮或搅动土壤颗粒，使污染物与土壤颗粒分离。土壤洗涤后，再处理含有污染物的废水或废液（图 5-44）。

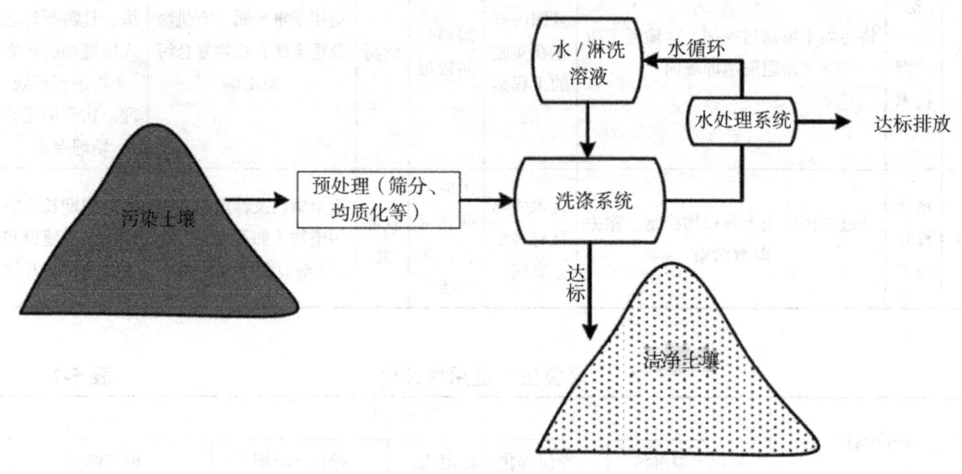

图 5-44　技术原理图

其处理工艺的关键点如下：

①污染土壤清理修复前，先完成异位淋洗系统的场地建设、设备安装与系统调试工作；

②土壤挖掘后堆放至指定修复工程实施区域；

③利用专业设备对土壤进行建筑垃圾筛分、破碎等预处理；

④经过预处理去除大块杂物的污染土壤，经过湿式破碎、制浆与筛分，进一步去除土壤中的杂质，并形成分散均匀的土壤泥浆；

⑤土壤洗脱设备参数的控制，包括建筑垃圾及砂子筛分、水土比、洗脱时间、洗脱次数、增效剂的选择、增效洗脱废水的处理与药剂回收；

⑥土壤泥浆在机械搅拌作用下，与投入淋洗槽的淋洗剂充分混合接触并发生淋洗反应，完成淋洗反应的土壤泥浆经过离心或压滤形成脱水土壤，脱水土壤短驳暂存并进行采样监测和效果评估；

⑦脱水清液作为淋洗液回用，定期处理排放并补充新鲜水，直至完成所有污染土壤的淋洗处理，剩余淋洗废液经处理达标后纳管排放或现场利用；

⑧通过全量分析方式进行污染物去除效果评估，达标后土壤可回填，施工过程中关注 pH 变化，如有必要，根据后期用途做出调整。废水处理产生的污泥作为危险废物处置，废水经过处理后达标纳管排放或现场利用（图 5-45）。

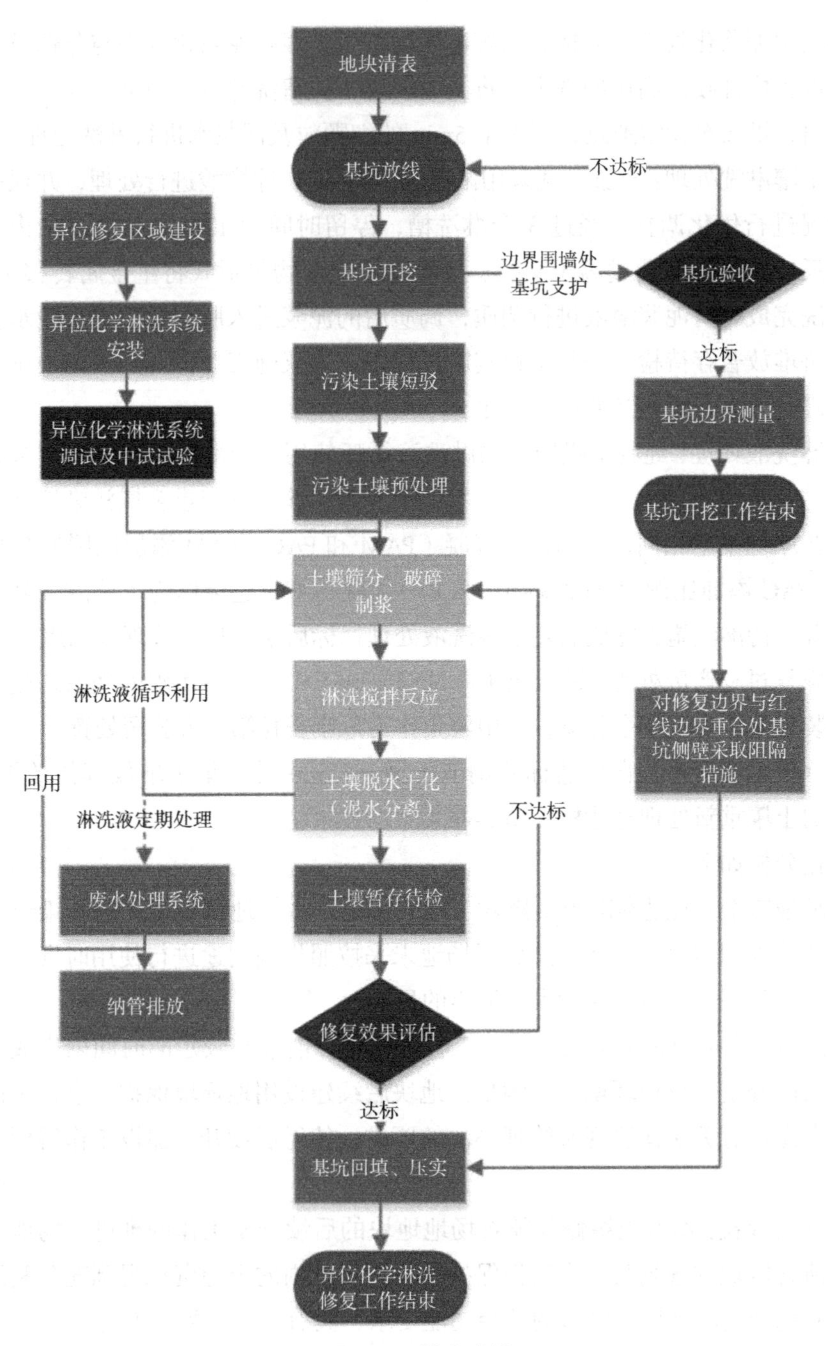

图 5-45　技术路线

施工方案如下：

①土壤前处理。土壤经开挖暂存至异位修复区后，需对土壤进行预处理。控制土壤的含水率，便于进行筛分破碎，使土壤及土壤中夹杂的大颗粒杂物破碎至粒径≤60mm。筛分破碎后的土壤堆放待用。使用挖掘机或装载机将筛分后的土壤放入输送带中，输送至土壤溶剂设备中。

②土壤泥浆化处理与分选。土壤进入设备后，跟随泥浆化处理与分选设备进行旋转，设备内部喷洒高压冲洗水，将土壤溶解，并清洗碎石、垃圾。碎石、垃圾经出口排出，堆放至指定地点，不大于 5mm 的细颗粒及泥浆水进行淋洗处理。

③土壤淋洗处理：土壤淋洗采用浓度为 0.2mol/L 柠檬酸进行处理，并根据现场施工情况进行优化调整。经过 3 个淋洗槽，停留时间为 120min，使污染物与淋洗液充分反应，淋洗剂通过离子交换、溶解金属化合物等形式将重金属转移至液相，并在淋洗完成后对泥浆溶液进行调质，调质后的泥浆进入脱水机内进行脱水。脱水后的泥饼堆放暂存待检。修复工程实施过程中，建议施工单位开展现场中试，根据实际的修复效果，对各参数进行优化。

④淋洗液处理：经脱水机脱出的淋洗液循环使用，当淋洗液的淋洗效果无法满足要求时，淋洗液直接进入下一级废水处理装置，该装置与重金属污染地下水处理设施工艺原理基本相同，经初沉→混凝（PAM 和 PAC，PAM 添加比例为 0.003% ~ 0.01%，PAC 添加比例为 0.02% ~ 0.1%）→絮凝后验收达标作为土壤淋洗处理重复利用水源。待淋洗施工完成后剩余淋洗液处理达标后纳管排放或现场利用。

⑤修复过程产废处置：针对土壤淋洗修复施工中产生的污水处理系统底泥、废药剂包装袋等，为了安全起见，集中收集作为危废委托第三方公司处置。

⑥修复效果评估：自检达标后调节土壤 pH 至中性，集中堆放等待效果评估，未达标的土壤重新处理至达标（图 5-46）。

效益分析如下：

①环境效益：通过本次土壤修复工程的实施，将场地调查发现的污染土壤修复至场地风险控制值以下，从而避免了场地未来按照规划用途进行使用时发生人体健康风险，达到保护环境、保障人体健康的目的。

②经济效益：通过本次土壤修复工程的实施，能够在较短的时间内完成场地内土壤污染的修复，场地环境质量满足该地块后续建设用地环境保护要求，进而满足国家和上海市有关法律法规及管理办法的要求，使得后续开发建设工作得到有效有序推进。

③社会效益：本次土壤修复随着场地地块的后续开发工作的推进，场地的开发使用与所在区域的规划与开发工作保持一致，场地内的土地资源得到充分利用，满足规划对场地与场地所在区域的社会功能要求，具有明显的社会效益。

（6）全生命周期信息化技术

本工程从策划阶段就开始引入 BIM 技术，用于施工现场的施工部署，以及施工过程中的问题解决。现场 BIM 的应用主要用于检查安装管线是否与土建墙体发生冲突，以及对钢结构构件进行深化，方便工厂加工。

对建筑周围环境及建筑物空间进行模拟分析，得出最合理的场地规划、交通物流组织、建筑物及大型设备布局等方案；通过日照、通风、噪声等分析与仿真工具，可有效优化与控制光、噪声、水等污染源。通过信息模型可迅速定位建筑出问题的

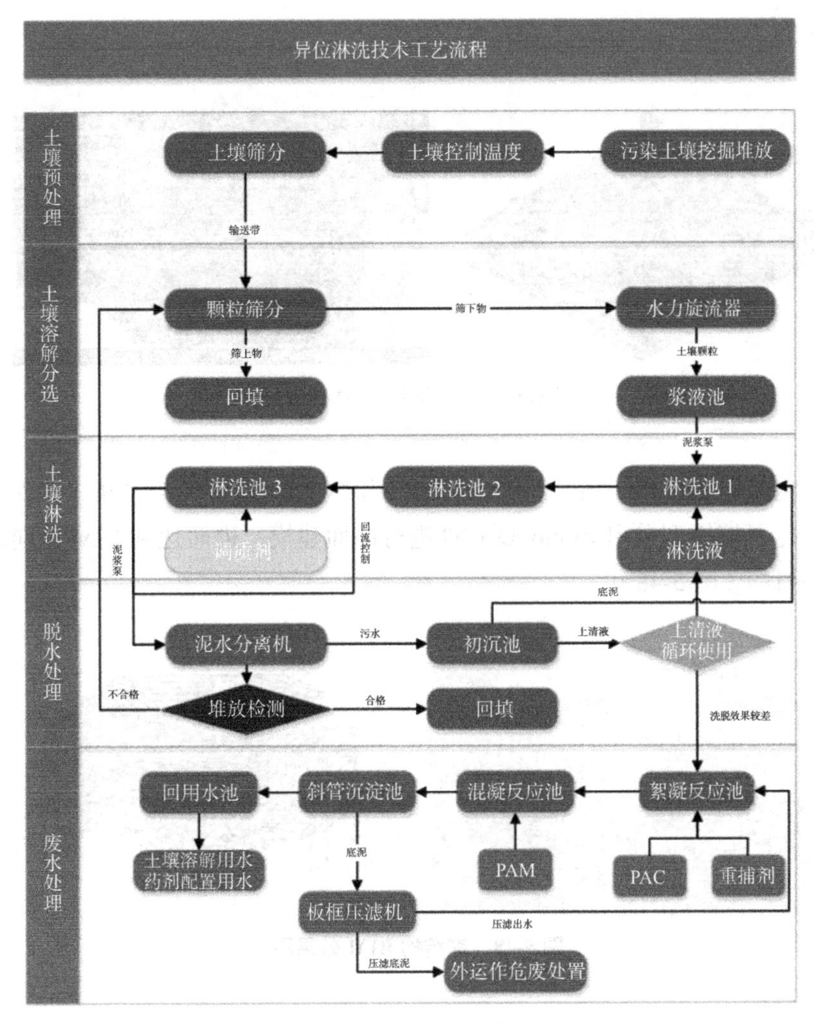

图5-46 工艺流程图

部位，实现快速维修；利用信息模型对建筑相关设备设施的使用情况及性能进行实时跟踪和监测，做到全方位、无盲区管理；基于信息模型进行能耗分析，记录并控制能耗。

除实施常规土建主体的BIM应用以外，还有多专业碰撞检查、管线综合与净高优化、场布与施工模拟等，对施工可能遇到的棘手问题，利用BIM可视化、信息化的优势，提高解决问题的效率，实现大型商办综合体建筑群智能化运维技术应用。

1）BIM正向设计

本项目各专业均采用BIM正向设计，项目规划阶段根据项目设计任务书，不采用以往二维平面图的方式，直接进行三维模型设计，BIM正向设计中将三维模型作为出发点和数据源完成从方案设计到施工图设计的全过程。

土建结构部分，项目采用Revit软件进行三维模型正向设计，利用软件将设计思路转换为模型，从设计到施工都由BIM正向完成，提高设计完成度以及信息的精细度（图 5-47）。

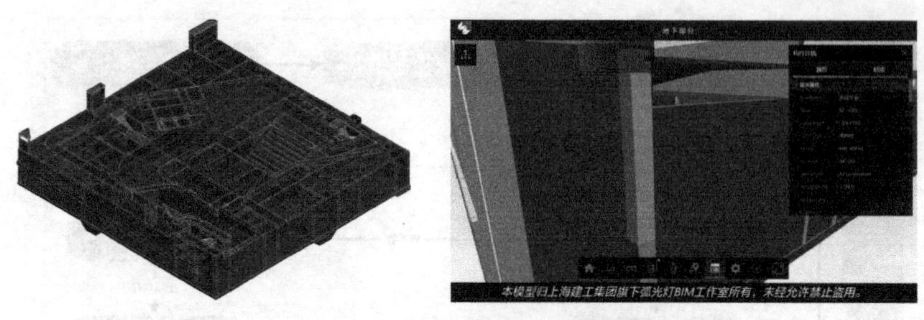

图 5-47　土建结构 BIM 效果图

钢结构采用 Tekla 软件进行模型建造，同时对模型进行受力分析，确保项目结构可行性。幕墙模型采用 Rhino3D 软件进行曲面建模，进而达到 BIM 正向设计完整流程的目的（图 5-48）。

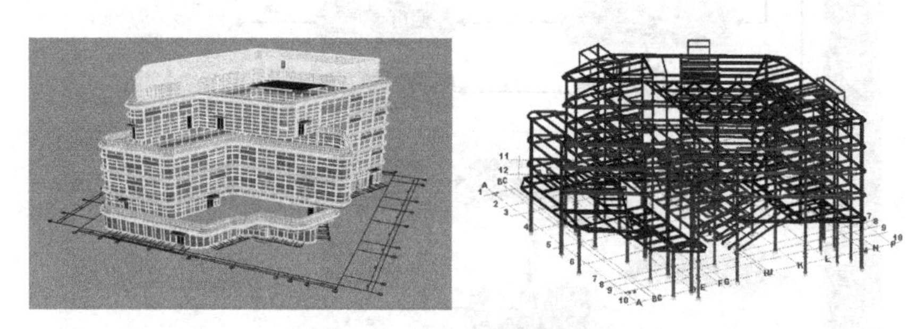

图 5-48　钢结构 BIM 效果图

机电安装部分是 BIM 应用中使用最为充分的部分，使用 Revit 软件进行管线模型建造，对模型进行碰撞检查、净高分析，达到 BIM 技术充分利用的目的（图 5-49）。

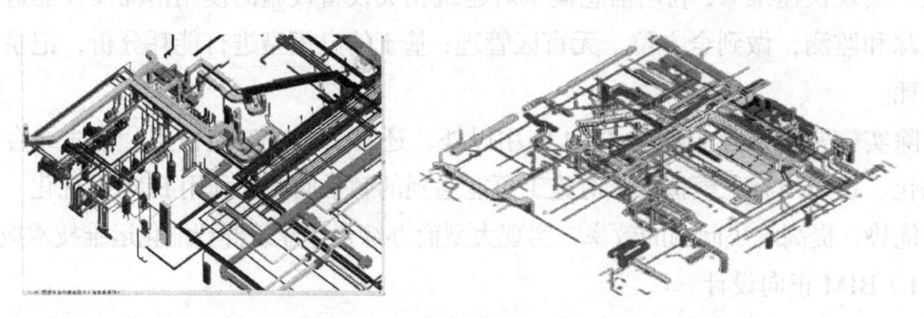

图 5-49　机电安装 BIM 效果图

装饰装修部分，使用BIM技术进行出图，相对传统立面图，可直接进行三维出图，对装饰材料进行用量统计，对施工过程进行控制管理，达到材料使用率最大化（图 5-50）。

图 5-50　装饰装修 BIM 效果图

2）场地布置

本项目位于上海市市区，施工地区狭小；现场复杂多变，要力求施工场地利用率最大化，为了满足要求，技术中心搭建虚拟现场，进行模拟辅助建造，辅助进行场地规划设计，及时发现了场地布置中的问题，并在场布中进行车流模拟，确保场地内交通通畅。

通过 BIM 技术的场地规划，使现场井井有条，为材料进场提供了便捷的条件，通过合理的优化也为泵车和混凝土车快速浇筑提供了扎实的基础（图 5-51）。

图 5-51　现场 BIM 场地布置图

3）BIM 方案交底

传统施工技术交底编写复杂，内容烦琐冗余，效率低下，不便于施工人员直观了解施工方法及质量要求。可视化交底以三维模型和动画模拟进行交底，将各个施工工艺的细节详细展现，提高施工人员工作效率。

利用BIM技术进行三维可视化施工交底，将施工交底转变为三维模型以及施工动画，生动形象地介绍了施工工艺中的施工步骤及质量要求等。让施工交底变得通俗易懂，提高施工效率（图5-52、图5-53）。

图5-52　施工方案模拟

图5-53　三维技术交底

4）BIM模型多维运用

本项目运用了基于BIM+VR的场地漫游，1∶1还原真实现场，身临其境地感受到现场布置和施工场景，同时还能观看模拟安装演示，为项目前期场地决策、中期施工都提供了很大的帮助。基于BIM+VR的安全教育体系，根据上海建工项目定制的安全教育场景，进行场景互动设计，事故分析，安全施工答题，让体验更为真实，提升安全教育效果（图5-54）。

图 5-54　基于 BIM+VR 的场地漫游图

将模型各个专业轻量化，使得模型在展示中格外便捷，随时随地都可进行模型查看。同时现场将轻量化模型分地块制作，打印成二维码贴在现场供施工员扫码查看，让模型指导施工（图 5-55、图 5-56）。

图 5-55　BIM 模拟图

图 5-56　实际应用图

通过各专业模型在施工中进行各种运用，让模型不再束之高阁，通过 VR、AR、轻量化等，真正做到了 BIM 指导施工、BIM 辅助施工、BIM 检查施工。

搭建所有参建方 BIM 协同管理平台，实施项目设计、施工、运维等建设项目全生命期的 BIM 技术应用，实现对质量、安全、进度和成本等全方位进行高效、精细管理。

该平台融合了“BIM+ 物联网”技术。通过协同平台准确安排每一层钢构件的吊装进度及对应的供货计划，通过 RFID 芯片实施追踪和反馈构件状态信息，可辅助实现工业化建筑建造全过程的高效精准管理（图 5-57）。

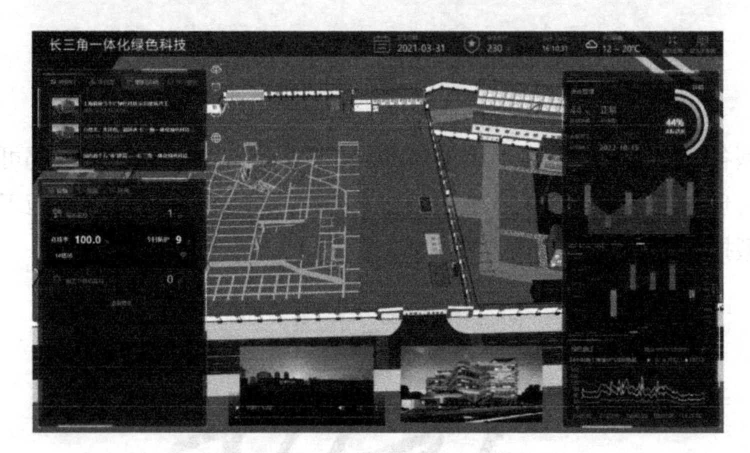

图 5-57　BIM 协同管理平台

基于 BIM 数据库，在钢结构构件上粘贴二维码，做到钢结构构件“一物一码”绑定，管理人员可通过扫描二维码打开相应的小程序，查询构件编号、位置、重量等信息并查看构件详图。也可通过该小程序进行构件到场、安装、焊接等施工进度的登记，云端数据库同步更新，并可视化反馈到 BIM 模型当中（图 5-58）。

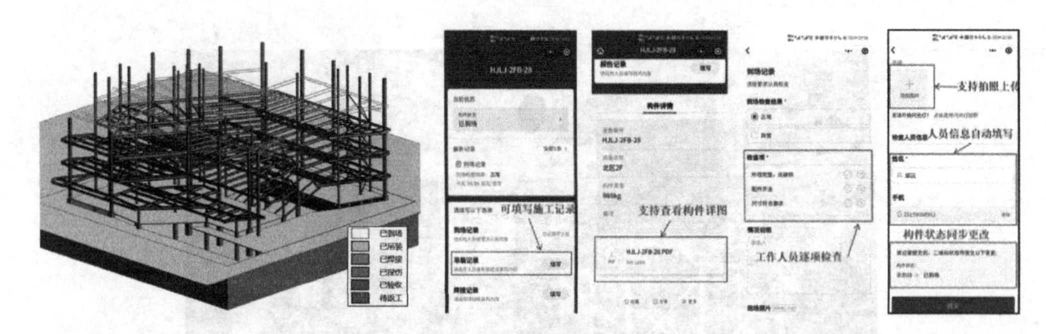

图 5-58　云端数据库

（7）施工碳排放计算

据有关机构统计数据显示，我国每建成 $1m^2$ 的房屋，碳排放量大约为 0.8t，而城市 60% 的碳排放来源于建筑维护功能本身。美国劳伦斯伯克利国家实验室 LBNL 公布的中国对气候变化解决方案，其中减低建筑物的碳排放被视为中国气候变化解决方案中最为关键的途径之一。从目前的数据和研究可知，虽然建筑行业是社会能源消耗中的大户，却也是可塑性最强的行业，是可以最快最有效产生减低碳排放量的领域。另外，根据联合国政府间气候专门委员会（IPCC）第四次评估报告可知，以建筑物全生命周期的视角进行分析，建筑领域降低温室气体排放所需要的成本相比其他行业要低，IPCC 报告指出到 2030 年降低大约 50 亿 t 二氧化碳而所需要的负担的边际成本为零，继续降低 5 ~ 6 亿 t 二氧化碳所需要的边际成本处于 20 ~ 100 美元 /t 这个区间。纵观社会各行各业，通过建筑行业降低二氧化碳排放量的成本是最低的，所以通过研究建筑工程碳排放发展低碳建筑是必然的趋势。

基于此环境背景，本项目与各参建方积极组织从建材生产开始计算统计施工碳排放，并与公司参与国家标准《建筑工程施工碳排放计算与计量标准》的编制工作。

首先对碳排放的基本概念与分析方法进行总结：将建筑生命周期划分为建材生产、建筑建造、建筑运行和建筑处置四个阶段。而根据建筑生命周期的物质与能量流动情况，可将建筑碳排放的主要途径分为三个等级：①由现场燃料燃烧引起的直接碳排放，如建筑施工或使用过程中以柴油、天然气等作为燃料；②由使用外购电力和热力等造成的间接碳排放，实际上相当于在热电厂消耗一次能源而产生碳排放；③由其他产业链过程及服务引起的间接碳排放，如材料、能源生产和废弃物处置等。

有研究表明，材料生产、运输与施工过程对碳排放总量的贡献分别为 82% ~ 87%、6% ~ 8% 和 6% ~ 9%。所以项目部从施工方角度出发，通过对行业有关碳排放汇算成果进行研究，首先对建材生产、建造过程中水、电、油等消耗量进行统计，待组成一定的样本量后进行统一汇算（图 5-59、图 5-60）。

日期	施工内容（施工日志）	用电量（kW·h）	用水量（m^3）	可循环用水量（雨水回用及沉淀池用水量）	今日施工所用建材量	生产该类建材所用能源	今日施工所用建材量	生产该类建材所用能源	今日施工所用建材量（kg）	生产该类建材所用能源（kg）
8.15	镀锌钢板								110	102.3
	桥架								40	37.2
	无缝钢管								100	93
	镀锌钢管								88	81.84
	隔墙封板				$7m^2$	2.94				
8.16	镀锌钢板								96	89.28
	桥架								38	35.34
	无缝钢管								96	89.28
	镀锌钢管								91	84.63
	隔墙封板				$10m^2$	4.2				
8.17	镀锌钢板								102	94.86
	桥架								40	37.2
	无缝钢管								92	85.56
	镀锌钢管								79	73.47
	隔墙封板				$10m^2$	4.2				
8.18	镀锌钢板								105	97.65
	桥架								42	39.06
	无缝钢管								99	92.07
	镀锌钢管								86	79.98

图 5-59　每日施工材料碳排放统计

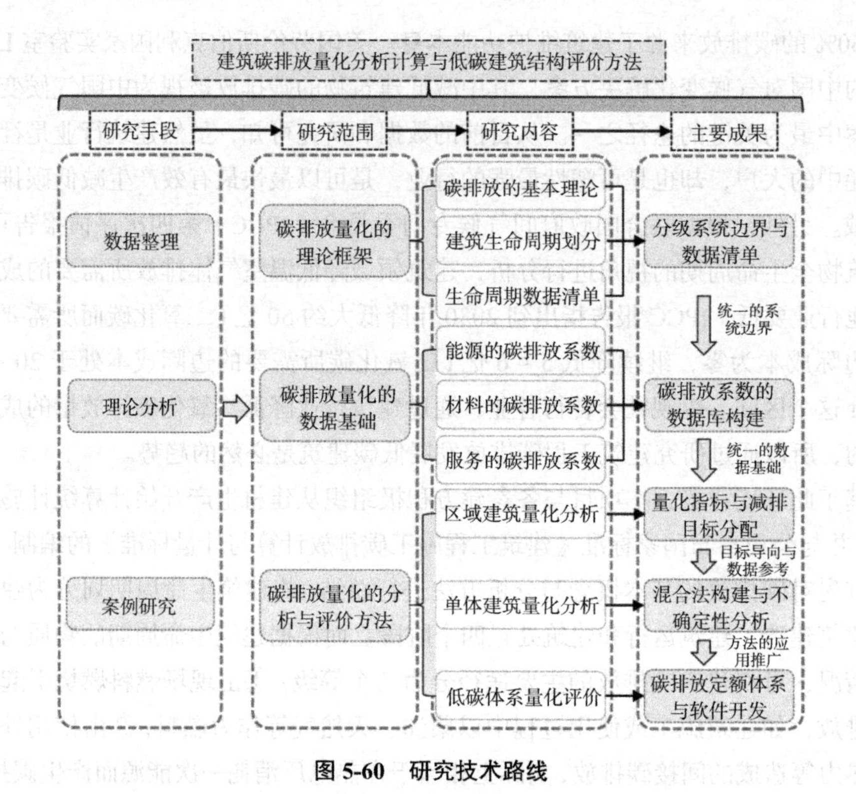

图 5-60　研究技术路线

根据 C（碳排放量）$=\sum C1+\sum C2$，计算如下（表 5-8）：

$C1$（材料运输过程的 CO_2 排放量）= 碳排放系数 × 单位重量运输单位距离的能源消耗 × 运距 × 运输量；

$C2$（建筑施工过程的 CO_2 排放量）= 碳排放因子 ×[$\sum C21$（施工机械能耗）$+\sum C22$（施工设备能耗）$+\sum C23$（施工照明能耗）$+\sum C24$（办公区能耗）$+\sum C23$（生活区能耗）]

二氧化碳排放量计算表　　表 5-8

$C1$	钢筋：0.078 × 18 × 11533=16192.3kg CO_2
	模板：0.129 × 30 × 1243=4810.4kg CO_2
	混凝土：0.078 × 23 × 180507=323829.6kg CO_2
	钢材：0.057 × 450 × 7500=192375kg CO_2
	砌块：0.129 × 33 × 3920=16687.4kg CO_2
$C2$	机械用油能耗：3.095 × 100770 × 0.86=286219.5kg CO_2
	施工区能耗：0.928 × 1271870=1180295.36kg CO_2
	办公区能耗：0.928 × 176960=163940.48kg CO_2
	生活区能耗：0.928 × 184470=171188.16kg CO_2
$C=C1+C2$=553894.7+1801643.5=2355538.2kg CO_2	

在建造阶段，由于施工过程的复杂性、相关计算方法的不完善性，以及对建筑生命周期碳排放的较小贡献（6% ~ 8%），目前有关施工过程减排的相关研究较少，并主要集中在预制装配和现浇两种施工方式的对比方面。

5.2 上海市临港重装备产业区

5.2.1 工程概况

本项目位于上海市临港重装备产业区，地处泥城镇。基地东西长约 206m，南北长约 418m，东至鸿音路，南临规划 D51 路，西至规划 E62 路，北至规划正茂路。总建设用地面积为 84423m^2，由 22 栋 4 ~ 12 层的研发中心、1 栋 4 层的共享大厅、1 栋 1 层的垃圾房、集中地下一层车库组成，最大高度为 57.6m。总建筑面积约 206320m^2，其中地上计容建筑面积 163320m^2，地下建筑面积约 43000m^2。基坑面积约 4.46 万 m^2，基坑普遍挖深 6.4m，落深处 3.0m（图 5-61）。

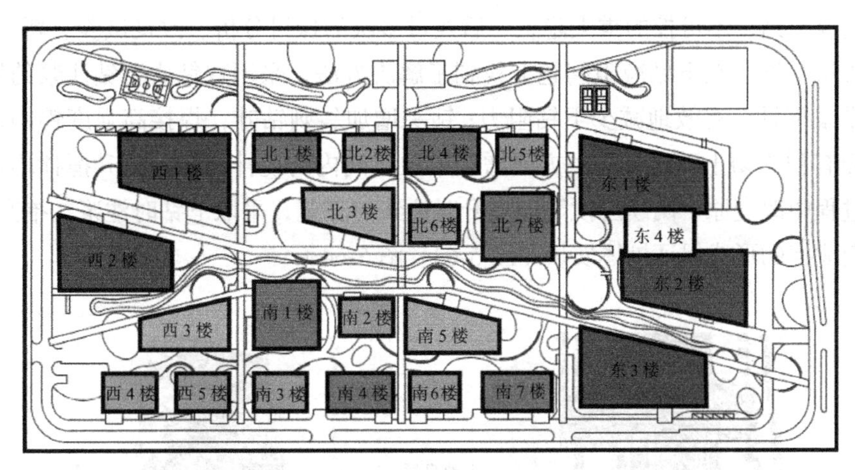

图 5-61 总平面图

5.2.2 绿色施工专项方案及主要示范内容

1. 两喷四搅双轴搅拌桩施工

本工程普遍区域围护采用 ϕ700@1000 双轴搅拌桩止水帷幕 + 两级混凝土护坡，止水帷幕长度为 14.0m，插入基底以下 8.0m。基坑北侧区域采用 ϕ700@1000 双轴搅拌桩重力坝，坝体宽 4.7m、长 12m，坝体顶部设置 200mmC20 压顶板。基坑东南侧区域采用 ϕ700@1000 双轴搅拌桩重力坝，坝体宽 5.2m，坝体顶部设置 200mmC20 压顶板，内插 20a 号工字钢，长 9m，水平间距 1m。基坑南侧区域采用 ϕ700@1000 双轴搅拌桩，内插 H500 × 300 × 11 × 18 型钢，间距 1000，基坑外设置旋喷水泥土锚杆，长 15m、间距 2m。基坑分区间区域采用二级放坡作为临时围护（图 5-62）。

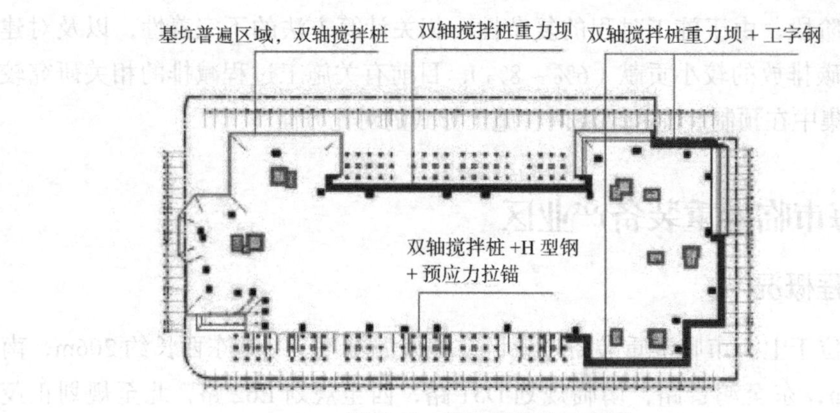

图 5-62　基坑围护总示意图

双轴水泥土搅拌桩施工以来，由于地质 2 ~ 3 层砂质粉土土体密实度大，现场采用 110kW 高功率搅拌桩机施工过程中频繁的过载跳闸，多次的钻杆、钻头、滑槽及卷扬机等机械超负荷损坏，给现场实际施工质量控制、进度控制以及安全保证相关造成了诸多不可控的重大隐患。后经过多次的探讨分析、改良试验、新工艺的创新尝试，终于在下钻减阻问题上找到了解决方法，采用双钻头下钻注浆的形式，进行带浆下钻，有效地减少下钻阻力；钻头增加斜刺钻叶，焊接高强度钨钢切片，一方面有利于切土下钻，另一方面增加单位时间内的搅拌体积，提升搅拌均匀度。施工过程中改变原“两喷三搅”即抬升时注浆的工艺，采取下钻时注浆、抬升时停浆缓慢搅拌的形式保证桩体质量（图 5-63、图 5-64）。

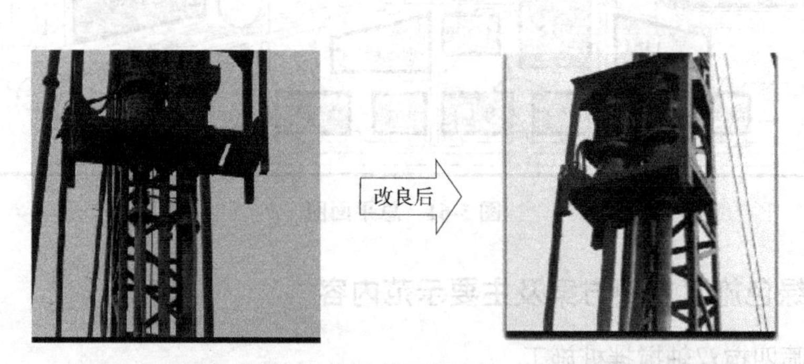

图 5-63　常规双轴钻机中间注浆双管下钻，改良后双管钻底注浆

图 5-64　常规十字钻头改良焊接钨钢倒刺钻头

优化对比分析见表 5-9。

优化对比分析　　**表 5-9**

统计分类	项目计划工期	实际工期	提前
围护施工	60 天	50 天	10 天

此方法从技术上解决了搅拌桩机下钻困难导致机械、用电等超负荷运行造成的重大安全事故产生的隐患，保证了正常的日成桩数量的要求，保证了重力坝施工的连续性，解决容易产生冷缝的隐患，同时保证了现场施工整体进度以及与工序的正常衔接。

2. 全国首例在装配整体式混凝土结构中采用粘滞阻尼器

建筑结构中常见的减震产品有屈曲约束支撑、金属阻尼器、摩擦阻尼器、粘滞阻尼器、粘弹性阻尼器、调谐质量阻尼器、调谐液体阻尼器等。通过在建筑结构的某些部位设置耗能装置，在地震中产生滞回变形来耗散或吸收地震输入结构中的能量，减少主体结构的地震反应，从而避免结构产生破坏或发生倒塌，以达到减震控制的目的。

本项目中采用的减震阻尼器为粘滞阻尼器，是根据流体运动，特别是当流体通过节流孔时会产生粘滞阻力的原理而制成的，是一种与刚度、速度相关型阻尼器，一般由油缸、活塞、活塞杆、衬套、介质、销头等部分组成，活塞可以在油缸内作往复运动，活塞上设有阻尼结构，油缸内装满流体阻尼介质。其采用低黏度硅油作为介质，通过小孔激射原理实现阻尼特性（图 5-65）。

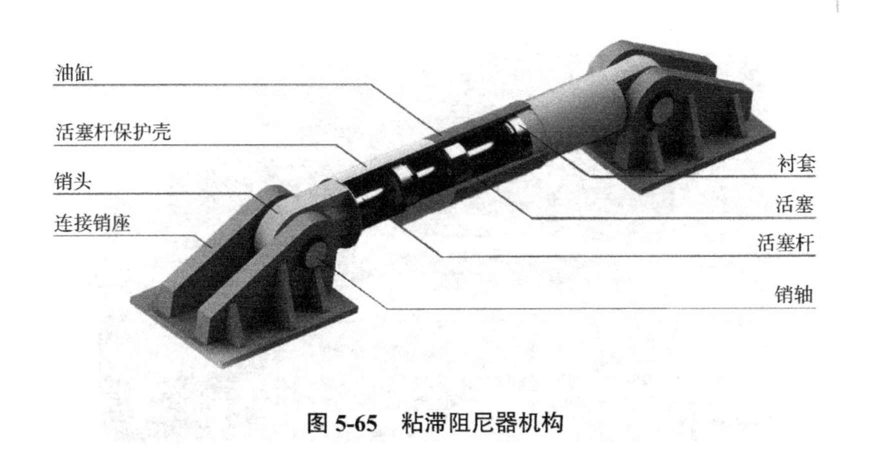

图 5-65　粘滞阻尼器机构

当外部激励（地震或风振）传递到结构中时，结构产生变形并带动阻尼器运动，在活塞两端形成压力差，介质从阻尼结构中通过，从而产生阻尼力并实现能量转变（机械能转化为热能），达到减小结构振动反应的目的。

（1）减震阻尼器布置概况

本项目采用了多项创新技术，包括全国首例在装配整体式混凝土结构中采用粘滞阻尼器。本工程西1西2楼为创新示范工程，共采用78根粘滞阻尼器。西1楼共有8层，布置范围为1～5F，*X*和*Y*向各3组，共30组；西2楼共有11层，布置范围为1～8F，*X*和*Y*向各3组，共48组。

减震阻尼器除了能减小地震效应外，还具有以下两个优势：

①若按常规体系采用框架剪力墙结构，则剪力墙部分需要现浇，增加现场湿作业，不利于预制率的提高；且刚度的增加会导致预制框架部分的构件尺寸较大，造成运输和施工吊装困难。安装阻尼器后，减轻结构自重，降低结构造价和施工费用。

②取消现浇剪力墙，降低钢筋混凝土用量，提高了单体的预制率，西1、西2楼的预制率为47%，提高了建筑工业化水平（图5-66、图5-67）。

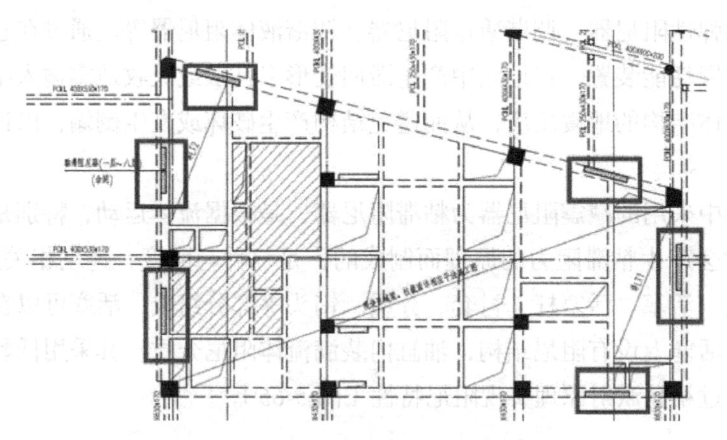

图5-66　项目西2楼减震阻尼器位置

图5-67　减震阻尼器

经比选，采用了设置粘滞阻尼器的装配整体式钢筋混凝土框架结构，其优点在于不会给结构增加额外的刚度，且在多遇地震作用下就能显著耗能，减小地震剪力和位移角。据统计，粘滞阻尼器替代剪力墙之后，提高了建筑的预制装配程度（单体预制率≥ 45%），减少了结构自重（混凝土用量减少 7%），同时增强了装配式建筑的抗震能力和防灾性能。

（2）减震阻尼器安装标准化体系研究

粘滞阻尼器位于上、下连接剪力墙中间，安装位置如图 5-68 所示。

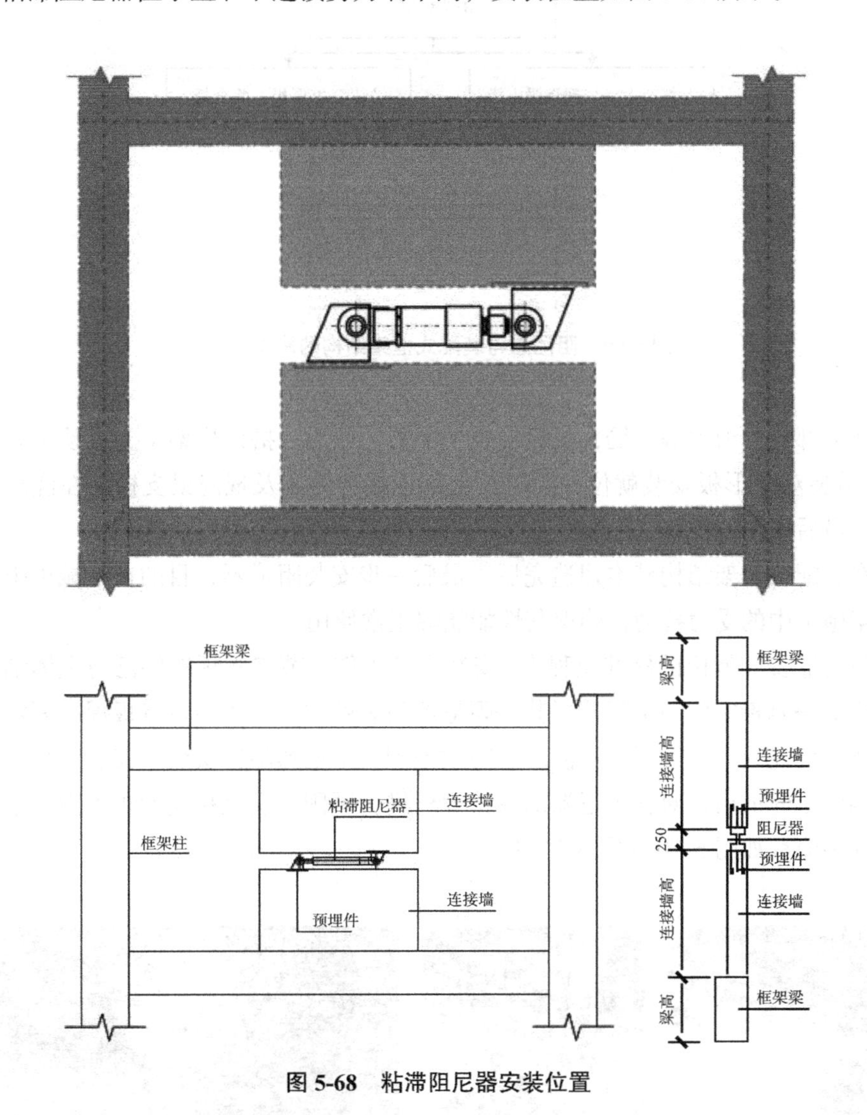

图 5-68　粘滞阻尼器安装位置

混凝土施工中，应采用合理的工序确保阻尼器处于不受力状态，并应采取可靠措施确保振捣密实。阻尼器周边墙体封堵时，阻尼器墙两侧应保留 50mm 宽变形缝，以保证地震作用下产生的阻尼器变形不使其工作受影响。

阻尼器安装前，先搭设装配式框架结构体系，在上下连接剪力墙施工完成后，整体框架体系建造完成并结构验收好后，集中安装各层的阻尼器。其施工流程如图 5-69 所示。

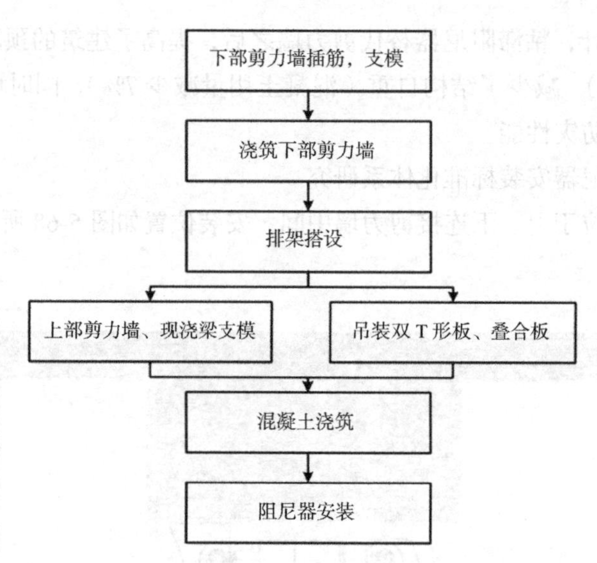

图 5-69 阻尼器与装配式框架结构的施工流程

在下部连接剪力墙插筋，支模浇筑下部剪力墙后，搭设排架（支撑预制双T形板），吊装双T形板安装就位，同时给上部连接剪力墙及现浇梁支模，在浇筑混凝土后，最后阻尼器安装。

在装配式框架结构基本建造完后，最后一步安装阻尼器，目的在于减少阻尼器在框架施工中的受力扰动，确保其性能能够正常使用。

阻尼器安装就位的标准流程为：安装准备工作（节点板预埋件已与主体结构同步完成）→测量定位→阻尼器拼装→阻尼器吊装就位→校正→节点板焊接固定→建筑主体结构完成→销轴紧固→防腐、防锈处理。阻尼器随楼层浇筑安装，待建筑主体结构施工完成后，对各阻尼器的连接螺栓进行紧固，满足相应的预紧力要求。其标准安装流程如图 5-70 和图 5-71 所示。

图 5-70 减震阻尼器现场安装

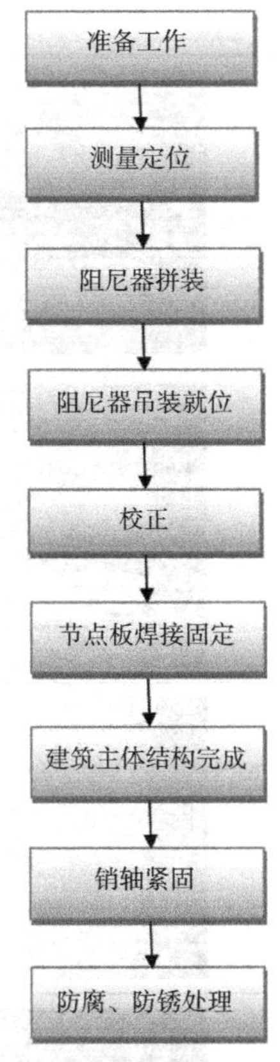

图 5-71　阻尼器标准化安装流程

（3）减震阻尼器标准化安装工序模拟

针对临港项目阻尼器标准化安装进行主要工序模拟，阻尼器就地组合和吊装就位后进行焊接，具体见表 5-10。

减震阻尼器标准化安装工序模拟　　表 5-10

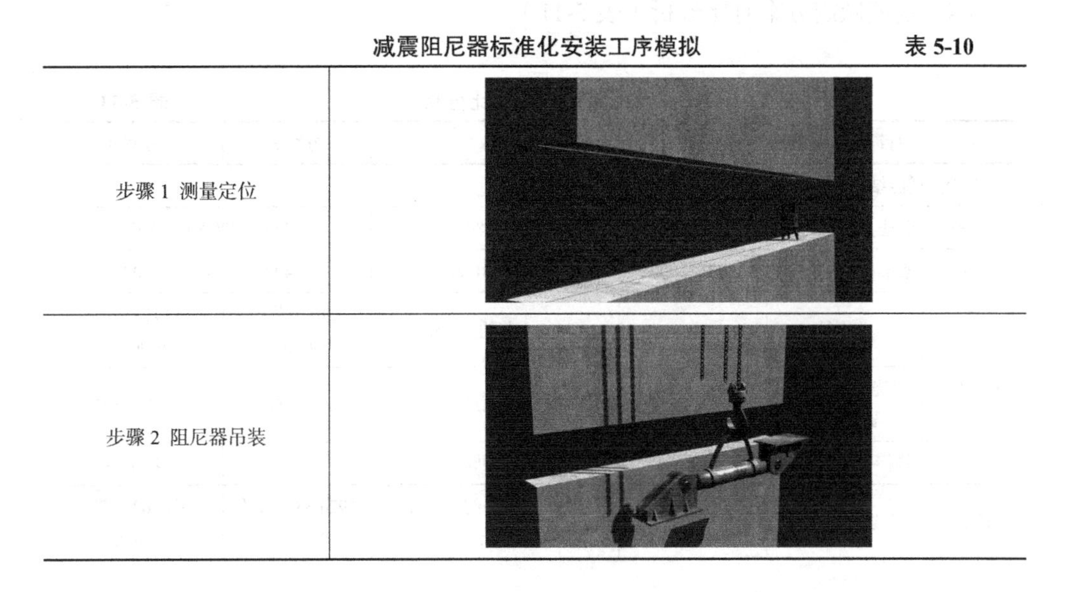

步骤 1 测量定位	
步骤 2 阻尼器吊装	

续表

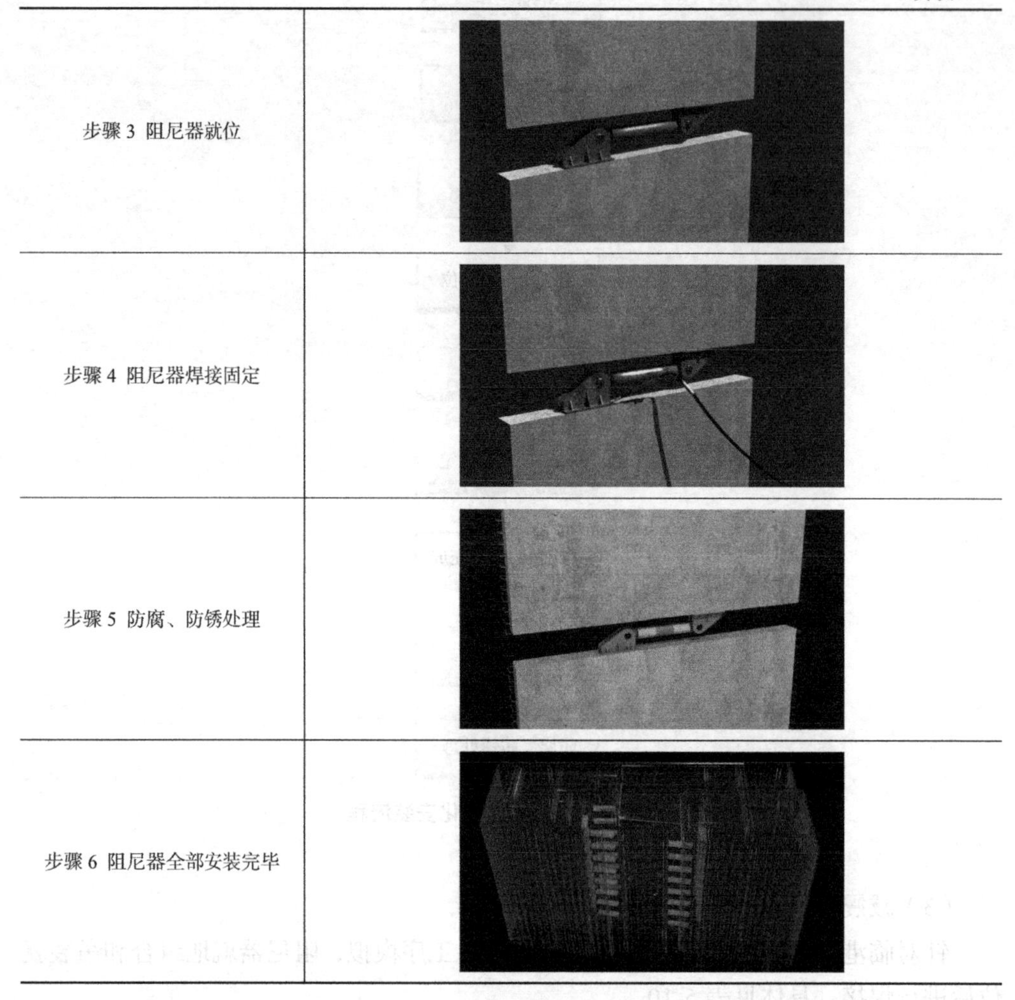

步骤 3 阻尼器就位	
步骤 4 阻尼器焊接固定	
步骤 5 防腐、防锈处理	
步骤 6 阻尼器全部安装完毕	

（4）消能减震方案对比分析（表 5-11）

消能减震方案对比分析 **表 5-11**

项目		方案 1	方案 2	方案 3	方案 4
是否为耗能结构体系		否	是		
周边框架柱（mm）		900 × 900	800 × 800	700 × 700/800 × 800	
周边框架梁（mm）		500 × 1000	400 × 1000	400 × 900/400 × 1000	
混凝土用量（m^3）	总用量	6443	5497（节约 946m^3）	5503（节约 940m^3）	5443（节约 1000m^3）
	现浇混凝土 / 预制混凝土	3479/2964	2983/2514	2954/2549	2921/2522
预制率		46%	45.73%	46.33%	46.33%
混凝土工程综合造价（万元）		2247.38	1913.26（节约 334.12 万元）	1924.38（节约 323 万元）	1903.62（节约 343.76 万元）

续表

<table>
<tr><th colspan="2">项目</th><th colspan="2">方案 1</th><th colspan="2">方案 2</th><th>方案 3</th><th>方案 4</th></tr>
<tr><td colspan="2">耗能构件数量</td><td colspan="2">—</td><td colspan="2">60 组（每组单价 1.5 万~ 2 万，合计 90 万~ 120 万）</td><td>64 组（每组单价 3 万，合计 192 万）</td><td>48 组（每组单价 2 万~ 3 万，合计 96 万~ 144 万）</td></tr>
<tr><td colspan="2">多遇地震下附加阻尼比</td><td colspan="2">—</td><td colspan="2">0.0%</td><td>0.0%</td><td>5.0%</td></tr>
<tr><td rowspan="2">基底剪力（kN）</td><td>X 向</td><td colspan="2">14720</td><td colspan="2">11412（支撑之外框架部分）</td><td>13205</td><td>10960</td></tr>
<tr><td>Y 向</td><td colspan="2">14496</td><td colspan="2">9252（支撑之外框架部分）</td><td>13685</td><td>11509</td></tr>
<tr><td rowspan="2">支撑所占倾覆力矩</td><td>X 向</td><td colspan="2">—</td><td colspan="2">17.3%</td><td>—</td><td>—</td></tr>
<tr><td>Y 向</td><td colspan="2">—</td><td colspan="2">37.1%</td><td>—</td><td>—</td></tr>
<tr><td colspan="2">周期比</td><td colspan="2">0.86</td><td colspan="2">0.89</td><td>0.89</td><td>0.88</td></tr>
<tr><td colspan="2">最大位移角</td><td colspan="2">1/811（满足规范 1/800 要求）</td><td colspan="2">1/561（满足规范 1/550 要求）</td><td>1/558（满足规范 1/550 要求）</td><td>1/612（满足规范 1/550 要求）</td></tr>
<tr><td rowspan="2">位移比</td><td>最大位移 / 层平均位移</td><td>1.25</td><td rowspan="2">扭转不规则</td><td>1.23</td><td rowspan="2">扭转不规则</td><td>1.20</td><td>1.20</td></tr>
<tr><td>最大层间位移 / 平均层间位移</td><td>1.30</td><td>1.22</td><td>1.20</td><td>1.19</td></tr>
</table>

注：表中规范指《高层建筑混凝土结构技术规程》JGJ 3—2010。

表 5-10 中，方案 1 为装配整体式钢筋混凝土框架—现浇剪力墙结构，方案 2 为装配整体式钢筋混凝土框架 + 防屈曲约束支撑结构；方案 3 为装配整体式钢筋混凝土框架 + 防屈曲钢板墙结构，方案 4 为装配整体式钢筋混凝土框架 + 粘滞阻尼器结构。

经综合比较，本项目采用方案 4 的装配整体式钢筋混凝土框架 + 粘滞阻尼器结构。混凝土用量节约 $1000m^3$，同时提高了结构的抗震和防火防灾性能，还能在满足相关规范的前提下降低工程造价（约节约 343.76 万元）。同时本项目成功获得住房和城乡建设部“2017 年装配式建筑科技示范工程”，并入围“上海市装配式建筑示范工程”。

3. 梁柱核心区优化处理

梁柱节点区域作为框架结构中钢筋最为密集区域，其复杂程度将直接影响现场施工的操作便利性和操作可行性。传统现浇模式中，钢筋位置可根据需要进行现场微调，而装配式混凝土结构中，钢筋位置均已经固定，如果发生钢筋碰撞并需要现场进行调整，将极大浪费人工和时间，有违装配式混凝土结构的优点。因此，在构件设计时就要考虑不同构件的钢筋位置。

常规预制柱纵向受力钢筋均匀地布置在柱的四边，本项目为解决框架节点钢筋密集、施工困难的突出问题，优化框架柱纵向受力钢筋的集中四角对称配置，避免与框架梁钢筋碰撞。框架柱四角集中配置受力纵筋，柱纵向受力钢筋的间距不宜大于 200mm 且不应大于 400mm（图 5-72）。

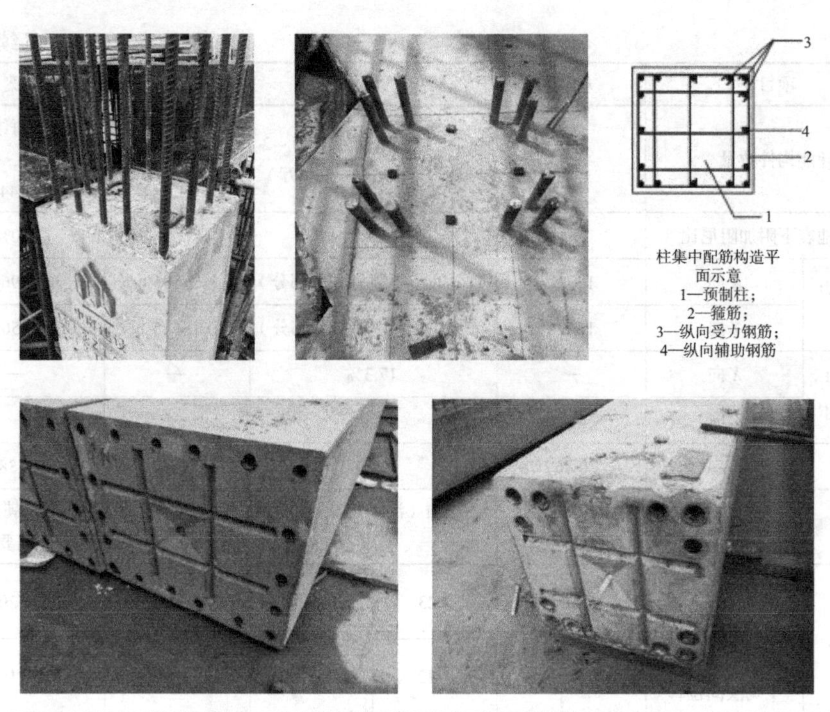

图 5-72 常规预制柱和本项目预制柱对比图

常规梁柱核心区采取钢筋 15*d* 长度的弯折，本项目梁柱核心区采用锚固板确保锚固要求，设置组合箍筋的形式便于上部主筋的施工等，技术措施节约钢筋约 13t，原本 20 天一层的工期缩短至 16 天一层，大大提高装配式框架的施工效率（图 5-73）。

图 5-73 常规梁柱核心区和本项目梁柱核心区对比

4. 预应力双 T 板应用

本项目标准柱网为 8.4m × 8.4m，创新采用了预制预应力混凝土双 T 板叠合楼盖技术，并对双 T 板变截面端部及 L 形、倒 T 形梁的挑耳进行了创新设计，取消了次梁，将原本 20 天一层的工期缩短至 16 天一层，大大提高了装配式框架的施工效率，同时也降低了造价，该项举措在上海市得到了广泛推广（图 5-74、图 5-75）。

图 5-74　橡胶支垫现场吊装

图 5-75　拼接位置处理安装效果

5. 全生命周期 BIM 技术应用

搭建所有参建方 BIM 协同管理平台。实施项目设计、施工、运维等建设项目全生命期的 BIM 技术应用，实现对质量、安全、进度和成本等各方面的高效、精细管理。图 5-76 所示为本项目 BIM 模型效果图。

图 5-76　BIM 模型效果图（一）

图 5-76　BIM 模型效果图（二）

通过 BIM 技术进行多种方案的模拟，对比不同方案的合理性，优化施工方案，合理安排土方开挖面，避免了现场施工混乱、开挖区域分散造成的工期增加及组织困难，保证了现场土体开挖的有序安全。并且在施工前对管道进行综合碰撞检查，对复杂节点进行调整优化，减少了机电安装的施工时间（表 5-12）。

优化后工期对比　　表 5-12

统计分类	项目计划工期	实际工期	提前
土方开挖	90 天	80 天	10 天
强弱电桥架	7 天 / 层	5 天 / 层	2 天 / 层
给水排水管道	4 天 / 层	3 天 / 层	1 天 / 层

6. 基于 BIM+ 物联网的全生命周期信息交互集成管理控制技术

使用装配式建筑的精益建造可视化管理平台技术，通过 RFID 技术实时追踪和反馈构件状态信息，实现预制构件的信息自动化采集，同时结合BIM技术进行精细化设计，提高预制构件制作精度，加强施工管理水平并节省工程造价，为项目运营维护提供准确的工程信息，实现成千上万块预制构件生产、储运、安装、验收全生命周期的信息化管理（图5-77）。

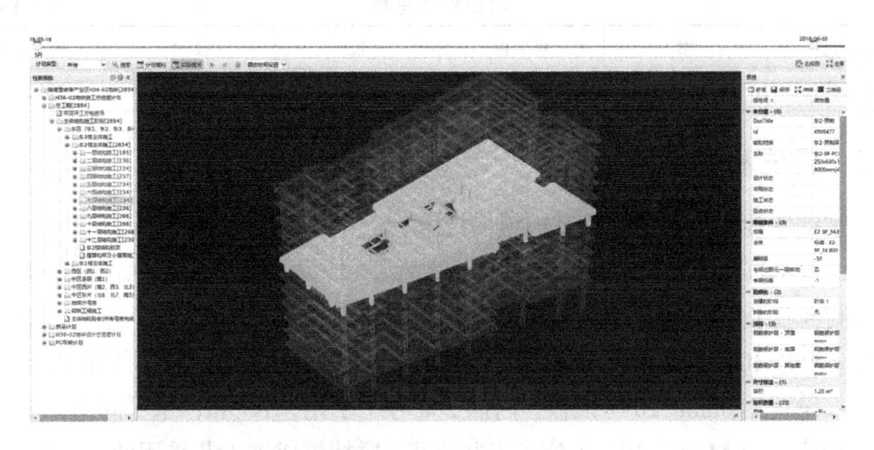

图5-77　信息交互集成管理控制技术应用

通过项目搭建的可视化平台及 RFID 芯片技术，可对整个项目 1262 种、30227 件构件（表 5-13）进行从下单生产、出厂检验到运输、现场堆放，最后到吊装、检验，进行实时的跟踪，可做到预制构件全过程可追溯。

项目构件总数 **表 5-13**

统计分类	梁	双 T 板	柱	楼梯	构件总数
混凝土构件	1132 种	95 种	12 种	23 种	30227 件

5.2.3 新技术的应用

1. 型钢水泥土复合搅拌桩支护结构技术

本工程基坑南侧和东南侧区域采用了型钢水泥土复合搅拌桩支护结构技术。其中基坑南侧区域采用 ϕ700@1000 双轴搅拌桩，内插 H500 × 300 × 11 × 18 型钢。东南侧区域采用 ϕ700@1000 双轴搅拌桩重力坝，坝体宽 5.2m、长 13.5m，插入基底以下 7.1m，坝体顶部设置 200mmC20 压顶板，内插 20a 号工字钢，长 9m，水平间距 1m。

SMW（Soil Mixing Wau）施工工艺流程：搅拌桩成桩工艺采用两喷三搅施工工艺；槽壁加固区域、不良地质区域以及不容易匀速钻进和下沉时应选择复搅成桩施工工艺（图 5-78）。

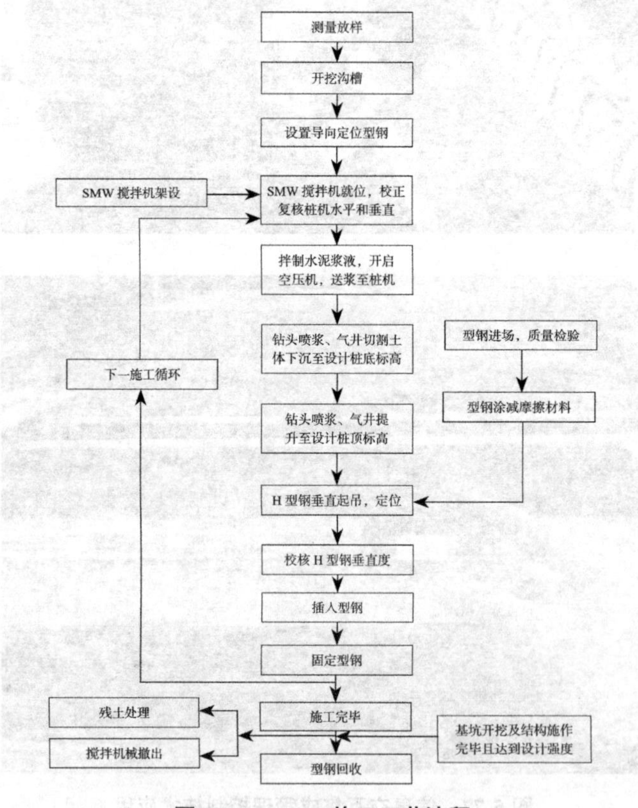

图 5-78 SMW 施工工艺流程

（1）施工准备

①熟悉图纸，对全体施工人员进行施工组织设计交底。

②按有关文件规定要求做好场地平整及主干道铺设。合理布置、搭建现场施工临时设施，为文明施工创造好条件。

③按设计要求组织好桩基设备及配套设备进场，安装调试。

④按设计要求认真组织施工材料进场，并按有关规定验收，确保原材料质量。

（2）障碍物清理

因该工法要求连续施工，故在施工前应对围护施工区域地下障碍物进行探测清理，以保证施工顺利进行。

（3）测量放线

根据甲方提供的坐标基准点、总平面布置图、围护施工图，由专职测量员作业，按图放出桩位控制线，设立临时控制桩，做好技术复核单，提请甲方及监理验收。

（4）开挖沟槽

根据基坑围护放线位置在桩位处用 $1m^3$ 挖机开挖样槽，槽深、槽宽与槽长按桩位置和施工需要，并清除槽内障碍物，排除槽内土方，以便 SMW 工法施工。

（5）定位型钢的放置及桩孔定位

在垂直沟槽方向放置两根定位型钢，规格为 200mm × 200mm，长约 2.5m，再在平行沟槽方向放置两根定位型钢，规格为 500mm × 300mm，长为 8 ~ 20m。双轴搅拌桩中心距为 700mm，依该尺寸在平行的型钢表面用红油漆划线定位。

H 型钢的定位采用型钢定位卡。定位型钢的放置要求水平、稳固。

具体位置及尺寸如图 5-79 所示。

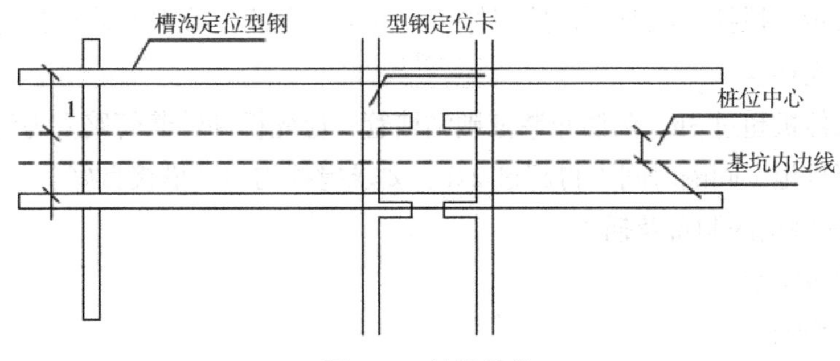

图 5-79　桩机就位

由当班班长统一指挥桩机就位，桩机下铺设钢板，移动前看清上、下、左、右各方面的情况，发现有障碍物应及时清除，移动结束后检查定位情况并及时纠正；桩机应平稳、平正，并用经纬仪或线锤进行观测，以确保钻机的垂直度。

（6）施工顺序

SMW 工法搅拌桩成桩工艺采用两喷三搅施工工艺。

（7）水泥土配合比

根据 SMW 工法的特点，水泥土配比的技术要求如下：

①设计合理的水泥浆液，水灰比为 0.6，使其确保水泥土强度的同时，保证水泥浆液与土体搅拌均匀。在插入型钢时，应靠机械手振插到位。

②水泥掺入比的设计，必须确保水泥土强度，降低土体置换率，减轻施工时环境的扰动影响。

③水泥土和涂有隔离层的型钢有良好的握箍力，确保水泥土和型钢发挥复合效应，起到共同止水挡土的效果，创造良好的型钢上拔回收条件，在上拔型钢时隔离涂层易损坏，产生一定的隔离层间隙。

④水泥土在型钢起拔后能够自立不塌，便于充填孔隙。

⑤根据设计要求并结合工程实际情况确定其基本配合比：水泥掺量为 13%。

（8）制备水泥浆液及浆液注入

在施工现场搭建拌浆施工平台，平台附近搭建水泥库，水泥库容量为 300t。水泥库要求全封闭、通风、避雨，外观整洁。

在开机前按要求进行水泥浆液的搅制。将配制好的水泥浆送入贮浆桶内备用。

水泥浆搅拌时间不少于 2 ~ 3min。水泥浆配制好后，停滞时间不得超过 2h。注浆通过 2 台注浆泵 2 条管路同 Y 形接头从 H 口混合注入，注浆压力为 0.4 ~ 0.6MPa，注浆流量为 150 ~ 200L/min/ 每台。

（9）钻进搅拌

成桩采用两喷三搅的搅拌工艺。在下沉搅拌和提升搅拌过程中均注入水泥浆液，同时严格控制下沉和提升速度，搅拌下沉速度不大于 1m/min，喷浆提升速度不大于 0.5m/min，在桩底部分重复搅拌注浆，停留 1min 左右，并做好原始记录，匹配好浆量与泵量。搅拌下沉时严格控制好机械的工作电流，确保土体充分搅拌，并不得随意注水搅拌。

①如果停机超过 3h，为防止浆液硬结堵管，应先拆卸输浆管路妥为清洗。

②相邻桩施工间隔时间不得超过 24h，要求搅拌均匀，搭接良好。

（10）H 型钢的制备及插入

①涂刷减摩剂。

②插入型钢。

双轴水泥搅拌桩施工完毕后，吊机应立即就位，准备吊放 H 型钢。吊放时间间隔控制在 30min 内。

H 型钢使用前，在距其顶端 25cm 处开一个中心圆孔，孔径约 8cm，并在此处型钢两面加焊两块各厚 1cm 的加强板，其规格为 450mm × 450mm，中心开孔与型钢上孔对齐。型钢焊接采用现场对焊，焊缝标准采用三级焊缝。

根据甲方提供的高程控制点，用水准仪引放到定位型钢上，根据定位型钢与 H 型钢顶标高的高度差，在型钢两腹板处外侧焊好吊筋（ϕ12 线材），误差控制在

± 5cm 以内。必须注意由于挖机挖斗在翻沟槽泥浆时容易碰撞定位型钢引起偏移，因此要保证每天两次校核定位型钢，对产生的偏差及时纠正。

（11）清洗、移位

将集料斗中加入适量清水，开启灰浆泵，清洗压浆管道及其他所用机具，然后移位再进行下一根桩的施工。

（12）报表记录

施工过程中由专人负责记录，记录要求详细、真实、准确。

每个台班应做 1 组 7.07cm × 7.07cm × 7.07cm 试块，试块制作好后进行编号、记录、养护，到龄期后送实验室做抗压强度试验。

（13）型钢拔除

结构施工完毕且基坑回填至地面后，开始拔除 H 型钢，采用专用夹具及千斤顶以圈梁为反梁，起拔回收 H 型钢。

H 型钢拔出后及时对桩体内部空隙灌砂注浆填充密实，以控制变形量。在起拔前结合型钢插入记录、圈梁施工情况及基坑回填情况再拿出详细起拔方案报业主、监理审批。

双轴搅拌桩施工质量保证措施如下：

①严格控制定位及桩架的垂直度。成柱前应使桩机正确就位，保持桩机底盘水平和立柱导向架垂直，并校验桩机立柱导向架垂直度偏差小于 1/200。

②严格控制下沉提升速度，保证水泥土搅拌均匀。使原状土充分破碎，土体充分搅拌，有利于水泥浆与土均匀拌和并减少偏位。

③若发现堵管、断浆等现象，应立即停机，查找原因进行处理，待故障排除后须将钻具提升或下沉 0.5m 后方能注浆，以防断桩。

④施工冷缝处理。施工过程中一旦出现冷缝（桩体不连续施工超过 24h），则采取在冷缝处止水桩外侧补搅 1 根素桩方案。在工法桩达到一定强度后进行补桩，以防偏钻，保证补桩效果，素桩与止水桩搭接厚度约 10cm。

2. 混凝土裂缝控制技术

为保证地下室大体积混凝土施工期间的裂缝控制，本工程特从材料供应、试验、配合比、现场浇筑、养护等薄弱环节来考虑。通过采用低水化热的普通硅酸盐水泥，掺加粉煤灰以减少水泥用量，掺入外加剂，分区、分块、分层浇筑，控制混凝土的入模温度，外覆塑料薄膜养护，加强温度监测与管理，控制混凝土内外温差在 25℃以内等措施来控制裂缝的产生。应用数量：筏板面积约 22240m^2。

3. 高强钢筋应用技术

为有效地降低造价，同时提高结构的抗震性能，本工程主要的受力钢筋均采用 HRB400 级钢筋。应用数量约 1.04 万 t。

4. 大直径钢筋直螺纹连接技术

本工程 22mm 直径以上钢筋均采用直螺纹连接技术（图 5-80），减少钢筋搭接消耗，同时减少其他电焊、对焊等机械用电消耗。该技术连接接头强度高，在接头区域不划分时，可以不受限制的使用；接头质量稳定，不受拧紧力矩影响，省去力矩扳手检测工序；施工速度明显增快，且降低了钢筋绑扎强度，改善了施工环境，提高了人工工作效率。

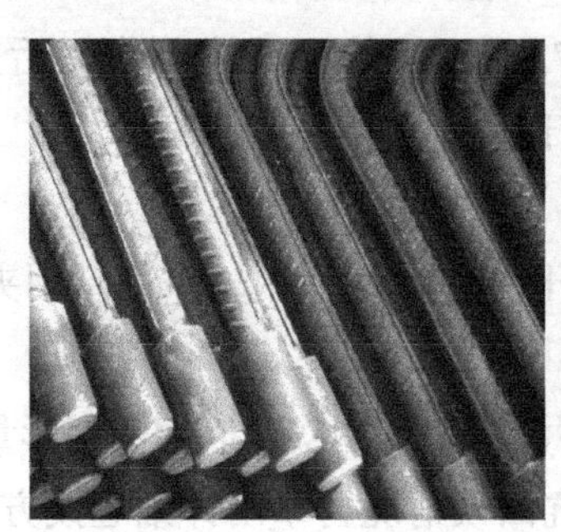

图 5-80　直螺纹套筒连接

5. 装配整体式混凝土框架结构简化节点连接技术

（1）预制构件节点优化连接

为解决框架节点钢筋密集、施工困难的突出问题，设计团队优化了框架梁柱和节点的配筋及连接方式，包括框架柱四角集中配置受力纵筋、框架梁底筋节点区钢筋避让、采用钢筋锚固板的框架顶层端节点，有效提高了装配式框架的施工效率（图 5-81 ~ 图 5-83）。

（2）预制框架结构节点连接工法先行

①工法先行制度。为了确保项目预制框架节点施工前作业班组人员能熟悉操作流程，事先建立工法先行制度，使装配工提前熟悉掌握施工工艺、预演关键节点操作并协调各工种之间衔接配合，在施工前期及时发现并与参建各方协调解决存在的问题，避免在主体结构施工阶段发生类似情况，采用样板引领管理思路。这不仅提高了装配工操作水平，而且可以提升项目管理能力，并且有效提高了项目质量标准，为客户提供高质量住房标准。

②工法楼主体结构策划。工法楼将以本项目具有代表性、通用性、节点部位较多的原则进行选取设计，拟考虑选取其中一个框架节点进行工法楼设计。

③工法楼展示交底内容安排

在工法楼内拟布置标示牌、节点做法、灌浆模型、构件模具、操作工艺进行实体展示，并结合展示内容对产业操作工人提前进行安全技术交底（图 5-84）。

图 5-81　L 形部位梁柱节点受力钢筋模拟优化图

图 5-82　T 形部位梁柱节点受力钢筋模拟优化图

图 5-83　十字形部位梁柱节点受力钢筋模拟优化图

图 5-84　样板区域

6. 预制预应力混凝土双 T 板叠合楼盖技术

（1）项目双 T 板叠合楼盖概况

本项目标准柱网为 8.4m × 8.4m，因此大量采用预制预应力混凝土双 T 板，取消次梁，提高施工效率并降低造价，局部柱距较密，则采用钢筋桁架叠合板。为了满足公共建筑装配式混凝土结构对大跨楼盖结构的需求，设计团队研究了先张法预应力混凝土双 T 板变截面端部设计方法以及 L 形、倒 T 形梁的挑耳设计方法（图 5-85）。

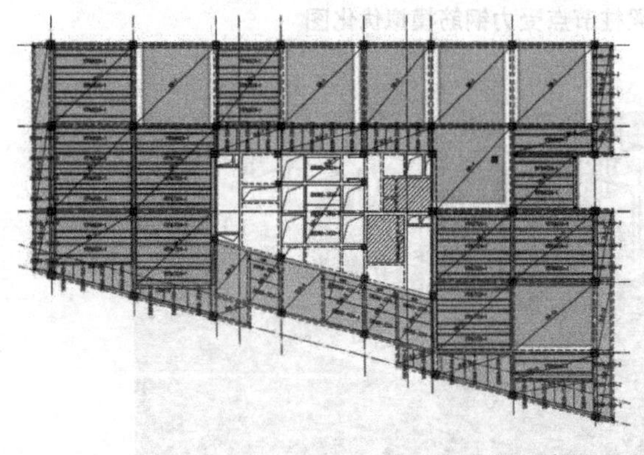

图 5-85　双 T 板平面位置及节点图

（2）双 T 板施工策划

双 T 板施工流程如图 5-86 所示。

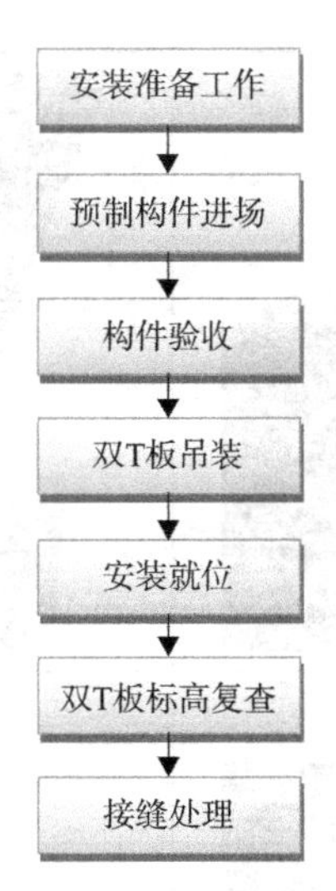

图 5-86　双 T 板施工流程

施工工序具体操作如图 5-87 所示。

构件进场堆放

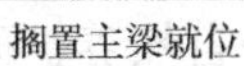

搁置主梁就位

双 T 板起吊

吊装就位

图 5-87　各施工工序具体操作图（一）

拼装到位	梁柱核心区节点处理

梁柱核心区节点处理	双T板板缝节点处理

图 5-87　各施工工序具体操作图（二）

7. 钢筋套筒灌浆连接技术

（1）灌浆连接工艺流程

①预制构件灌浆施工流程：拼接面清理（吊装前）→充分湿润拼接缝表面→拼接缝砂浆封堵→自然养护砂浆达到施工强度→灌浆设备，拌合浆料准备→灌浆套筒注浆连接→封堵灌浆孔。

②灌浆工艺流程

灌浆料倒入搅拌设备→计算水量并精确计量→专用设备高速搅拌→浆料倒入灌浆机储浆斗。

（2）灌浆施工工艺要点

①拼接面清理：包括构件底部灌浆套筒清理、坐浆面清理，有条件的应使用高压气枪清理柱底部套筒及拼接坐浆底面杂物，如泡绵、碎石、泥灰等，避免因松散骨料或其他杂质影响拼接面后期结合强度。

②润灌浆套筒：灌浆前应使用手持喷雾器对预制柱进出浆口进行水分湿润，但不得有明水。

③计算水量并精确计量：灌浆料应严格按照材料提供商的要求控制水灰比，不允许随意增加、减少用量，也可以用量杯计取。

④专用设备高速搅拌：搅拌设备的转速应满足厂家及规范的要求，本项目搅拌设备转速应不大于800r/min；控制灌浆料搅拌时间，据厂家所给定的技术参数从投料开始搅拌3～5min，搅拌完成后应静置2min（具体根据厂家要求实施）。

⑤灌浆料倒入灌浆设备并灌浆：灌浆料倒入灌浆设备后，应先打出一部分灌浆料，肉眼观测稠度是否一样；压浆施工应从套筒下部孔注浆，待上部的出浆孔连续流出柱状浆料后才可以用止浆塞封堵出浆孔、灌浆孔。

（3）灌浆准备阶段质量控制要点

①首次灌浆前邀请专业厂家进行交底。

②灌浆施工时，环境温度应符合灌浆料产品使用说明书要求；环境温度低于5℃时不宜施工，且需对灌浆料进行保温，温度宜为15～30℃，低于0℃时不得施工；当环境温度高于30℃时，应采取降低灌浆料拌合物温度的措施，特殊施工温度下采用的措施应获得灌浆料厂家设计认可方可行动。

③灌浆料开袋前应检查材料是否仍在有效期间内，若超过有效期不予使用。

④灌浆料在拌浆时应制取试件，对应每一层拼接部位应制取不少于3组标样后测试28d龄期的抗压强度。

⑤当灌浆中遇到必须暂停的情况，此时采取循环回浆状态，即将灌浆管插入灌浆机注入口，暂停时间以搅拌完成后30min为限，如超过时间需将此批拌好的砂浆报废处理。

⑥搅拌器及搅拌桶禁止使用铝质材料，因为铝制材料拌制时将会造成微量铝粉进入灌浆料中，严重影响灌浆料质量。

（4）灌浆过程中控制要点

①灌浆泵（枪）使用前用水先清洗完灰尘。

②灌浆料数量应满足一桶可灌浆使用，一桶正在搅拌，一桶正在准备。

③对倒入机器的灌浆料用滤网过滤大颗粒。

④从接头下方的灌浆孔处向套筒内压力灌浆，确保透气孔出浆。

⑤同一个仓位要连续灌浆，不得中途停顿。

⑥接头灌浆时，待上方的排孔连续流出浆料后，用专用橡胶塞封堵。

⑦按照浆料排出先后顺序，依次进行封堵灌排浆孔，封堵时灌浆泵（枪）要一直保持压力，直至所有灌排浆孔出浆并封堵牢固，然后再停止灌浆。

⑧在浆料初凝前检查灌浆接头，对漏浆处进行及时处理。

⑨灌浆后，节点保护。15℃以上，24h内构件不得受扰动；5～15℃，48h内构件不得受扰动；5℃以下，视情况而定。如对构件接头部位采取加热保温措施，要保持5℃以上至少48h。

⑩每个构件每次灌浆都留存旁站拍摄视频或照片。

（5）灌浆试块制作

试块模具规格：40mm×40mm×160mm。

制作数量：每个灌浆台班应留置不少于一组试块，每层留置不少于三组试块养护及送检：标样 28d 后送检。

8. 装配式混凝土结构建筑信息模型应用技术

利用 BIM 技术前期进行预制构件预拼装、孔洞预埋、斜支撑杆件碰撞、塔式起重机及人货电梯附墙件进行预埋定位。

利用 BIM 技术能有效提高装配式建筑的生产效率和工程质量，真正实现以信息化促进产业化。借助 BIM 技术三维模型的参数化设计，使得图纸生成、修改的效率有了很大幅度的提高，克服了传统拆分设计中的图纸量大、修改困难的难题；钢筋的参数化设计提高了钢筋设计精确性，加大了可施工性。加上时间进度的 4D 模拟，进行虚拟化施工，提高了现场施工管理的水平，降低了施工工期，节约成本。因此，BIM 技术的使用能够为装配整体式混凝土结构施工提供有效帮助，使得装配式工程精细化这一特点更为容易实现，进而推动现代建筑产业化的发展，促进建筑业发展模式（图 5-88 ~ 图 5-90）。

图 5-88　预制构件与现浇构件碰撞检查预制柱支撑系统

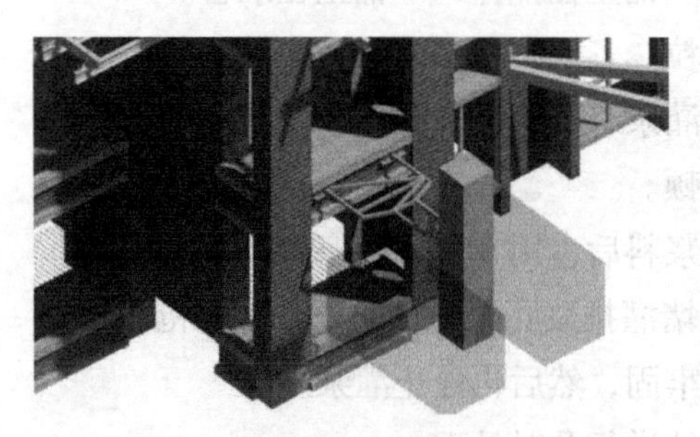

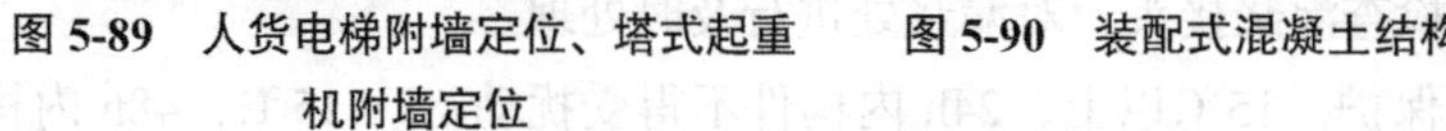

图 5-89　人货电梯附墙定位、塔式起重机附墙定位

图 5-90　装配式混凝土结构建筑信息模型应用技术

9. 预制构件工厂化生产加工技术

本工程预制构件的加工采用固定台模线生产房屋建筑预制构件，满足预制构件的批量生产加工和集中供应要求的技术。

本工程预制梁、预制柱、叠合板、挑板、楼梯、女儿墙等预制构件的生产技术涵盖混凝土技术、钢筋技术、模具技术、预留预埋技术、浇筑成型技术、构件养护技术，以及吊运、存储和运输技术等。

预应力混凝土双 T 板采用先张法的生产技术。根据所要生产的双 T 板数量及现场设计先张板台座形式及长度，台座必须经过检算，在受力后不倾覆、不移动、不变形。台座是先张法生产的主要设备之一，它承受预应力筋的全部张拉力。因此，台座应有足够的强度、刚度和稳定性。槽式台座由端柱、传力柱、柱垫、横梁和台面等组成，既可承受张拉力，又可作蒸汽养护槽，适用于张拉吨位较高的大型构件。台座的长度一般不大于 100m，宽度随构件外形及制作方式而定，一般不小于 1m。槽式台座一般与地面相平，以便运送混凝土和蒸汽养护，但需考虑地下水位和排水等问题。端柱、传力柱的端面必须平整，对接接头必须紧密；柱与柱垫连接必须牢靠。槽式台座亦需进行强度和稳定性计算。端柱和传力柱的强度按钢筋混凝土结构偏心受压构件计算。槽式台座端柱抗倾覆力矩由端柱、横梁自重力及部分张拉力组成。

10. 钢与混凝土组合结构应用技术

本工程东四楼采用了型钢混凝土转换平台，考虑到钢梁与楼板的组合作用，可显著提高梁的承载力与稳定性，有效降低梁高，节省钢筋混凝土用量。同时，在焊接工程中广泛应用了无损探伤方法来检测焊缝的表面和内部质量，取得了很好实效，保证了钢结构与混凝土组合平台整体施工质量。

11. 钢结构防腐防火技术

本工程东 4 楼作为钢结构连廊，必须对钢构件表面进行除锈，除锈前应将钢材表面的毛刺、杂物、焊渣、飞溅物、积尘、疏松的氧化铁皮以及涂层物等清除干净。除锈方法采用喷射或抛丸除锈的方法进行。涂料的配置应按涂料使用说明书的规定执行，当天使用的涂料应当天配置，不得随意添加稀释剂。涂装施工可采用刷涂、滚涂、空气喷涂和高压无气喷涂等方法。宜在温度、湿度合适的封闭环境下，根据被涂物体的大小、涂料品种及设计要求，选择合适的涂装方法。构件在工厂加工涂装完毕，现场安装后，针对节点区域及损伤区域需进行二次涂装。

12. 基于 BIM 的管线综合技术

项目将采用 BIM 技术，对装配式建筑设计、管线综合、施工全过程进行数字化管理，通过实施创新一体化快速管综技术，集中反映和解决管线优化和碰撞问题，并且相应建立机电管线三维模型，并利用 BIM 技术将复杂的管线进行优化排布，利用可视化模型的便捷优势准确地找到施工中存在的问题并分析解决，从而为提高净空打下基础，进而提高空间使用效率（图 5-91）。

13. 封闭降水及水收集综合利用技术

根据围护设计要求，本工程围护形式（图 5-92）具体如下：

（1）普遍区域

普遍区域采用 $\phi700@1000$ 双轴搅拌桩止水帷幕 + 两级混凝土护坡，止水帷幕长为 14.0m，插入基底以下 8.0m。

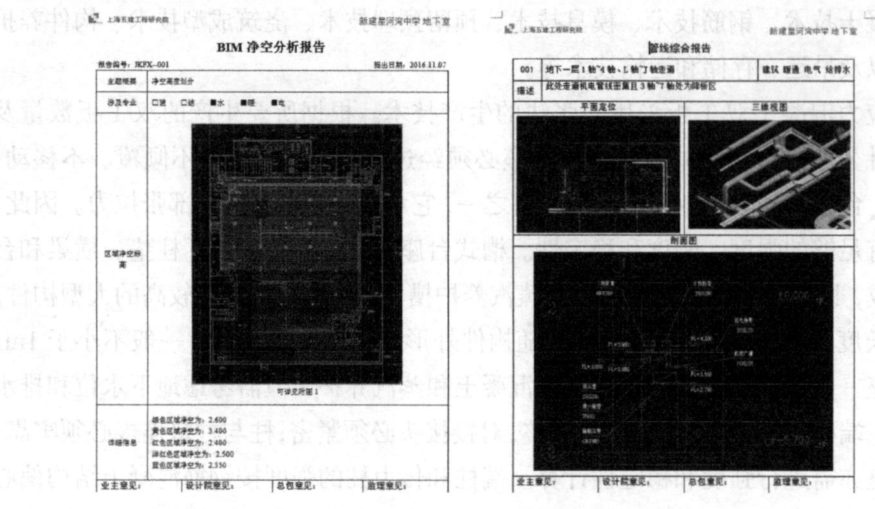

图 5-91　综合碰撞报告

（2）基坑北侧区域

基坑北侧区域采用 ϕ700@1000 双轴搅拌桩重力坝，坝体宽 4.7m、长 12m，插入基底以下 6.6m，坝体顶部设置 200mm 压顶。

（3）基坑东南侧区域

基坑东南侧区域采用 ϕ700@1000 双轴搅拌桩重力坝，坝体宽 5.2m、长 13.5m，插入基底以下 7.1m，坝体顶部设置 200mmC20 压顶板，内插 20a 号工字钢，长 9m，水平间距 1m。

（4）基坑南侧区域

基坑南侧区域采用 ϕ700 双轴搅拌桩，内插 H500 × 300 × 11 × 18 型钢，间距 @1000，基坑外设置旋喷水泥土锚杆，长 15m，间距 2m。

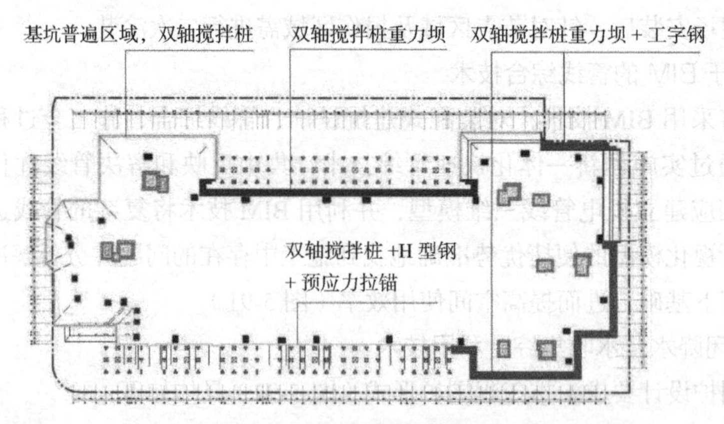

图 5-92　基坑围护总示意图

本工程基坑普遍开挖深度约为 6.4m。基坑普遍区域降水采用深井降水结合轻型井点降水的方式，地库内均匀地设置轻型井点作为全过程降水，降水深度控制在坑底以下 0.5 ~ 1.0m。基坑共布置轻型降水井 51 套。位于基坑周边的轻型井点于土方回填前拆除；基坑中央采用预降水轻型井点，于基坑挖土施工前拆除。

地库内 15 口一般位置深井和 10 口电梯井位置深井，采用真空深井进行基坑疏干降水，真空深井在基坑开挖前 4 周必须开凿完成；基坑开挖时，坑内的疏干降水井应全部开放，并有提前 2 周的预降水时间。基坑共布置 25 口深井，真空深井过滤器外包 40 目的滤网，填砾要选用粒径与地层粒径相匹配的天然砾料，成孔孔径为 700mm，井管和过滤器直径为 273mm。

14. 建筑垃圾减量化与资源化利用技术

本项目在施工过程中采用绿色施工新技术、精细化施工和标准化施工等措施，减少了建筑垃圾排放，提高了垃圾回收利用率。主要措施为：

（1）对钢筋采用优化下料技术，提高钢筋利用率；对钢筋余料采用再利用技术，如将钢筋余料用于加工马凳筋、预埋件与安全围栏等。

（2）对模板的使用应进行优化拼接，减少裁剪量；对木模板应通过合理的设计和加工制作提高重复使用率；对短木方采用指接接长技术，提高木方利用率。

（3）对混凝土浇筑施工中的混凝土余料做好回收利用，用于制作小过梁、混凝土砖等。

（4）对二次结构的加气混凝土砌块隔墙施工中，做好加气块的排块设计，在加工车间进行机械切割，减少工地加气混凝土砌块的废料。

（5）废塑料、废木材、钢筋头与废混凝土的机械分拣技术；利用废旧砖瓦、废旧混凝土为原料的再生骨料就地加工与分级技术。

（6）现场直接利用再生骨料和微细粉料作为骨料和填充料，生产混凝土砌块、混凝土砖，透水砖等制品。

（7）利用再生细骨料制备砂浆及其使用的综合技术。

15. 施工现场太阳能光伏发电照明技术

本项目施工现场采用太阳能光伏发电照明技术。利用太阳能电池组件将太阳光能直接转化为电能储存并用于施工现场照明系统。发电系统主要由光伏组件、控制器、蓄电池（组）和逆变器（当照明负载为直流电时，不使用）及照明负载等组成（图 5-93）。

16. 太阳能热水应用技术

本项目生活区采用了太阳能热水技术，利用太阳能将水加热来供应生活区的热水。太阳能光热发电比光伏发电的转化效率要高，它由集热部件（真空集热管）、保温水箱、支架、连接管道、控制部件等组成。

17. 空气能热水技术

本项目生活区同时还采用了空气能热水技术，它是运用热泵工作原理，吸收空气中的低能热量，经过中间介质的热交换，并压缩成高温气体，通过管道循环系统

图 5-93　太阳能照明系统

对水加热的技术。空气能热水器（图 5-94）是采用制冷原理从空气中吸收热量来加热水的“热量搬运”装置，把一种沸点为零下 10 多度的制冷剂通到交换机中，制冷剂通过蒸发由液态变成气态从空气中吸收热量，再经过压缩机加压做工，制冷剂的温度就能骤升至 80 ~ 120℃，具有高效节能的特点，较常规电热水器的热效率高 380% ~ 600%，制造相同的热水量，比电辅助太阳能热水器利用能效高，耗电只有电热水器的 1/4。

图 5-94　空气能热水器

18. 施工扬尘控制技术

本项目施工现场采用扬尘控制技术，包括施工现场道路、人行通道、防护棚等部位自动喷淋降尘和雾炮降尘技术，施工现场车辆自动冲洗技术（图 5-95 ~ 图 5-97）。

图 5-95　环境监控设备道路喷淋

图 5-96　自动喷淋炮雾降尘

图 5-97　车辆自动清洗设备

19. 施工噪声控制技术

本项目通过选用低噪声设备、采用先进施工工艺及隔声屏和隔声罩等措施有效降低施工现场及施工过程噪声（图 5-98）。

图 5-98　防火防尘消声罩

20. 工具式定型化临时设施技术

本项目采用了定型化、可周转的基坑、楼层临边防护、水平洞口防护（图 5-99 ~ 图 5-101），可选用网片式、格栅式或组装式。

图 5-99　定型化安全围挡

图 5-100　电梯井防护

图 5-101　定型化楼梯扶手

当水平洞口短边尺寸大于 1500mm 时，洞口四周应搭设不低于 1200mm 防护，下口设置踢脚线并张挂水平安全网，防护方式可选用网片式、格栅式或组装式，防护距离洞口边不小于 200mm。

楼梯扶手栏杆采用工具式短钢管接头，立杆采用膨胀螺栓与结构固定，内插钢管栏杆，使用结束后可拆卸周转重复使用。

可周转定型化加工棚基础尺寸采用 C30 混凝土浇筑，预埋 400mm × 400mm × 12mm 钢板，钢板下部焊接直径 20mm 钢筋，并塞焊 8 个 M18 螺栓固定立柱。立柱采用 200mm × 200mm 型钢，立杆上部焊接 500mm × 200mm × 10mm 钢板，以 M12 螺栓连接桁架主梁，下部焊接 400mm × 400mm × 10mm 钢板。斜撑为 100mm × 50mm 方钢，斜撑的两端焊接 150mm × 200mm × 10mm 钢板，以 M12 螺栓连接桁架主梁和立柱。

21. 三元乙丙（EPDM）防水卷材无穿孔机械固定技术

本项目地下室防水施工采用了三元乙丙（EPDM）防水卷材无穿孔机械固定技

术，具体施工工艺如下：

（1）涂刷卷材胶粘剂

先将水泥浆掺胶粉作为胶粘剂，搅拌均匀，方可进行涂布施工。基层胶粘剂可涂刷在基层或涂刷在基层和卷材底面。涂刷要均匀，不露底，不堆积，采用空铺法、满粘法时，应按规定的位置和面积涂刷。

①在卷材表面涂刷胶粘剂。将卷材展开摊铺在平整干净的基层上，用长把辊刷蘸取专用胶粘剂，均匀涂刷在卷材表面上，涂刷时不得漏涂，也不得堆积，且不能往返多次涂刷。

②在基层表面涂刷胶粘剂。在卷材表面涂刷胶粘剂的同时，用长把辊刷蘸取胶粘剂，均匀涂刷在基层处理剂已经干燥和干净的基层表面上，涂胶后静置 20 ~ 40min，待指触基本不粘时，即可进行卷材铺贴施工。

③铺贴卷材。铺贴卷材时，先弹出基准线。第一种方法是将卷材沿长边方向对折成二分之一幅宽卷材，涂胶面相背，然后将待铺卷材首对准已铺卷材短边搭接基准线，将待铺卷材长边对准已铺卷材长边搭接基准线。贴压完毕后，将另一半展铺并用压辊将卷材滚压粘牢。第二种方法是将已涂胶粘剂的卷材卷成圆筒形，然后在圆筒形卷材的中心插入一根 ϕ30mm × 1500mm 的铁管，由两人分别手持铁管的两端，并使卷材的一端固定在预定部位，再沿基准线展铺卷材，使卷材松弛地铺贴在基层表面上。在铺贴卷材的过程中，不允许拉伸卷材，也不得有皱褶现象存在。

（2）卷材搭接粘结处理

由于已粘贴的卷材长、短边均留出 100mm 空白的卷材搭接边，因此还要用卷材搭接胶粘剂对搭接边作粘结处理。而涂布于卷材的搭接胶粘剂不具有可立即粘结凝固的性能，需静置 20 ~ 40min，待基本干燥，用手指试压无黏感时方可进行贴压粘结。由此，必须先将搭接卷材的覆盖边作临时固定，即在搭接接头部位每隔 1m 左右涂刷少许基层胶粘剂，待指触基本不粘时，再将接头部位的卷材翻开临时粘结固定。先用油漆刷均匀涂刷在翻开的卷材接头的两个粘结面上，涂胶量一般以 0.5kg/m^2 左右为宜，静置 20 ~ 40min，指触基本不粘时，即可一边粘合一边驱除接缝中的空气，粘合后再用手持压辊滚压一遍。凡遇到三层卷材重叠的接头处，必须嵌填密封膏后再进行粘合施工，在接缝的边缘用密封材料封严。

（3）保护层的施工

地下室底板防水保护层的施工用 50mm 厚 C20 细石混凝土覆盖。地下室外墙防水保护层的施工用 50mm 厚挤塑聚苯板（XPS）。地下室顶板防水（无种植部分）保护层的施工用 80 ~ 120mm 厚 C20 细石混凝土随打随抹，双向配筋 ϕ8@250。地下室顶板防水（有种植部分）保护层的施工用 70mm 厚 C20 细石混凝土。

22. 种植屋面防水施工技术

种植屋面具有改善城市生态环境、缓解热岛效应、节能减排和美化空中景观的作用。本项目种植屋面防水采用了双层三元乙丙橡胶防水卷材加一道 SBS 改性沥青耐根穿刺防水卷材来作为防水材料。具体做法如下：

·植被层；

·种植土 300mm 厚；

·土工布过滤层；

·20mm 高凹凸型排水板，凸点向上；

·40mm 厚 C20 细石防水混凝土保护层，内配 ϕ6I 级钢，双向@150，钢筋网片绑扎或点焊（设分格缝），6m×6m 分缝，缝宽 10mm，嵌密封胶；

·10mm 厚石灰砂浆隔离层，石灰膏：砂 =1：4；

·SBS 改性沥青耐根穿刺防水卷材≥ 4mm 厚；

·1.2mm+1.2mm 厚双层三元乙丙橡胶防水卷材；

·20mm 厚 DS20 预拌砂浆找平层；

·最薄 30mm 厚 LC5.0 轻集料混凝土 2% 找坡（结构找坡时省略）；

·60mm 厚挤塑聚苯板 XPS 保温层燃烧性能 B_1 级；

·20mm 厚 DS20 预拌砂浆找平层；

·现浇钢筋混凝土屋面板。

23. 消能减震技术

本工程西 1、西 2 楼为高层建筑，若按常规体系采用框架剪力墙结构，则剪力墙部分需要现浇，增加现场湿作业，不利于预制率的提高；且刚度的增加会导致预制框架部分的构件尺寸较大，造成运输和施工吊装困难。经比选，采用了设置粘滞阻尼器的装配整体式钢筋混凝土框架结构。

24. 深基坑施工监测技术

本项目为保证所有监测工作的统一，提高监测数据的精度，使监测工作有效地指导整个基坑施工，采用由整体到局部的原则，即首先布设统一的监测控制网，再在此基础上布设监测点（孔）。

监测控制网主要用于围护墙顶的位移、地下水位、坑外土体及桩顶等方面的监测。监测控制网分两部分：

（1）平面控制网。用于各水平位移监测项目平面控制基准。

（2）水准控制网。用于各垂直位移监测项目（即沉降监测）的高程控制基准。

监测点的布设主要用于：

（1）地面监测点垂直位移监测；

（2）围护墙顶竖向、水平位移监测；

（3）基坑外地下水位监测；

（4）围护体深层水平位移监测。

25. 基于 BIM 的现场施工管理信息技术

搭建所有参建方 BIM 协同管理平台（图 5-102）。实施项目设计、施工、运维等建设项目全生命期的 BIM 技术应用，实现对质量、安全、进度和成本等各方面进行高效、精细管理。该平台融合了“BIM+ 物联网”技术，图 5-103 所示为基于 BIM+ 物联网的全生命周期信息交互集成管理系统。

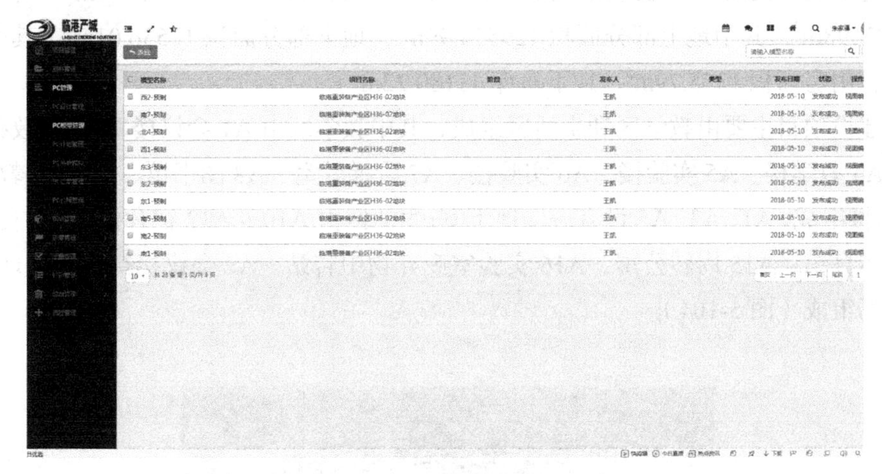

图 5-102　BIM 协同管理平台

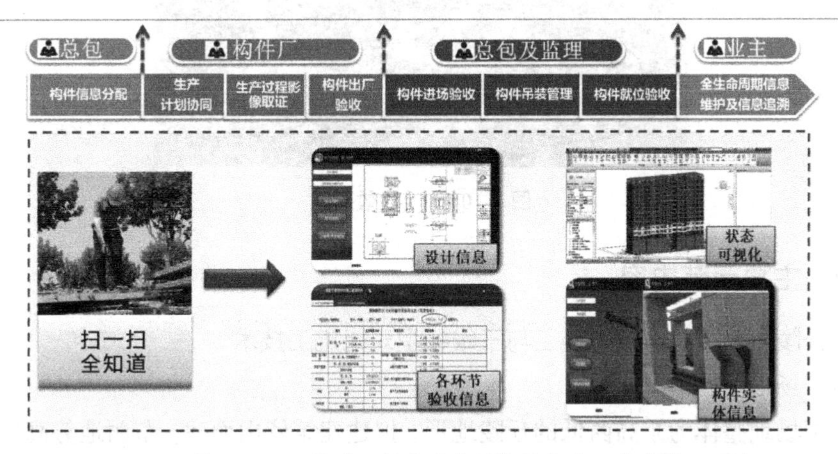

图 5-103　基于 BIM+ 物联网的全生命周期信息交互集成管理系统

5.3　三寰集团能源学院项目

5.3.1　工程概况

三寰集团能源学院项目是大连市政府委托大连三寰集团为中科院代建的能源类大学，学校建成后将有 2400 名左右研究生进驻，20% 的学生从事学术研究，80% 的学生投入产业孵化，学校建成以后，中科院将以学校为中心建造洁净能源实验室，致力于能源研发，据了解已与多家与能源相关的企业签订战略协议，未来计划将整个区域打造成以能源为中心的产业园区，这也将带动整个大连市 GDP 增长。能源学院项目是 2020 年大连市确定的 100 个重大项目之一，也是辽宁省落实国家发展战略、打造中国新能源科技创新高地的重点项目。

三寰集团能源学院建设项目，位于大连市西部地区，毗邻大房身村、东北山村、龙头村，北邻三寰牧场及英歌石植物园。项目总建筑面积 142051m²，占地面积 303498m²，其中地上部分面积 129514.99m²，地下部分面积 12536.01m²（其中地下设备用房面积 1355.79m²，地下车库 11180.22m²）。

建设项目主要由教学区和生活区组成，其中教学区由 A1 会议楼、A3 行政办公楼、A4 教学楼、A5 实验楼、A6 实验楼、A7 阶梯教室、A8 图书馆、A9 阶梯教室、T1 塔楼组成，A1、A3、A5 设有一层地下室；生活区由 A10 ~ A12 宿舍楼、A13 食堂、A14 体育馆、A15 周转公寓、A16 实验室废弃物中转站、A2 会议接待楼及篮球场、运动场组成（图 5-104）。

图 5-104　项目效果图

5.3.2　主要示范内容

1. 丘陵复杂地貌虚拟预施工与三维模型对比施工技术

（1）场地地质情况概述

施工场地整体为东高西低的丘陵地形，拟建建筑依山而建，东西地势高差较大，红线范围内最大高差约 40m。因此，A1 地下室、D1 地下室、D2 地下室、A7 楼施工均存在基坑施工四周标高变化较大，土方开挖、边坡维护情况复杂的情况。

本工程基坑开挖范围内，根据土体岩性特征及其物理力学性质差异性，可划分为 5 个工程地质，本场地内地面起由上而下的土层分别为：

①杂填土，灰褐色，主要由建筑垃圾、黏性土、碎石、植物根系组成，碎石含量为 5% ~ 20%，粒径 20 ~ 120mm，呈棱角状、次棱角状，硬杂质含量为 10% ~ 30%。回填时间为新近回填。揭露层厚 0.30 ~ 3.10m，层底埋深 0.30 ~ 3.10m，揭露层底标高 76.42 ~ 116.91m。

②含碎石粉质黏土，黄褐色，粉质黏土切面稍有光泽，干强度中等，韧性中等，无摇振反应，可塑状态，所混碎石主要成分为板岩、石英岩，粒径为 20 ~ 40mm，含量为 20% ~ 30%。揭露层厚 0.20 ~ 7.30m，底层埋深 0.20 ~ 7.30m，揭露层底标

高 71.95 ~ 113.23m。

③全风化石英岩板岩互层，黄褐色，原岩结构基本破坏，板状构造，岩体风化节理裂隙极发育，岩芯呈碎屑状、土状，冲击可钻进，遇水软化。属于极软岩，岩体极破碎，岩体基本质量等级为Ⅴ级。揭露层厚 0.30 ~ 7.10m，层底埋深 1.10 ~ 12.80m，揭露层底标高 66.49 ~ 113.72m。

④强风化石英岩板岩互层，黄褐色、灰白色、灰黄色，变晶、变余结构，层状构造，岩芯呈碎块状、碎片，局部夹中风化岩块。属于软岩，岩体破碎，岩体基本质量等级为Ⅴ级。揭露层厚 0.50 ~ 17.80m，层底埋深 1.70 ~ 23.20m，揭露层底标高 56.09 ~ 111.59m。

⑤中风化石英岩板岩互层，黄褐色、灰白色、灰褐色，变晶、变余结构，层状构造，岩芯呈碎块状、短柱状。属于较硬岩，岩体较完整，局部较破碎，岩体基本质量等级Ⅳ级。该石英岩板岩互层为场地内的基岩之一，钻孔均未穿透该层，揭露层顶埋深 0.00 ~ 23.20m，揭露层顶标高 56.09 ~ 111.59m。

（2）挖土及基坑维护情况

D1 地下室基坑面积约为 4090m^2，基坑外圈围护周长约为 362m，因场地地势东高西低，基坑四周场地标高不同，地下室基坑开挖深度为 3.97 ~ 7.1m（具体深度见剖面图），局部电梯井、预留电沟开挖深度距大开挖底标高深度为 800 ~ 1100mm，此处电梯井、预留电沟基坑采用 1∶1.5 放坡开挖。基坑总挖土方量约为 3.1 万 m^3，基坑四周标高变化较大，应予以重视，加强监测。放坡形式：基坑东侧（4a—4a 剖面、2a—2a 剖面、1—1 剖面）采用二级放坡，放坡比例为 1∶0.75（图 5-105）；基坑西侧（2—2 剖面、3—3 剖面、4—4 剖面）采用一级放坡，放坡比例为 1∶1.5（图 5-106）。

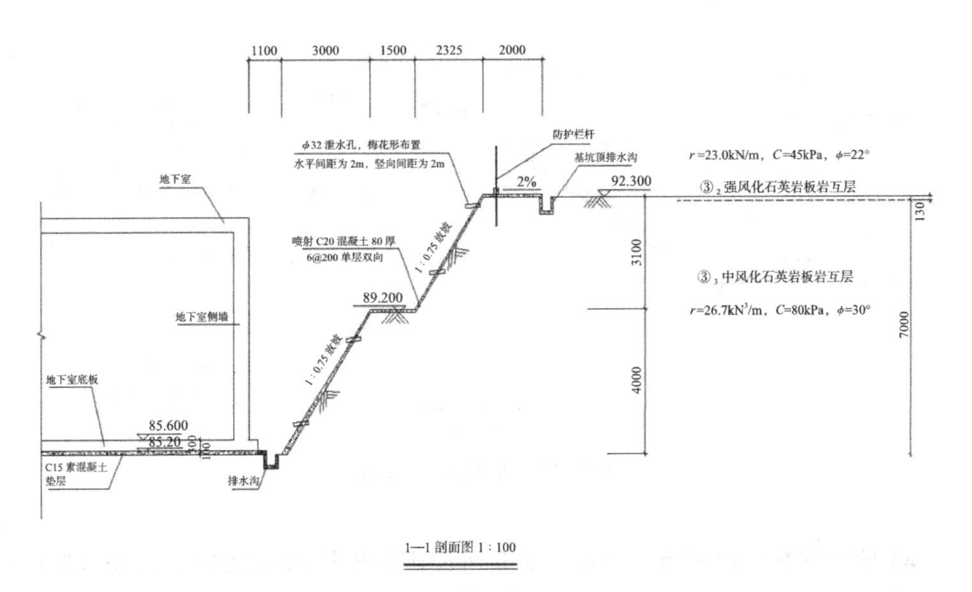

图 5-105　基坑东侧剖面图

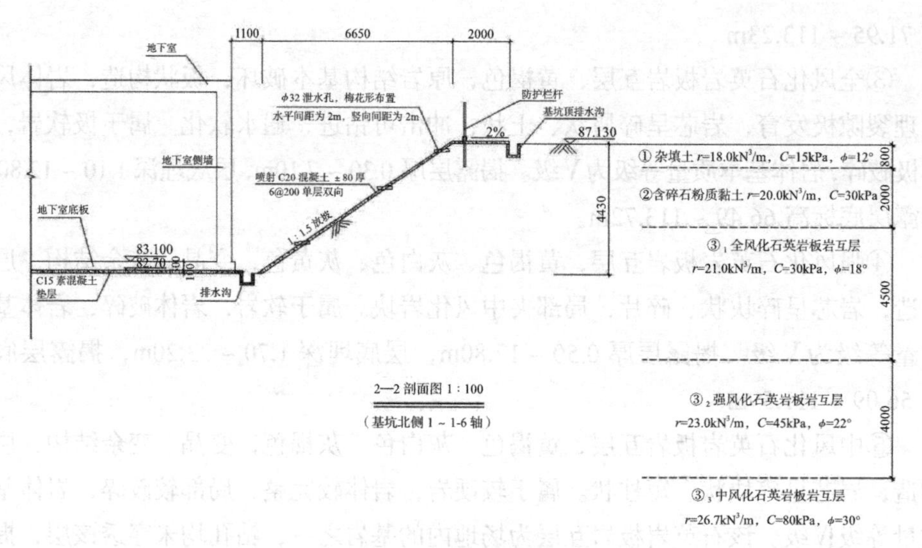

图 5-106　基坑北侧剖面图

D2 地下室基坑面积约为 5815m²，基坑外圈围护周长约为 407m，因场地地势东高西低，基坑四周场地标高不同且考虑地下室边设有集水坑，地下室基坑开挖深度为 3.93～8.3m（具体深度见剖面图），局部电梯井、集水坑开挖深度距大开挖底标高深度为 1100～1500mm，此处电梯井、集水坑基坑采用 1∶1.5 放坡开挖。基坑总挖土方量约为 4.2 万 m³，基坑四周标高变化较大，应予以重视，加强监测。放坡形式：均采用一级放坡，放坡比例为 1∶1.5；局部集水坑在地下室边的部位，放坡比例为 1.17～1.31（图 5-107）。

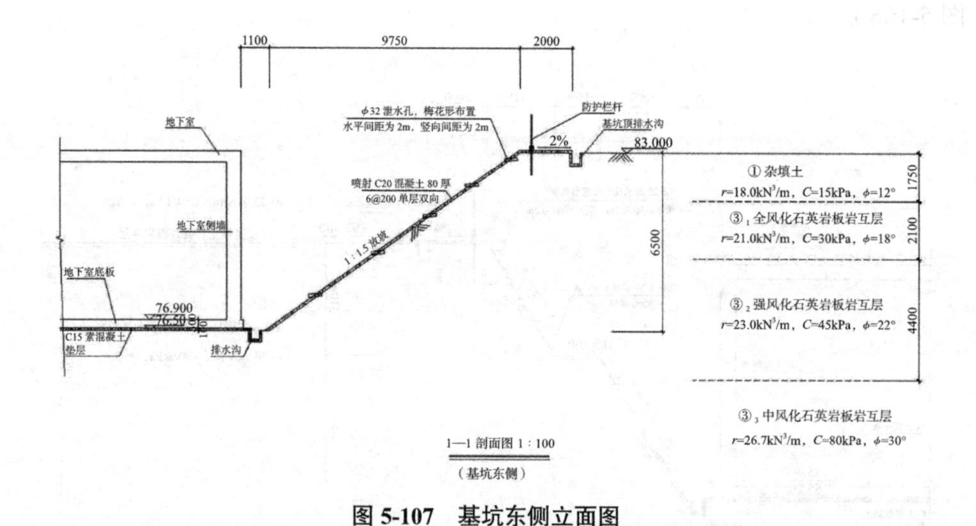

图 5-107　基坑东侧立面图

A1 地下室基坑面积为 3126m²，基坑外圈围护周长约为 295m，因场地地势东高西低，基坑四周场地标高不同，地下室基坑开挖深度为 1.56～4.95m（具体深度见剖面图），局部电梯井、预留电沟开挖深度距大开挖底标高深度为 2000mm，此处电梯井、预留电沟基坑采用 1：1.5 放坡开挖。基坑总挖土方量约为 2.4 万 m^3，基坑四周标高变化较大，应予以重视，加强监测。放坡形式：均采用一级放坡，基坑北侧放坡比例为 1：1.55，其余三个方向放坡比例为 1：0.75（预留电沟处为 1：0.77）；局部集水坑在地下室边的部位，放坡比例为 1：1.5。

A7 楼因东侧及北侧场地高差较大，达到 7.6m，故基础挖土施工需要做边坡支护，放坡比例为 1：0.75，基坑外圈围护周长约 180m。

坡面均做挂网喷浆处理，采用 6mm 螺纹钢，间距 200mm，单层双向布置，并喷射 80mm 厚 C20 混凝土。在基坑顶及基础四周设置排水沟，同时，坡面设置泄水孔，直径 100mm，梅花形布置，水平及竖向间距均为 2m。施工坡面段设置 ϕ16 钢钉，长度 1m，布置间距 1.5m × 1.5m。施工阶段，周边 3m 范围内不得堆载及行走机械设备，并应控制 3 ~ 10m 以内的施工堆载不大于 20kPa。

（3）技术措施

在施工中，基坑开挖遵循先放坡后开挖的原则，对称、分层、分块、限时进行，利用时空效应原理，尽量减少基坑无放坡的暴露时间，严格控制基坑变形。

在整个挖土施工前，应紧密结合本工程基础埋深特点与现场地形具体情况，同时考虑后期景观园林、海绵城市等分项工程施工计划，利用综合挖土填土平衡，做好周密施工部署，包括施工流向、出土方向、车行线路及重车停车位置等准备工作。通过预先模拟施工，对土方挖方及填方量进行计算对比，基坑土方开挖的土方，进行场内驳运，用于填方部分所需回填土，减少了土地资源的浪费，同时，降低了土方运输过程中造成的扬尘及噪声污染，也降低了工程成本。

通过精心策划，对基坑平面施工进行优化，顺应地势，合理划分施工区域，使结构施工紧随挖土施工，尽量减少基坑暴露时间；基槽挖土时要特别注意基槽排水工作，确保基槽操作面的干燥。参考类似工程施工经验推断，该区域地下水对土方开挖影响不大，拟顺应地形、参考施工道路及工程永久排水设施，设置明沟排水系统。

（4）工程实际效果及效果分析

本工程基坑从 2019 年 4 月 16 日开始施工，最迟的 D1 地下室于 2019 年 7 月 20 日结构施工完成，历时 3 个月，提前完成了主要节点的施工目标。边坡顶部设置的水平位移监测点与竖向位移监测点的变化量在 0.1 ~ 3.7mm，未超过报警值 10mm，本工程地处城市郊区，地下无市政管线，原有低压电线及线杆也已拆除完毕，对基坑挖土及维护未造成影响。

根据施工预模拟与计算，利用 EPC 项目的优势，同设计单位与勘察单位积极配合协调，调整基坑开挖的放坡坡度，在满足安全要求的基础上，加大放坡坡度比例，减少了土方开挖量，也减少了施工的占地面积。初步设计土方开挖量 12.36 万 m^3，实际开挖土方量 11.6 万 m^3，减少挖土方量 7600m^3。同时，根据对土方挖方及填方量进行计算对比，合理配置土石方车辆的数量、运距及行驶路线，减少驳运过程中燃油用量30%。基坑土方开挖的土方，进行场内驳运，用于填方部分所需回填土，减少了土地资源的浪费，同时，降低了土方外驳运输过程中造成的扬尘及噪声污染，也降低了工程成本。对丘陵大高差地区基坑开挖及土方施工起到借鉴作用。

2. 大跨度结构材料减量化技术

作为现代化学校综合体建设项目，建筑规模多样，包括体育馆、游泳馆等大跨度结构。其中，游泳馆采用预应力结构，减小了结构尺寸与材料用量，同时避免了钢结构体系因考虑泳池中氯离子影响采用的防腐措施对空气及水体的污染。

（1）预应力施工技术概况

游泳馆屋面共有13道平行的预应力钢筋混凝土梁，梁宽500mm，梁高1700mm；梁中对称布置4束有粘结预应力筋，4束布置为上下两排，每排对称布置2束，每束设置6根ϕ_s15.20（1×7）钢绞线；均为一端固定另一端张拉，固定端设置在A-15轴的框架柱且凹进框架柱柱中，张拉端设置在A-10轴框架柱外侧的锚固块；张拉端锚固块宽700mm、高700mm（与预应力梁同标高），凸出框架柱300mm。预应力钢筋混凝土梁的混凝土强度等级采用C40。预应力梁施工完毕后，用C40微膨胀细石混凝土封闭锚固块处的张拉端凹槽。

预应力孔道使用镀锌金属波纹管成型，采用ϕ65mm的波纹管；波纹管的连接采用大一规格的ϕ70mm波纹管旋转连接，连接波纹管的长度为被连接波纹管直径的4倍。

（2）预应力施工材料与控制应力

预应力筋为有粘结钢绞线，强度级别为1860MPa，规格ϕ_s15.20（1×7）；张拉端采用YJM15-6型夹片锚具（整体式铸造锚垫板），固定端采用JYM15-6型挤压锚具（钢板式锚垫板）；钢绞线的张拉控制应力为$\sigma_{con}=1860\times0.75=1395$MPa，超张拉3%，单根钢绞线的张拉力$F_j=1395\times140\times(1+3\%)=201.2$kN。

（3）预应力施工流程如图5-108所示。

①梁底模板支撑（起拱高度按设计要求的1‰）；

②绑扎预应力梁普通钢筋；

③预应力筋线形控制点弹线，按控制点在就近箍筋上绑扎波纹管定位钢筋；

④安装固定端和张拉锚固组件，焊接补筋将锚垫板与箍筋焊牢；

⑤铺设波纹管；

⑥将波纹管绑扎在定位钢筋上，安装波峰、波谷处排气管兼泌水孔，高出梁顶0.3m；

⑦将钢绞线穿入波纹管中；

⑧合预应力梁和相邻非预应力梁的侧模、预应力梁端模、柱侧模及固定；

⑨浇筑混凝土（留两组试件现场同条件养护，用于确定张拉时预应力混凝土强度）；

⑩清除多余波纹管，清理锚垫板外端面上的混凝土；

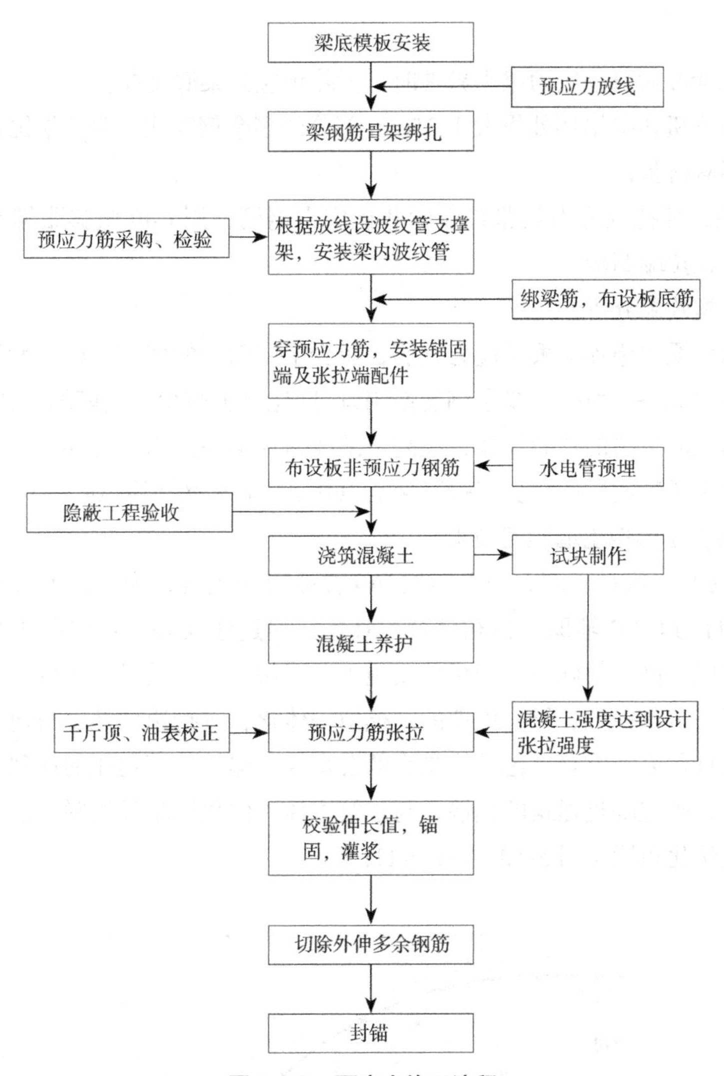

图 5-108　预应力施工流程

⑪检查灌浆孔道；

⑫安装张拉端锚具；

⑬同条件养护混凝土试件达到 100% 的设计强度时，开始张拉预应力筋；

⑭安装千斤顶和工具锚；

⑮张拉工艺：

a. 预应力梁张拉顺序：从一侧依次张拉 dYWKL 预应力梁。

b. 预应力梁中预应力束张拉顺序：预应力束 N1、N2、N3、N4 均为整束张拉，先张拉上排束 N1、N2，后张拉下排束 N3、N4。张拉程序：$0 \rightarrow 0.2\sigma_{con} \rightarrow$锚固，$0.2\sigma_{con} \rightarrow 1.03\sigma_{con} \rightarrow$持荷 2min →锚固；

张拉时，测量、记录千斤顶活塞的位置。

⑯退出千斤顶；

⑰灌浆；

⑱灌浆 48h 后且预应力梁无异常时，拆除预应力梁底支撑；

⑲用角磨机切除锚环外露大于 35mm 部分的多余钢绞线，张拉端锚具及钢绞线表面涂刷环氧树脂；

⑳安装、绑扎预应力梁张拉端的非预应力钢筋，用 C40 微膨胀细石混凝土浇筑预应力梁张拉端凹槽。

（4）实施效果分析

通过每根梁中施加 4 根预应力钢筋，减少了屋面梁的截面面积，增加了净空高度，使其使用功能最大化；减少了钢筋使用量，同比例也减少了钢筋的损耗量。同时，增加了钢筋混凝土梁的抗裂性能，提高了游泳馆这类高湿高盐度环境中钢筋的抗锈蚀性能，改善了其使用性能。节省混凝土 260m³，节省钢筋约 30t。

3. 大高差弧形挡土墙施工技术

A4 楼西侧三级挡土墙，以及 A7、A9 楼弧形挡土墙，为大高差弧形结构。利用 Revit 软件与 CAD 辅助定位相结合的技术，通过建模并计算出曲线的弦长和各高程控制点的标高，精确指导现场放线施工。确保施工的质量，减少材料浪费。通过施工模拟、节点模拟、材料模拟的三模拟一体化，进行边坡挡墙与建筑主体脱开与否对比设计研究，综合考虑结构受力的合理性、建筑使用功能的便利性、造价成本的经济性，确定临近建筑的挡墙是与建筑主体一体化还是设缝脱开设计，达到建筑结构的最优化布置（图 5-109 ~ 图 5-111）。

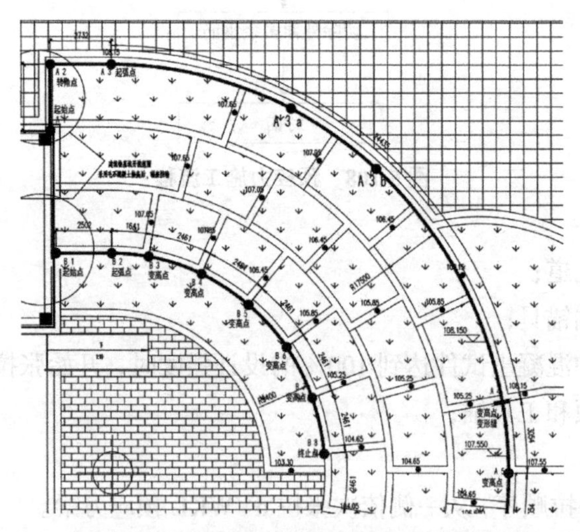

图 5-109　弧形挡土墙弧长及标高布置点

通过提前计算混凝土挡土墙的标高及弧长，为放线定位提供了准确的依据，同时，确定了每一部分的模板面积及使用数量，可以提前准备、加工，有利于模板的再利用，减少了模板的损耗量，提高了周转率，模板周转使用率达到 50%。

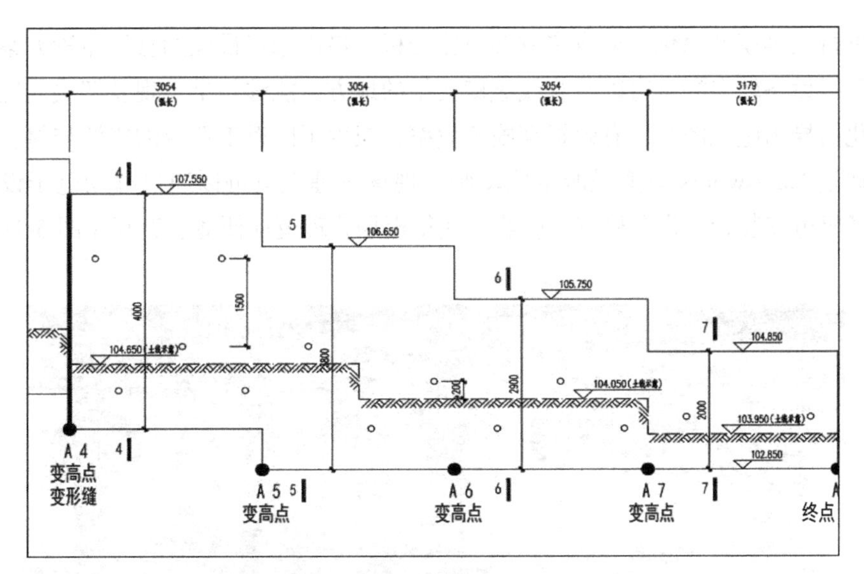

图 5-110　对应立面图上各点的位置图

图 5-111　现场实际效果

4. 大型学校综合体机电管线安装技术

大型学院群体建设项目，建筑规模大，建筑功能众多，机电安装施工难度大。同时，机电安装系统包含电气、自动控制、消防、暖通空调等多专业分包工程，各专业工程参与单位协作能力要求高，系统单机及联动调试尤为重要。本工程运用BIM建筑信息模型技术，根据原设计图建立模型，通过直观的三维模型，优化各专业设计，在设计阶段自动寻找碰撞问题，并且隔离碰撞物体生成碰撞表，尽量避免错、漏、缺的情况，从而达到材料节约效果，同时优化设计把管线布置得更为流畅、合理。采取系统预先计算和参数预设办法，向暖通、电气和给水排水（MEP）工程提供参数和依据，确保调试工作早插入，通过视图模型中任意角度查看，发现不合理的地方再进行三维模型深化，形成多方案对比分析，最终选择最佳的管线布置方案。尤其是管线设备较多的机房以及管线纵横交错的地方，能够及早发现及解决问题，通过深化后导出施工图纸，有效提高施工效率，减少了因返工造成的资源与材料的浪费。通过 Navisworks 模拟漫游生成动画，现场管理人员可以通过移动电子设备进行现场机电安装管线排布检查及验收，使得现场管理更加便捷、直观（图 5-112）。

图 5-112　管线布置图

5. 海绵城市施工技术

针对项目位于中国的北方，冬季气温相对于南方地区低很多，且整个校区处于丘陵地带，场地竖向高程复杂等不利的地域、地理特征对海绵体系构建带来了难度。"海绵城市"创新性地设计为采用高收低用、分级调蓄的策略，结合山地水体分布、落差，减缓来自山坡的水流速度，减少水土流失，在各级自然调蓄池与传送的海绵设施中进行循环，在无调节塘的区域结合计算雨量设置地下调蓄池，对雨水进行阶段性阻流与调蓄。统一考虑各个汇水片区，收集地势高、源头净化后的雨水，通过植草沟、生物滞留带及雨水管网收集传输雨水，最后进入湿地塘、原生塘、回用蓄水池等，经生态处理达标后，会用于地势低区域的绿化、道路浇洒、洗车、湿地景观带，结合地形进行高收低用，到达特殊条件下的"海绵城市"最优化设计配置目标。

6. 预制硬化路面技术

（1）场地情况概述

本项目占地面积约 30 万 m^2，其中一期占地面积约 14 万 m^2，共计 8 个单体，需要硬化的路面长度约为 1500m，按照 6m 宽路面的要求，所需硬化面积为 $9000m^2$。针对施工现场占地面积较大，单体建筑之间间隔大，施工路径较远，需硬化场地面积大的情况，采用预制装配式混凝土路面，混凝土板在加工厂提前制作完成，现场吊装，减少了现浇混凝土硬化路面在浇筑过程中产生的噪声及扬尘污染。同时，混凝土板可以周转使用，减少了硬化地面凿除后产生的建筑垃圾的排放。

（2）预制混凝土板情况

每块预制板的尺寸为 3m（长）× 1.5m（宽）× 0.1m（厚），采用 C30 混凝土，共计 2350 块，每块预制混凝土板内预埋 4 个埋件，用于吊装作业。四周边角采用角钢护角，防止损坏，提高混凝土板的周转率。

预制混凝土路面板在加工厂制作、养护完成，运输到现场集中放置。

（3）预制混凝土板铺设技术措施

预制混凝土板沿拟铺设的施工道路横向排放，每横排放置两块混凝土预制板，达到施工道路宽度 6m 的要求。在吊装安放混凝土板前，先将道路区域用素土填平、夯实，密实度不小于 93%，上铺 150mm 厚级配砂石，再进行预制混凝土板的吊装。

混凝土板吊装使用一台 25t 汽车起重机，单个混凝土板尺寸 3m（长）× 1.5m（宽）× 0.1m（厚），混凝土体积 $0.45m^3$，重量为 1.08t。

25 吨汽车式起重机整机重量为 30t，施工时四肢腿间距为 6.6m × 6m，汽车式起重机自身重量和配重为 294kN，塔式起重机单个配件重约为 24kN，在支腿下铺设 4m × 5m × 1m 的路基箱（用 200mm 黄砂找平、夯实）。

考虑施工最不利情况，对地基承载力验算：

计算荷载：N=1.2 × 294+1.4 × 24=386.4kN；

受荷面积：A=1 × 5=$5m^2$；

承受荷载：P=N/A=77.28kPa；

承受动力荷载：f=1.2P=92.74kPa，取 93kPa。

根据地勘报告，接触面土层的承载力特征值为 f_{ak}=220kPa，故地面地基承载力满足要求。

根据整体施工进度计划，一期主体结构及砌筑施工完成后，室外管网及景观施工前，需要进行场地土方开挖工作，仅需将预制混凝土板吊装运送到本项目二期施工现场，用于二期施工场地硬化铺设，节省了使用混凝土现浇路面的材料及人工成本，同时也节省了工期。

（4）实施效果及效果分析

现场用于路面硬化铺设的预制混凝土板共计 2350 块，单块覆盖面积 $4.5m^2$，总覆盖面积 $10350m^2$，满足一期硬化路面 $9000m^2$ 的要求。现场施工过程为汽车式起重机吊装作业，在保证混凝土施工质量的同时，减少了现浇混凝土施工时噪声和扬尘污染，加快了施工进度，为一期主体结构提前半个月封顶提供了前期保障。由于预制混凝土板可以周转使用，可用于本项目二期的路面及场地硬化，相对于混凝土现浇路面施工，减少混凝土使用量 15%，减少固体废弃物排放约 $500m^3$，直接经济效益 30 万元（图 5-113、图 5-114）。

图 5-113　预制 PC 路面

图 5-114　预制 PC 路面吊装施工

7. 蒸压砂加气砌块自保温技术

外墙保温采用蒸压砂加气砌块自保温技术，利用蒸压砂加气混凝土砌块较低的导热系数、轻质高强、施工简易快速等优点，同时使用专用的砌块胶粘剂，减少了水泥、外墙保温材料、水资源的使用量，提高了施工效率，降低了成本，减少砂浆使用量 473m^3，节省用工约 200 工日。

8. 标准养护室技术

施工现场标养室采用“智芯”移动标养室，基于标准集装箱改装成试件养护室，实现混凝土养护室的便于移动、标准化和在施工项目之间运输的目的；采用光伏发电供电技术，实现电力自给自足，余电并入市政电网，有效利用可再生能源；采用蒸汽养护，有效节约水资源，并能控制养护室内的温湿度；通过温湿度控制器和温湿度传感器实现试件养护室内的温湿度自动调节；温湿度传感器还可与服务器及移动智能终端无线连接，可在移动客户端实时查看监测数据；标准集装箱的箱体外还设置有 RFID 芯片，便于实时了解试件养护室的工作状态；通过水源净化装置实现污水的简易处理，达到绿色环保要求；混凝土试件上还设置有二维码、条形码或 RFID 芯片，有效实现了混凝土试件的数字化管理（图 5-115）。

9. 施工扬尘控制技术

该工程毗邻三寰牧场及英歌石植物园，作为三寰集团打造的最具东方气质的原生态山林复合文化旅游作品，旅游季节游客众多，属于环境影响敏感地区。在施工围挡上设置自动喷淋系统，通过合理设置喷水口及出水压力，使喷淋水雾化，在有效降低施工扬尘对周边区域影响的同时，降低了用水量。

与此同时，在施工现场车辆主出入口设置一体化洗车池，避免场地内的泥沙随车辆带入主干道路，并通过设置废水回收与沉淀系统，使洗车废水再利用最大化，减少了对水资源的浪费（图 5-116、图 5-117）。

图 5-115　标准恒温养护箱

图 5-116　一体化洗车池

图 5-117　塔式起重机喷淋装置

10. 太阳能利用技术

施工现场采用了光伏太阳能路灯（图 5-118），在满足照明要求的前提下，达到了节能降耗的作用。太阳能作为清洁的可再生资源，推广使用对现场能耗、经济、环保有极大意义，可以日均节约用电 50kW·h，累计节约用电 12000kW·h。

11. 基于移动互联网的项目动态管理信息技术

该工程应用了上海建工五建集团工程研究院自主研发的“绿色建造九宫格管理系统”，该系统包括项目管理、资料管理、环境管理、设备管理、移动端、系统管理六大模块，同时结合系统定制的绿色建造九宫格 App 版管理系统（图 5-119），可采用二维码等信息技术对本项目的资料和施工环境等进行实时、随时、简便、有效地管理和监控。同时，项目部定期安排专人进行无人机航拍，采集图文数据，上传至九宫格管理系统，增加了系统资料的时效性与全面性。系统通过网络链接，实现数据的即时传输和集成加工。项目安排专职技术资料员作为操作人员，负责数据的处理和文件信息的上传。项目其他部门授予浏览查阅账号，同步于现场实时更新资料及管理内容，对各管理模块的数据进行查阅与浏览，并可将系统中遗漏内容等

图 5-118 太阳能路灯

主页 | 文件管理

项目文件夹

三寰集团能源学院建设项目
- 技术方案
- 图纸管理
- 变更验收
- 收发文件
- 检验测试
- 测量检测

技术方案

返回 新建 编辑 删除 上传 批量上传 分享 收藏 打印

	文件名称	文件编号	签收日期	所属工程	操作
☐	深基坑方案	SH-SJK-4730	2019-05-08	三寰集团能源学院建设项目	编辑 删除
☐	混凝土方案	SH-HNT-4729	2019-06-05	三寰集团能源学院建设项目	编辑 删除
☐	钢筋方案	SH-GJ-4728	2019-06-05	三寰集团能源学院建设项目	编辑 删除
☐	防洪防汛方案	SH-FHFX-4727	2019-07-01	三寰集团能源学院建设项目	编辑 删除
☐	地下室防水方案	SH-DXSFS-4726	2019-05-01	三寰集团能源学院建设项目	编辑 删除
☐	挡土墙方案	SH-DTQ-4725	2019-06-20	三寰集团能源学院建设项目	编辑 删除
☐	土方回填	SH-TFHT-4724	2019-06-21	三寰集团能源学院建设项目	编辑 删除
☐	绿色施工	SH-LS-4723	2019-06-14	三寰集团能源学院建设项目	编辑 删除
☐	水电安装	SH-SD-4722	2019-06-12	三寰集团能源学院建设项目	编辑 删除
☐	卸料平台方案	SH-XLPT-4721	2019-06-06	三寰集团能源学院建设项目	编辑 删除

共13条 页码 跳转 首页 上页 1 2 下页 尾页 第1页 共2页 10

图 5-119 九宫格管理系统

反馈给操作人员，有效地与项目各个部门实现数据交流，通过网络浏览器提供用户操作界面和手机 App 操作界面，可方便快捷地实现信息共享、信息可视化。

12. 人脸识别技术

在人员出入口设置门禁系统，通过人脸识别，可对员工进出进行管理、考勤（图 5-120）。各个班组的劳动力人数也能够及时地进行信息化采集、处理，通过计算工作量，合理利用资源，节省劳动力，节省用工约 6600 工日。同时，设置多功能大型 LED 屏幕，对安全警示、项目宣传、通告发布等起到积极的作用。

13. 无人机航拍现场管控技术

针对本工程规模大、单体建筑多、占地面积大的特点，项目部定期安排专人进行无人机航拍，对施工现场的进度、安全措施等进行全局化的管控，及时发现问题并积极整改，把问题、隐患消灭在萌芽状态，可节省资金 3 万元（图 5-121）。

图 5-120　人脸识别技术　　　　**图 5-121　无人机航拍**

14. 室外集水综合利用技术

施工现场的水循环利用采取“室外集水综合利用”的方法，循环系统主要以室外废水、雨水的收集为水源。同时，结合园林景观与海绵城市施工要求，运用生态化建造与种植结构防水施工技术，通过施工现场周边相通的排水沟形成的网络，由高到低引入室外三级沉淀池过滤，经过水泵送入简易小型水塔，分别循环用于路面保洁、扬尘控制、车辆冲洗、绿化养护、厕所冲洗，降低用水量 20%，使循环水再利用率提高 25%，减少了对水资源的浪费，预计节约用水费用 3 万元（图 5-122）。

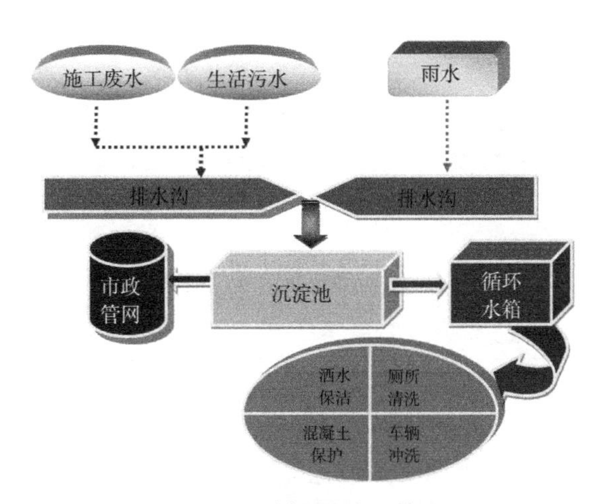

图 5-122　循环用水系统图

参考文献

[1] 肖绪文，罗能镇，蒋立红，等 . 建筑工程绿色施工 [M]. 北京：中国建筑工业出版社，2013.

[2] 苗冬梅，张婷婷，等 . 建筑工程绿色施工实践 [M]. 北京：中国建筑工业出版社，2016.

[3] 龚剑，房霆宸 . 数字化施工 [M]. 北京：中国建筑工业出版社，2019.

[4] 龚剑，朱毅敏 . 上海中心大厦数字建造技术应用 [M]. 北京：中国建筑工业出版社，2019.

[5] 施继余，胡瑛 . BIM 技术在建筑工程绿色施工中的应用 [J]. 居业，2020，146（03）：104-105.

[6] 徐驰 . 装配式建筑对绿色施工的影响 [J]. 建筑安全，2018，33（08）：13-15.

[7] 胡朝彬 . 灌注桩后注浆技术应用研究及承载力影响分析 [J]. 探矿工程（岩土钻掘工程），2020，47（07）：100-105.

[8] 刘杰 . 灌注桩桩端后注浆施工技术及经济效益分析 [J]. 福建建设科技，2012，06（23）：68-70.

[9] NGUYEN VANLOC（阮文禄）. 后注浆钻孔灌注桩的承载力研究 [D]. 吉林大学，2014.